noética

MARILYN MANDALA SCHLITZ
CASSANDRA VIETEN
TINA AMOROK

NOÉTICA

Vivir profundamente el arte
y la ciencia de la transformación

mr · ediciones

Publicado originalmente por Noetic Books, Instituto de Ciencias Noéticas
y New Harbinger Publications, Inc

Título original: *Living Deeply: The Art and Science of Transformation in Everyday Life*

© 2007, Marilyn Mandala Schlitz, Cassandra Vieten y Tina Amorok
© 2010, Fabián Chueca, por la traducción
© 2010, Ediciones Planeta Madrid, S. A.
Ediciones Martínez Roca es un sello editorial de Ediciones Planeta Madrid, S. A.
Paseo de Recoletos, 4. 28001 Madrid
Preimpresión: J. A. Diseño Editorial, S. L.

ISBN 13: 978-84-270-3620-8
ISBN 10: 84-270-3620-5

Editorial Planeta Colombiana S. A.
Calle 73 No. 7-60, Bogotá

ISBN 13: 978-958-42-2381-4
ISBN 10: 958-42-2381-X

Primera reimpresión (Colombia): abril de 2010
Impresión y encuadernación: Worldcolor

ÍNDICE

CAPÍTULO OCHO

CAPÍTULO NUEVE

PRÓLOGO

VIVIR PROFUNDAMENTE: EL DESTINO DE LA TIERRA

ROBERT THURMAN

Mientras paladea los serios mensajes de *Noética. Vivir profundamente el arte y la ciencia de la transformación*, considere el lector esta sencilla meditación. Se encuentra en una cápsula espacial con Edgar Mitchell, astronauta del Apolo 14. Está en la inmensidad del espacio sideral. Ve todas las estrellas brillando majestuosamente, sin que lo impidan las luces de ciudad alguna. Mira hacia abajo y ve algo que tiene el aspecto de una joya redonda, opalescente, refulgente, brillante. Puede ver el azul de los océanos, el blanco de las nubes, las vetas pardas de los desiertos, las cumbres grises de las montañas y el verde de las selvas y los bosques. Y, por supuesto, está con Edgar, por lo que espera volver sano y salvo a esa joya llamada Tierra.

Tiene una visión de la unidad de la vida en este planeta. También es posible que al mismo tiempo se dé cuenta de que hay un número infinito de joyas como esa en el universo. Pero esta es la suya, su casa. Es también la casa de otros seis mil millones de seres humanos y de muchos billones de otras formas de vida. Mientras mira, siente una sensación maravillosa de unidad y unión con todos los seres que viven en esta fina y delicada película en la superficie de roca fundida bajo una delgada capa de aire, como la pelusa de un melocotón.

Mientras contempla esa joya, siente un pequeño dejo de pena por la gente insensata que está destruyendo la base de la vida en este planeta. Pero no le asusta en exceso, pues comprende que debe de haber algún grado de sabiduría, generosidad, amor y compasión que se correspondan con la belleza de la Madre Tierra, la Madre Gaia.

Desde esta perspectiva del espacio interplanetario, el lector puede hacer entonces lo que los tibetanos llaman «ofrecer el mandala». Con el término *mandala* designan el conjunto de la zona protegida en la cual la vida, la mente y el espíritu pueden prosperar. Se da cuenta de que en su interior hay un elemento posesivo en relación con el planeta. En cierto modo, incluso en su propia mente hay un pequeño elemento de lo que esa gente insensata que intenta conquistar y explotar la vida tiene en su interior. Puede darse cuenta de que a veces él, también, tiene la sensación de que ese lugar es suyo. Pero se da cuenta, desde la cápsula en el espacio interplanetario, de que no es de nadie. Imagine después que agarra el planeta entero con gran cuidado entre sus manos y lo regala. Si cree en ángeles, déselo a ellos. Si cree en deidades, déselo a ellas. Si no cree en nada de eso, entrégueselo sin más a los seres iluminados. Entrégueselo a la sabiduría. Distánciese de la sensación de propiedad y, al hacerlo, comprenderá que es un invitado. Y se dará cuenta de que esta generosidad suprema es la base de la verdadera felicidad.

De este cambio sutil en la consciencia es de lo que trata *Noética. Vivir profundamente el arte y la ciencia de la transformación*. Al transformar nuestra consciencia, participamos en la transformación del mundo. Cada uno de nosotros tiene la capacidad de cambiar su visión del mundo, pasando de una dominadora a otra en la que nos demos cuenta de que la vida es un regalo precioso; comprendamos qué privilegio es estar vivo. A través de horas de investigación y de profunda indagación con maestros pertenecientes a muchas tradiciones del mundo, y de encuestas con gente común y corriente como usted y como yo, Marilyn Schlitz, Cassandra Vieten y Tina Amorok nos ofrecen un mapa de un modelo ampliado de realidad. Mientras estas científicas noéticas exploran el punto de contacto entre la ciencia occidental y la «ciencia interior» oriental, ofrecen visiones imprescindibles para hacer frente a los desafíos de un planeta del siglo XXI que seres humanos fuera de control están empujando hacia la destrucción. A través de sus conclusiones basadas en un decenio de investigación seria, oídas a través de las voces de muchos maestros de la sabiduría, las autoras nos ayudan a reconocer de manera más completa que nuestra vida esta totalmente entrelazada con todas las demás personas y con todas las demás especies que viven en nuestro amado planeta.

Este libro revela que la sensación de unidad y conexión forma parte de la mayoría de las tradiciones del mundo. Sin duda es cierto que forma parte de la filosofía budista, a la que llamo «realismo comprometido». El descubrimiento de Buda, hace tanto tiempo, fue que el sufrimiento proviene de la ignorancia de la verdadera naturaleza de la realidad, y de esta ignorancia surge un apego al control y la dominación de la Tierra y de la vida que habita en ella. Aunque podemos sentirnos atraídos por los placeres mundanos, Buda observó que las necesidades fundamentales de la gente son más básicas, y tienen que ver con el significado de la vida, la enfermedad, la vejez, la muerte y el sufrimiento.

Buda no era un profeta religioso, pero tampoco era ateo. En realidad se decía que había conocido al dios hindú Brahma durante su experiencia de transformación. En un estado de meditación, viajó al cielo con su sutil cuerpo-mente. Entró en la sala del trono, y Brahma estaba allí junto con todos los demás pequeños diosecillos. Y Buda dijo: «Oh, gran Brahma, he oído que eres el creador del mundo. Puesto que lo creaste, debes de saber cómo funciona. Estoy decidido a descubrir cómo funciona el mundo, así que dímelo». Sin hacerle caso al principio Buda, Brahma lo llamó después, cuando salía del cielo. «No puedo dejar que te vayas sin darte una respuesta adecuada —dijo—. Lo cierto es que en realidad no lo creé, y por lo tanto no sé cómo funciona. Sólo soy el pez más gordo que hay por aquí. Pero estos diosecillos piensan que yo lo creé y piensan que sé cómo funciona y se sienten seguros bajo mi protección. Si te hubiera dicho en su presencia, "no sé lo que está pasando", habrían sufrido una crisis de identidad, y aquí en el cielo andamos un poco escasos de loqueros. Pero tú vas a ser un Buda en una vida futura, y sabrás cómo funciona y en ese momento tendrás que hacer dos cosas. La primera, venir a contármelo. Aprendo rápido; soy "Dios", al fin y al cabo. Y, la segunda, decir a los seres humanos que cuando las cosas les vayan terriblemente mal: cuando sus hijos mueran, tengan un terrible accidente, haya un desastre o una catástrofe, diles que no es culpa mía. No tengo el control absoluto. Hago todo lo posible por ellos. Pero todo es nuestro karma mutuo. Es toda nuestra situación colectiva mutua la que hace caer estas dificultades sobre nosotros.»

De modo que Buda se encontró con Dios, pero no recibió un «mensaje de Dios» como los que inducen a muchos fundadores de religiones a salir a toda prisa a la calle a proclamar: «Cree en esto o en aquello o en lo de más allá y entonces te salvaremos del sufrimiento». Buda no dijo eso a la gente. De hecho, no dijo que creer en algo sirviera para salvarnos. Dijo: «¡Eureka! Hay una manera en que te puedes salvar del sufrimiento, pero esa manera consiste en que tienes que comprenderte a ti mismo y tienes que comprender tu realidad».

Pero el solo hecho de que tuviera una visión de la vida no demuestra que estuviese en lo cierto. Aun cuando cientos de millones de personas a lo largo de milenios han pensado que estaba en lo cierto, podría haber estado equivocado. De modo que Buda fundó un movimiento educativo en vez de una religión. Su visión era sacar nuestra propia sabiduría en vez de proclamar la verdad. Enseñó de forma dialógica, como Sócrates y Confucio. Hablaba con la gente, hacía preguntas y lograba que pensaran críticamente, ayudaba a las personas a ver a través de sus propias ilusiones y las animaba a buscar una visión más profunda acerca de la naturaleza de las cosas.

En ese sentido, Buda era un científico, un científico noético. Comprendió que el factor más importante en la calidad de vida de un ser humano es cómo se gestiona la mente de la persona. Desde esta perspectiva, transformar nuestra consciencia es la obra más importante que podemos hacer. Y hoy, cuando viajo con su santidad el Dalai Lama, siempre nos dice que no debemos pensar que la solución es que todos nos hagamos budistas, sino que debemos explorar nosotros mismos los modos de formar y educar la mente, de desarrollar las emociones, de tomar conciencia de nosotros mismos, de gestionar nuestros hábitos negativos y desintoxicarnos de nuestras toxinas mentales.

Esto se puede hacer, nos dice, siendo cristianos, judíos, musulmanes, humanistas laicos o cualquier otra cosa. El objetivo es liberar nuestra mente del sufrimiento mediante la comprensión de quiénes somos realmente. Lo que Buda descubrió es que la naturaleza de la realidad es la dicha absoluta. Desde luego, no dijo que tengamos que creer eso, pero nos animó a investigar por nosotros mismos, y comunicó que esto es lo que él mismo descubrió. No desde un lugar de espiritualidad fanática, fundamentalista, sino desde un lugar basado en un profundo respeto por el misterio de la vida y una consciencia que ve las conexiones en vez de la apariencia de separación.

Lo que hoy necesitamos es una ampliación de las ciencias noéticas, las ciencias que nos permiten comprender nuestro ser interior. Mientras exploramos la naturaleza de la consciencia, podemos ver que la causa fundamental de la destrucción de este planeta son las toxinas de nuestra mente, sobre todo las falsas ilusiones, el odio y la codicia. El odio produce guerra, la codicia produce superproducción industrial y contaminación, y las falsas ilusiones nos hacen querer hacer todo eso pero nos hacen estar abatidos de todos modos. Las ciencias noéticas deben ser una prioridad nacional e incluso internacional, que permitan que cada uno de nosotros sea el científico de su propia experiencia, su propia manera de conocer y estar en el mundo.

Cuando dirigimos nuestra atención hacia dentro, comenzamos a descubrir, tal y como las muchas personas entrevistadas para este libro expresan de forma tan elegante, que no somos el centro del universo y que no controlamos la naturaleza de la realidad. En contra de lo que oímos en los ámbitos materialistas de la ciencia, que subrayan el reduccionismo y un desapego objetivo del mundo exterior a nosotros mismos, en realidad no estamos separados unos de otros ni del mundo en el que vivimos. Mediante un proceso de transformación de la consciencia, ya sea súbito o gradual, pueden conocer cada vez mejor las formas en que estamos interconectados con todos los demás seres. Cuando nos demos cuenta de esto, la lucha habrá terminado. La dicha de los demás se convierte en nuestra dicha. Nos volvemos compasivos con el sufrimiento de los demás porque es nuestro sufrimiento. Darse cuenta de nuestra interconexión es como meterse en un riachuelo frío en un cálido día de verano. Metemos un dedo del pie y decimos: «Oh, no tenía por qué haber venido a nadar aquí. Lo mejor será volver. Volveré a mi aire acondicionado. No necesito zambullirme aquí. ¡Podría sufrir un ataque cardiaco!». Pero entonces saltamos de todos modos, y eso cambia todo nuestro día, toda nuestra vida, y nos encanta. Cuando cada uno de nosotros saltamos a ese arroyo, estamos contribuyendo a la curación de nosotros mismos, de nuestros semejantes y de todos los seres vivos que componen este precioso planeta al que llamamos nuestro. Como dijo en cierta ocasión una amable dama británica conocida mía: «Piensa globalmente. Actúa gozosamente». En esto consiste en realidad el arte y la ciencia de vivir profundamente.

Disfruten de este libro, tan sabia y amorosamente recopilado por sus autoras, que nos ofrece una visión inspiradora de lo que encontraremos, para nuestro placer duradero, cuando usemos el método que elijamos para echar un vistazo realmente positivo a nuestra mente, nuestro mundo y nuestra interrelación con toda vida.

Es para mí un placer y un privilegio felicitar a las autoras por su logro, y dar la bienvenida al lector al mundo real, para el cual este libro es una puerta abierta.

ROBERT A. F. THURMAN,
profesor Jey Tsong Khapa de Estudios Indo-tibetanos;
Universidad de Columbia;
presidente de la Casa del Tíbet de Estados Unidos;
autor de *Inner Revolution, Infinite Life* y *The Tibetan Book of the Dead,*
18 de septiembre de 2007

Prefacio

RICHARD GUNTHER

Estaba en una sesión de *Gestalt* en el Instituto Esalen, sentado en círculo con otras personas en busca de la verdad, cuando de pronto sentí el impulso de abandonar el grupo y salir a la terraza de la casa de Fritz Perls, una vivienda circular desde la que se divisa la espectacular costa del Big Sur. Cuando dejé el grupo y entré en aquella terraza, me incorporé a un mundo de increíble belleza. Era un día radiante, el sol se reflejaba en el oleaje que rompía allá abajo en las rocas. La costa se extendía hacia el sur, kilómetros de roca, arena y olas, con alguna que otra foca. Era una vista impresionante, completada por montañas un poco más allá de la costa. Tuve la sensación de que toda la escena me sonreía, esperando mi llegada, y me invadió la satisfacción y el gozo de sentir entero, de *ser bendecido*. Fue como si hubiera atravesado una pantalla de energía de ciencia ficción para entrar en un mundo nuevo. El sol, el mar y las montañas habían sido siempre objetos externos que yo podía describir por la intensidad (el sol), por la altura (las montañas) y por el color (el mar), pero aquel día mágico estas descripciones eran meramente lineales, no verdaderos reflejos de todo lo que estaba experimentando. Por primera vez, elementos físicos externos habían pasado a formar parte de mi mundo interior.

No soy una persona religiosa, soy un hombre de negocios de mucho éxito, sumamente racional, pero en aquel momento experimenté un profundo despertar espiritual, una conciencia de que me encontraba en un estado de ser notablemente alterado, en una realidad diferente. Mi despertar fue este: *todos somos parte de una única entidad*. Yo formaba parte de todos los demás y todos los demás formaban parte de mí. Me elevé a esa nueva consciencia, perdiendo toda sensación de mí mismo como individuo. *No hay un único yo, solo un yo universal*. ¿Es esto lo que significa ser verdaderamente humano?, me pregunté. ¿Sentir —saber— que toda la realidad está totalmente conectada? Puesto que toda materia es una forma de energía en movimiento, ¿podría haber una consciencia colectiva en el nivel molecular que tuviera su origen en alguna suerte de conexión subatómica? Solo supe que nunca hasta entonces había sentido aquella amplitud y profundidad en mi vida. Estaba seguro, sin preguntas en mi mente, de que había tenido una visión fugaz de un nuevo y maravilloso nivel de existencia.

¿Qué había hecho que aquella conciencia, aquella apertura, explotase súbitamente en mí? ¿Se volvería permanente aquel nivel de ser reforzado, o desaparecería en cuando hubiera salido de la terraza? Y, si se desvanecía, ¿qué podía hacer para restablecer la profundidad? Aquella experiencia tuvo lugar hace casi cuarenta años, y aunque el apogeo dramático de aquellos momentos se ha debilitado, la visión que cambió mi vida permanece. Comprendí entonces que había vivido mi vida en un arco de la realidad limitado. Era trabajador, esposo, padre y ciudadano, y ese era el círculo de mis días. Aprendí de esos momentos de visión que era, en mi alma, una persona altamente espiritual; me hizo falta la conmoción de aquella apertura para aceptar aquella verdad.

Aquella gran comprensión ha afectado de manera decisiva a mi vida. Hoy, unos cuarenta años después, estoy abierto a pensamientos y momentos de belleza y amor de un modo que no lo estaba en mi vida anterior. Participo con regocijo en el mundo de servicio. Especulo sobre cuestiones espirituales y sobre los misterios de Dios y el universo. Me asombro ante la majestuosidad del firmamento nocturno y me maravillo ante la magia de la existencia. Sigo viviendo una vida plena como marido, padre (y en la actualidad abuelo), hombre de negocios y empresario social, pero ahora también me sobrecoge a menudo la maravilla de estar vivo.

¿Por qué sucedió ese despertar en aquel momento concreto? ¿Existían unas condiciones excepcionales que precipitaron el acontecimiento? Es cierto que el entorno en Esalen ayudaba maravillosamente, y que el escenario rebosaba de belleza física. Sin embargo, ¿es posible que lo que yo experimenté fuera un vislumbre de la siguiente fase de maduración natural de una persona autorreflexiva? ¿De una persona cuya visión se había ampliado y profundizado para incluir la sensación de asombro, sobrecogimiento y misterio enterrada durante una etapa anterior y más combativa de la vida?

El psicólogo Erik Erikson (1982) describe un proceso de crecimiento del individuo formado por ocho etapas. La octava etapa, la última, la define como «edad adulta tardía», una etapa que se caracteriza por la tensión entre la integridad y la desesperación. Pero ¿existe acaso una novena etapa? ¿Una etapa en la que un individuo se ve a sí mismo como parte de un todo más grande? ¿Una etapa en la que un individuo deja atrás el foco único sobre sí mismo? Con la visión reforzada de esta etapa podría venir la oportunidad de explorar un camino diferente en la vida, de verse uno a sí mismo, como ciudadano de un maravilloso nuevo mundo, de convertirse en participante activo en este escenario más amplio e invertirse a sí mismo en el esfuerzo de crear un mundo más consciente y compasivo. En esta etapa, nuestra consciencia ampliada puede llevarnos al mundo de servicio como nuestro próximo trabajo en el mundo.

En mi tradición judía existe la expresión en hebreo «tikkun olam», que puede traducirse como «la reparación del mundo». A este camino —al trabajo de reparar el mundo— es al que mi iluminación de Esalen me ha llevado. Propongo la pregunta siguiente: ¿es la transformación una parte necesaria del proceso humano para quienes avanzan por ese camino, ya sea por elección o por algún misterio de la creación?

El lector podría preguntarse si esta nueva visión me ha ayudado a superar momentos difíciles. Mi maravillosa nieta Eva, de doce años, cinturón negro en taekwondo, representaba a California en los Junior Olympics, y cuando se disponía a cruzar una calle pública un conductor borracho la atropelló y la mató. Aquella joven mujer tan extraordinaria se perdió para siempre. Me quedé abatido, deshecho. ¿Cómo podía haber sucedido aquello? Tenía tanto que ofrecer... ¿por qué ella? No he conocido nunca un dolor así, por Eva y la vida que nunca tendrá, por nuestros hijos, cuyas vidas están hechas añicos, por mi esposa y por mí.

En los años transcurridos desde aquella tragedia he salido gradualmente de la oscuridad profunda de la desesperación, todavía sin respuesta a mis preguntas de «¿por qué?». Pero del mismo modo que mi gozosa experiencia de Esalen me abrió los ojos a una conciencia más amplia de la realidad, también esta tragedia ensanchó mi comprensión de las complejidades, angustias e incógnitas de la vida. Esa comprensión ampliada me ha dado más compasión por el dolor que veo en todas partes, por amigos que están enfermos, algunos moribundos; por los millones de personas que pasan hambre en todo el mundo; por el tercio de la población mundial que sufre una pobreza apabullante. Cuando he visto a nuestros hijos, los padres de Eva, luchar para volver a la vida, me ha llenado de admiración y gratitud la fuerza del espíritu humano. Esta visión no solo ha ahondado mi sensibilidad y compasión, sino que me ha llevado a mi principal actividad de servicio público. Sirvo en el campo de la microempresa, ayudando donde puedo a librar la batalla contra la pobreza en el mundo.

Lloro todavía cuando pienso en Eva. Hay noches en las que sigo intentando poner mi corazón junto al suyo. ¿Está su energía en algún lugar para que yo pueda ponerme en contacto con ella? Quién sabe cuál será el paso siguiente cuando vaya más allá de esta vida. Tal vez mi espíritu se ponga en contacto con su espíritu, en algún lugar, algún día. Creo que las transformaciones que he experimentado, la gozosa y la trágica, me han despertado a los grandes misterios que existen, y por este despertar estoy sumamente agradecido.

El propósito de *Noética. Vivir profundamente el arte y la ciencia de la transformación* es poner estos cambios transformadores en la consciencia a disposición de todos los que los vean. *Noética. Vivir profundamente el arte y la ciencia de la transformación* está escrito por tres estudiosas que se han puesto en contacto con los grandes maestros de la transformación de nuestra época y han recogido su sabiduría acumulada en este volumen. Las autoras y yo compartimos la creencia de que todos los seres humanos nacen con capacidades innatas para la compasión, el gozo, y el servicio; lamentablemente, vivir en nuestro mundo complejo y desgarrado entierra con frecuencia estos dones de nacimiento. Tengo la esperanza de que *Noética. Vivir profundamente el arte y la ciencia de la transformación* abrirá, para muchos, la puerta a una vida más amplia, más profunda y más plena de lo que nunca habían podido imaginar. Que así sea.

RICHARD GUNTHER

AGRADECIMIENTOS

Este libro es el resultado de las contribuciones indirectas de más personas de las que podemos mencionar, entre ellas los miembros, el personal y la junta directiva del Instituto de Ciencias Noéticas (IONS).

En lo que a contribuciones directas se refiere, estamos agradecidas a Richard Gunther, cuya visión y generosidad pusieron y mantuvieron en marcha este estudio sobre la transformación. Damos las gracias a Peter Baumann, Bruce McEver y la Clements Foundation, cuyo apoyo y aguda visión ayudaron a configurar nuestro estudio para que tuviera la repercusión más amplia posible. Estamos también en deuda con Jeremy Tarcher, que plantó las semillas de este libro, y con George Zimmer, por estar a nuestro lado en las duras y en las maduras.

Estamos agradecidas en un grado inconmensurable a nuestro equipo administrativo en el IONS, sin el cual nada de esto habría sucedido. A Jenny Mathews y Charlene Farrell, luces queridas y brillantes. Damos las gracias a Kelly Durkin por llevar a cuestas el equipo durante todo el proceso de creación para filmar en todo tipo de condiciones inhóspitas, y a sus ayudantes Ladd McPartland y José Vergelin por su experta filmación de nuestras entrevistas. Damos las gracias, también, a Orly Ben Yosef por filmar gentilmente nuestras primeras entrevistas. Nuestra gratitud también para Kathleen Erickson Freeman, Olivia Hansen y Arianna Husband, que nos animaron de múltiples maneras, y a Matthew Gilbert, director de la revista del IONS, *Shift*, que colaboró con Catharine Sutker y el maravilloso equipo de New Harbinger Publications para crear una sociedad, Noetic Books/New Harbinger.

Damos las gracias de corazón a las más de novecientas personas que participaron en la investigación y que aportaron su tiempo y su esfuerzo para realizar nuestras encuestas y entrevistas. Estas personas no solo dedicaron minutos y horas valiosos de sus vidas a ayudarnos, sino que abrieron sus corazones y nos contaron sus historias. Les damos las gracias por confiar en nosotros de manera tan generosa con sus esperanzas y temores más profundos y sus experiencias más íntimas de gozo y dolor, en nuestra búsqueda para hacer posible una transformación positiva para todo aquel que la busca. Damos también las gracias y una enorme ovación al equipo de becarios y voluntarios de investigación que dedicaron muchos cientos de horas a codificar cintas de vídeo línea a línea, transcribir entrevistas, realizar análisis temáticos, tormentas de ideas y, después de bucear en este océano de datos, salir de nuevo a la superficie con tesoros enterrados para compartirlos con nosotras. ¡Hace falta un pueblo entero para poner en pie un programa de investigación de esta magnitud! Su generosidad, compromiso, sentido del humor y sabiduría los convierten en coinvestigadores de este esfuerzo de colaboración. En nuestro equipo básico de becarios figuraban: Alicia Bright, Damian Bundschuh, Nathalie Daneau, Michelle Fontaine, Brandon Houston, Nancy Lund, Lee Lusted, Tatsuo Okaya, Frank Pascoe, Claire Russell y Judy Scheffel. Los investigadores voluntarios fueron: Lynn Abraham, Emily Banelis, Ray Benton, Jackie Bitowt, Tobias Bodine, Deborah Breitbach, Patricia Brooks, Gary Buck, Nick Cederland, Shana Chrystie, Adrienne Citron, Carey Clark, Cathy Coleman, Ameko Crain, Patricia Danaher, Karen Dawson, Rita de los Santos, Ann Delvin, Adam Dolezal, Cardum Dottin, Jerry Duke, Ted Esser IV, Lynn Gardener, Stephanie Goodman, Gail Hayssen, Amy Helm, Celeste Jackson, Eli Jacobson, Jennifer Jandak, Linda Kaplan, Kathleen Kendrick, Stephen Kenny, Susan Knight, Kevin Kohley, Rebecca Kraeg, Judith McBride, Rainbow Moon, Kerry Needs, Serena Philips, Sherri Phillips, Brian Pilecki, Linda Ratto, Jennifer Regoli, Linda Roebuck, Billie Rogers, Sunny Sabini, Joan Sadler, Jasmine Scott , Mary Murray Shelton, Doug Slakey, Susan Steele, Serena Sterling, Karin Swann, Elizabeth Valenti, Connie Venhaus, Jean Vieten, Pat Vieten, Claudia Welss y Ben Young.

Damos las gracias también a Adam Cohen, que colaboró en la investigación con encuestas, y a otras personas que colaboraron y discutieron sobre este proyecto, como John Astin, Susanne Brown, Khadijah Chadly, Scott Churchill, Ken Corr, Charles Grob, Solomon Katz, Dacher Keltner, Margaret Kemeny, Moira Killoran, Joan KossChioino, Jeffrey Kripal, Michael McCullough, James O'Dea, John Phalen, Dean Radin, Belvie Rooks, Roger Walsh, Howie Whitehouse, Richard Wiseman, y muchos más. Damos las gracias a Ladd McPartland por haber recopilado la meditación tonglen en el capítulo 7. Damos las gracias a nuestras familias en casa —Giovanni, Skyler, David e Indigo— por soportarnos durante largos días, noches en vela y conversaciones obsesivas sobre la transformación. Y con el mismo espíritu damos las gracias a nuestros amigos. Todos han mantenido encendidos los fuegos del hogar, caldeando nuestras casas y nuestros corazones y ayudándonos a desarrollarnos nosotras y a desarrollar esta obra.

Damos las gracias de corazón a los maestros y practicantes que participaron en nuestros grupos de discusión de 1998 y 1999: Alise Agar, Angeles Arrien, Dean Elias, Dick Gunther, Richard Heckler, Stella Humphreys, Tom Hurley, Michael Hutton, Don Johnson, Brooks Jordan, Moira Killoran, Ann Krantz, Bokara Legendre, Sharon Lehrer, George Leonard, Joel Levey, Michelle Levey, David Lukoff, Karen Malik, Ted Mallon, Frank Ostaseski, Margaret Paloma Pavel, Yvonne Rand, Celeste Smeland, Jeremy Taylor, Luisah Teish y Kevin Townley.

Y, para terminar, damos las gracias especialmente a los profesores, maestros y estudiosos de las tradiciones de la transformación, a los que se enumera en la parte final de este libro, que participaron en nuestras entrevistas de investigación de 2002-2007. El tiempo que pasamos con vosotros fue transformador en sí mismo. Las conclusiones de la investigación que encontrarán en este libro se basan en la sabiduría y la generosidad de estos maestros. En medio de tantas demandas de su tiempo y energía, estos líderes de la transformación, sin falta, nos prestaron su amable atención, una y otra vez nombrando lo innombrable, hablando de lo inexplicable y haciendo descender lo inefable a la tierra en términos que pudiéramos comprender, ¡y siempre con un brillo en los ojos! No se puede expresar con palabras nuestra gratitud por su sabiduría y su apoyo constante, tanto en este proyecto como en su trabajo en el mundo. En particular, honramos la memoria de Wink Franklin, Gilbert Walking Bull y Rhea White, todos los cuales abandonaron su forma física antes de que esta obra llegase a publicarse. Esperamos que este libro transmita su sabiduría al mundo de una forma honorable.

introducción

Si el lector es como la mayoría de las personas, su vida será cada vez
más compleja y su ritmo se habrá acelerado. Mientras pasa a toda
prisa de un acto o tarea a otro, es muy probable que se vea bom-
bardeado por «armas de distracción masiva» que le obligan a des-
viarse de su camino, incluso mientras se esfuerza con diligencia por
mantener el equilibrio. Entre el sonido de la llamada de su teléfono móvil, el correo electrónico, los partidos de fútbol de los niños,
los viajes de negocios, los 514 canales de televisión (por no hablar
de las grabaciones digitales de programa de televisión que lo esperan) y la atención de todas las cuestiones básicas, puede encontrarse
solo rozando la superficie de su vida. Es fácil acabar pasando apresuradamente de una cosa a otra, sustituyendo actividades realmente
renovadoras por placeres más embotadores. Estas muchas demandas
de su tiempo pueden obligarlo a tomar decisiones difíciles. Puede
verse concediendo prioridad a obligaciones que no se pueden evitar
y relegando actividades gozosas y significativas al final de su lista de
tareas pendientes. En consecuencia, gran parte de su tiempo puede
sentirse estresado, agotado o abrumado.

También puede sentir una sensación de inquietud, aburrimiento o sinsentido. Puede ser alguien que está viviendo ya «bajo el ra-
dar», sin participar en las actividades que antes le reportaban una
sensación de significado y gozo. Puede sentirse desconectado del
mundo o tener dificultades para encontrar su lugar en él. Tal vez
quiera escaparse a una vida más rica y plena, pero no ha decidido
todavía cómo.

O tal vez ha llegado a un punto de equilibrio y abundancia relativos en su vida, y ahora quiere integrar sus visiones y transformaciones de forma más plena en sus relaciones, su trabajo y sus actividades creativas. Tal vez prevea que cuando viva desde un lugar de mayor profundidad, las raíces y los frutos de su vida generarán ese sustento que afecta a los demás. Tal vez desee crear una vida que le permita contribuir al bienestar de su comunidad de un modo que esté en consonancia con sus talentos, afinidades, recursos interiores y naturaleza más auténtica.

Al margen de con cuál de estos impulsos puede tener más relación (podría ser un poquito de cada uno), es probable que pueda identificar dentro de sí mismo el deseo de vivir más profundamente. En ese caso, no está solo. Jon KabatZinn, psicólogo y líder en el campo de la medicina cuerpo-mente nos dijo:

> [Hay] un deseo enorme y en aumento por parte de prácticamente todo el mundo de experiencia auténtica y de conectar de nuevo con lo que hay de más profundo y mejor en nosotros en un mundo cada vez más acelerado y complejo. (2004)

La buena noticia: las oportunidades de transformar la vida de muchas maneras, pequeñas y grandes, están a nuestro alcance en cada momento de cada día: hay un número infinito de entradas a vivir profundamente. La posible noticia desalentadora: vivir profundamente puede exigir nada menos que una transformación completa de la manera en que vemos el mundo y nuestro lugar en él.

VIVIR PROFUNDAMENTE

Como se comprobará más adelante, nuestra investigación durante un decenio sobre la transformación ha revelado que el cambio radical y duradero para mejor proviene de *cambiar radicalmente nuestra perspectiva sobre quiénes somos*. Los grandes cambios externos a menudo surgen de este cambio de perspectiva. Se puede descubrir perfectamente que a medida que el significado y el propósito se vuelven más claros para nosotros, las cosas que están fuera de alineamiento en nuestra vida se van a pique gradualmente (y a veces rápidamente). Pero el cambio más fundamental está dentro de nosotros; es un cambio profundo de perspectiva, el lugar al que dirigimos la atención y la intención.

Este cambio tan esencial, del que se derivan todos los demás cambios, se produce en la visión del mundo y la percepción de lo que es posible. Transformar la consciencia tal vez sea lo más importante que se puede hacer por uno mismo y por el mundo.

En última instancia, este libro es una especie de mapa del campo de la transformación. Aunque no somos capaces de atravesar el campo entero nosotros mismos, hemos sido capaces de hablar con los exploradores que han estado ahí, algunos de los cuales han recorrido senderos comunes o emprendido viajes exóticos y traen consigo sus diarios de viaje para compartir lo que han encontrado. Exploramos el misterio de la consciencia con un monje cristiano, un anciano lakota, un rabino y un roshi budista zen. Identificamos los elementos comunes de la transformación en las experiencias de un swami yoga del Himalaya, un psicólogo transpersonal, una oncóloga avezada y un pastor metodista. Descubrimos, increíblemente, que un cristiano evangélico, un empresario de éxito, un sufí devoto, un atleta cualificado, un médico entregado, un soldado reacio, una madre judía y un músico agnóstico caminan sorprendentemente por caminos semejantes. Compartimos con los lectores algunas de estas cartografías parcialmente coincidentes con la esperanza de que ellos también reconozcan parte del terreno y comiencen a crear de manera más consciente su propio camino hacia la transformación. *Noética. Vivir profundamente el arte y la ciencia de la transformación* les proporcionará recursos que los ayudarán a mantener el equilibrio al mismo tiempo que los reclutan para que colaboren activamente con las fuerzas —internas y externas— que conspiran para hacerles avanzar hacia la totalidad.

EL ARTE Y LA CIENCIA DE LA TRANSFORMACIÓN

En este libro compartimos lo que hemos aprendido acerca de la transformación durante un programa de investigación que se ha prolongado durante un decenio, y exploramos cómo las conclusiones de nuestra investigación pueden ayudar al lector a vivir de manera más plena y profunda. No importa quién sea, de dónde venga o qué camino siga —si busca transformar su vida por completo o simplemente hacer ajustes que agreguen una capa de riqueza y profundidad a su vida—, esperamos que encuentre algo valioso en estas páginas.

El Instituto de Ciencias Noéticas

Esta investigación centrada hace uso de los treinta y cinco años de investigación sobre la consciencia en el Instituto de Ciencias Noéticas (IONS). El término «noética» hace referencia al conocimiento que llega a nosotros directamente a través de nuestras experiencias subjetivas o nuestra autoridad interior. Este tipo de conocimiento puede adoptar la forma de una intuición que ayuda a guiar nuestras decisiones, o de una epifanía que nos conduce a un gran avance de carácter creativo. Además, las experiencias noéticas llevan a menudo un nivel inusual de autoridad que puede ayudar a guiar hacia nuevas comprensiones y nuevas formas de ser. Las experiencias noéticas son distintas, pues, de la clase de conocimiento que llega a través de la razón o del estudio objetivo del mundo externo. Sin embargo, sostenemos que es posible y necesario llevar a este campo del conocimiento intuitivo una perspectiva y un método científicos. Dar un enfoque científico a los fenómenos noéticos ha permitido al IONS ahondar profundamente en la naturaleza de la consciencia humana y sus grandes posibilidades.

Edgar Mitchell, astronauta del Apolo 14, fundó el IONS en 1973. Tras haber tenido la extraordinaria oportunidad de caminar sobre la Luna, Mitchell ocupó después el asiento junto a la ventanilla en el viaje de vuelta. Durante el vuelo de regreso se produjo un instante de epifanía en el que cambió todo su sentido del significado y el propósito. En ese momento comprendió que las grandes crisis de nuestra época no se deben a aspectos inherentes al mundo externo, sino a visiones del mundo viciadas e inadecuadas. La misión del IONS es explorar la consciencia mediante la ciencia y la experiencia humana a fin de promover la transformación individual y colectiva.

En el otoño de 1997, nuestro equipo de investigadores puso en marcha un estudio centrado en el proceso de la transformación. Recogimos descripciones narrativas de transformaciones experimentadas por personas que representaban a muchas profesiones y condiciones sociales. Desde lo prosaico hasta lo que había puesto en peligro la vida, estas experiencias impulsaron a las personas encuestadas a cambios fundamentales en su sentido del yo y su forma de estar en el mundo. Para un hombre se produjo durante su época de objetor de conciencia en Vietnam. Mediante una oración concreta, en un momento extraordinario, encontró la paz interior incluso mientras veía a sus compañeros caer abatidos por los disparos. Para una madre y una hija, se produjo cuando la madre recurrió a la curación por energía para ayudar a su angustiada hija a encontrar el equilibrio durante una transición vital, lo que condujo a profundos cambios transformadores para ambas.

Nos intrigaba el hecho de que aunque las experiencias que la gente compartía con nosotros presentaban amplias diferencias, un hilo dorado de elementos comunes relucía en todas ellas. Algunas experiencias tuvieron lugar en situaciones extraordinarias; otras, en situaciones ordinarias, cotidianas. Algunas se pusieron en marcha gracias a experiencias de gran sufrimiento; otras, mediante experiencias de sobrecogimiento y asombro. Pero en cada una de ellas tuvo lugar un ensanchamiento radical de la visión del mundo y una redefinición de la identidad, el significado y el propósito.

A pesar de las diferencias en cuanto a contenido y contexto, el proceso de transformación se describía de modo muy parecido, a menudo incluso con las mismas palabras. Tanto si quien las decía era un meditador avezado o una madre de tres hijos que nunca había meditado, estos relatos insinuaban un tapiz a modo de joya de la experiencia humana que va más allá de las diferencias culturales. Cuando analizamos los relatos en busca de patrones que arrojasen luz sobre el funcionamiento interior de la transformación, nos encontramos rodeados de más preguntas: ¿qué constituye una transformación de la consciencia? ¿Qué desencadena la transformación? ¿Cómo podemos mantener los momentos que nos transportan más allá de nosotros mismos? ¿Qué repercusiones tienen las experiencias de transformación sobre la manera en que vivimos nuestras vidas?

En busca de respuestas, aprovechamos la amplia variedad de maestros y líderes en el movimiento del potencial humano que viven y trabajan en la zona de la bahía de San Francisco y organizamos tres grupos de discusión entre septiembre de 1998 y mayo de 1999. Para nuestra sorpresa y placer, maestros de diferentes programas de transformación acudieron con entusiasmo. Ellos también buscaban respuestas a preguntas sobre el misterio de la transformación. Los debates fueron conmovedores, sinceros y a menudo profundamente emotivos. Juntos comenzamos a cartografiar profundos inventarios de experiencias vitales que llevaron a los participantes a expresar gratitud, sentimientos de conexión y un fuerte sentido de comunidad. En muchos casos, el viaje de transformación es solitario, incluso para los propios maestros.

Inspiradas —y todavía rodeadas de más preguntas que respuestas—, decidimos investigar más en profundidad el tema de la transformación, y con mayor rigor científico. A partir de 2002, nosotras tres invitamos a cincuenta eruditos, maestros y practicantes de fama mundial a participar en entrevistas de investigación detalladas. Estos maestros fueron seleccionados específicamente para que representasen un abanico diverso de prácticas y filosofías de la transformación (véase la figura 1). Representan a religiones tradicionales, filosofías espirituales y movimientos de transformación modernos con raíces en Oriente, Occidente y tradiciones indígenas, así como formas que integran muchos caminos, a veces catalogados como *integrales*.

Nuestros objetivos generales eran explorar el fenómeno de la transformación de la consciencia y aprender más acerca de los diversos caminos de transformación que conducen a resultados beneficiosos para el yo y para la comunidad. Además, pusimos en marcha una encuesta en línea, para comenzar a contestar a algunas de las preguntas que seguían sin respuesta y para poner a prueba algunas de nuestras hipótesis (Vieten, Cohen y Schlitz, 2008). ¿Es cierto que las prácticas contemplativas fomentan el proceso de transformación? ¿Resulta útil un maestro o una comunidad de practicantes de ideas afines? ¿Qué tipos de prácticas son los más útiles según qué clases de personas? Recibimos noticias de un maestro de escuela de Illinois, de una enfermera de Nueva York, de un empresario de Los Ángeles y de muchas personas más. Con sus respuestas a decenas de preguntas concretas y abiertas, casi novecientos encuestados nos ayudaron a saber más sobre las semejanzas y las diferencias en el proceso de transformación en una diversidad de personas y prácticas.

Aunque esta muestra es autoseleccionada, y por consiguiente no es representativa del público en general como lo sería una selección aleatoria de todas las familias estadounidenses, ha ofrecido una oportunidad valiosa para estudiar la transformación en un gran número de personas que han vivido el proceso. Más del 80 por ciento de las personas elegidas como muestra comunicaron que habían tenido al menos una experiencia profundamente transformadora, y el 90 por ciento realizan regularmente alguna forma de práctica de transformación. Las vidas de estas novecientas personas se han convertido en laboratorios naturales para estudiar el proceso de transformación.

A lo largo de los años, hemos efectuado miles de horas de análisis rigurosos de contenidos y datos procedentes de nuestras entrevistas a cincuenta maestros. De ese trabajo viene *Noética. Vivir profundamente el arte y la ciencia de la transformación*. Hemos organizado los capítulos de nuestro libro en torno a los temas que surgieron de nuestra investigación. En cada capítulo hemos seleccionado con todo cuidado citas pertenecientes a estas encuestas y entrevistas que ilustran nuestras conclusiones. En cada fase de nuestro programa de investigación, lo que más nos ha afectado —lo que se subrayaba una y otra vez, y lo que queremos compartir con los lectores— es el hecho de que la transformación es un proceso natural y permanente que está al alcance del lector ahora mismo. Es algo con lo que puede cooperar en aspectos grandes y pequeños, cada día de su vida.

Indígena/basada en la Tierra

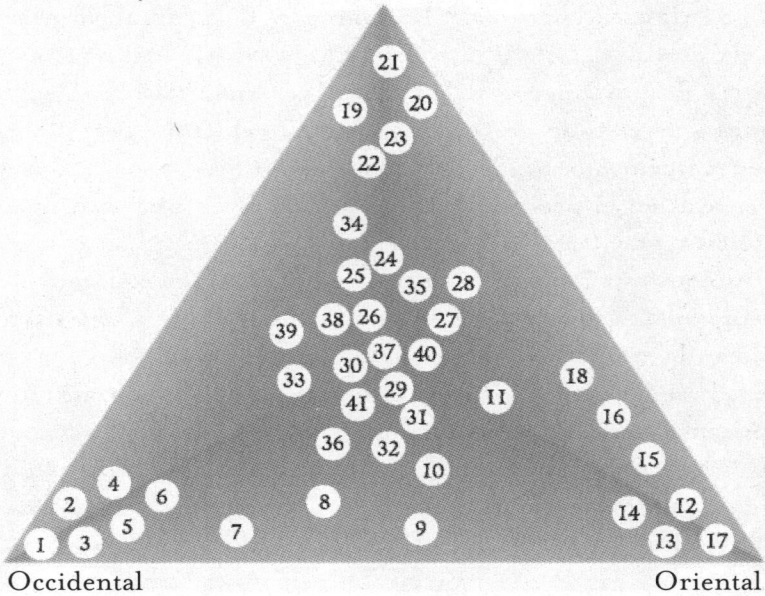

Occidental   Oriental

1. Catolicismo romano
2. Catolicismo benedictino
3. Cristianismo luterano
4. Cristianismo episcopaliano
5. Primera Iglesia de Cristo
6. Iglesia de la ciencia religiosa
7. Judaísmo
8. Cábala
9. Islam
10. Sufismo
11. No dualismo
12. *Vipassana* (budismo)
13. Budismo zen
14. *Shavismo*/yoga
15. Yoga *kundalini*
16. Meditación trascendental
17. Yoga *bhakti*
18. Yoga del Himalaya
19. *Yoruba*
20. Religión de la diosa/espiritualidad basada en la Tierra
21. Espiritualidad indígena norteamericana
22. Chamanismo transcultural
23. Chamanismo mongol
24. Psicoterapia psicodélica
25. Somática
26. Artes del movimiento/expresivas
27. *Aikido*
28. Curación *johrei*
29. Psicología transpersonal/humanística
30. Estudios de la consciencia
31. Práctica de la transformación integral
32. Curación actitudinal
33. Avatar
34. Trabajo de respiración holotrópica
35. Escuela de Misterio de las Nueve Puertas
36. Universalismo unitario
37. Perspectivas arquetípicas/trabajo del sueño
38. Medicina centrada en la relación
39. Medicina de la conciencia/cuerpo-mente
40. Erudición religiosa
41. Ciencias noéticas

Filosofía perenne y pluralismo: dos faros guía

Este proyecto ha recibido la influencia de una búsqueda de verdades comunes en todas las culturas, filosofías y personas. Tratamos de arrojar luz sobre una *filosofía perenne* de la transformación, término empleado por primera vez por el filósofo italiano del siglo XVI Agostino Steuco en su libro *De perenni philosophia libri X*, de 1540. En el siglo XVIII, el matemático y filósofo alemán Gottfried Leibniz empleó este término para designar un conjunto universal o compartido de verdades que subyacen a todas las filosofías y religiones, y Aldous Huxley lo popularizó después en su clásica obra *La filosofía perenne* (1945). Asimismo, en nuestra investigación tratamos de encontrar elementos comunes en el proceso de transformación, en todos los individuos, culturas, religiones y filosofías, un mapa común del terreno de la transformación que sea aplicable a personas de todas las profesiones y condiciones sociales. Del mismo modo que hay cosas que distinguen cada una de las perspectivas, prácticas o enfoques que estudiamos, nuestro objetivo global ha sido encontrar puntos de intersección.

De hecho, este libro está organizado como una exploración del terreno compartido de la transformación que existe en todas las visiones del mundo. Sin embargo, aun cuando las descripciones de la transformación coinciden parcialmente entre las tradiciones y los individuos en un grado increíble, lo cual señala algunos patrones importantes en el proceso de transformación, comprendemos que no existe una fórmula sencilla. Al emprender este programa de investigación, nos hemos visto ante algunos de los desafíos a los que se enfrenta naturalmente cualquier intento de encontrar patrones en tradiciones diferentes, así como a los desafíos que suelen sobrevenir con cualquier intento científico de objetivar lo inefable. De hecho, en una investigación como esta, existe la posibilidad de generalizar en exceso, trivializando de ese modo distinciones fundamentales e importantes entre los diversos caminos. Aunque seleccionamos los aspectos que son semejantes, cabe la posibilidad de que hayamos pasado por alto diferencias profundas e importantes. Se trata de preocupaciones importantes, y las tomamos en serio.

Cuando emprendimos nuestro análisis comparativo, nos inspiró el trabajo del pluralismo cultural. Diana Eck, del Proyecto Pluralismo de la Universidad de Harvard, establece la distinción entre *diversidad*, que es un hecho demográfico, y *pluralismo*, que es la celebración de la diferencia (2006). El pluralismo es un compromiso activo con la diversidad. Requiere la participación con «el otro». El pluralismo reconoce que aunque hay una sabiduría común y duradera que puede encontrarse en preceptos como la Regla de Oro —una sabiduría que probablemente puede aplicarse por igual a todas las tradiciones—, es una simplificación excesiva y grave entender como homogéneos unos marcos religiosos, espirituales y de transformación distintos.

Nuestra experiencia hasta ahora es que si bien los elementos comunes entre las tradiciones apuntan a un modelo firme de transformación que va más allá de sectas y culturas, cada tradición individual —y cada persona individual— ofrece una perspectiva única que los demás pueden no tener. Es probable que los monjes budistas que viven en los bosques y que han explorado la naturaleza de sus propias mentes durante horas y años enteros en soledad silenciosa tengan que decirnos sobre la transformación algo diferente que las monjas que han dedicado su vida a servir en comedores de beneficencia de junglas urbanas. Además, estos dos grupos no son el padre o la madre atareados o la enfermera sobrecargada de trabajo que también forman parte del relato de la transformación.

En nuestra investigación, y en este libro, nos hemos centrado deliberada y específicamente en el estudio de las clases de transformaciones en la consciencia que les sucedieron a Richard Gunther y a innumerables personas más; a saber, las transformaciones que unas veces rápidamente, otras de forma gradual, pero en todos los casos de modo radical y permanente, cambian la visión del mundo de la persona por una que le hace ser más cariñosa, amable, compasiva, altruista, vinculada a los demás y entregada a crear un mundo más justo, sostenible y pacífico para todos.

Toda ciencia —y toda espiritualidad— comienza con el intento de explorar y después describir en detalle un fenómeno: qué lo causa, qué factores lo facilitan, qué factores lo inhiben, cuáles son sus resultados y qué mecanismos explican que suceda, en muchos casos para descubrir cómo se puede facilitar intencionadamente el proceso. Un buen ejemplo es la remisión del cáncer. Es natural que tanto los científicos como los místicos ahonden lo más profundamente posible en los actos de curación y los resultados positivos con la esperanza de que una comprensión más honda de los fenómenos aporte pistas que faciliten o apoyen el proceso positivo en otras personas.

Para el místico, esta exploración puede conducir a un profundo viaje hacia el interior, a la iniciación en los misterios de tradiciones que parecen estar en posesión de algunas claves de la experiencia, o a muchos años de minuciosas prácticas espirituales que arrojan luz sobre el fenómeno. Para el científico, puede implicar años de recogida y análisis de datos, tanto si adopta la forma de entrevistas detalladas, resmas de impresiones de electroencefalogramas, bases de datos de cientos de megabytes de escáneres cerebrales, como de ensayos clínicos seguidos paso a paso que pongan a prueba una y otra vez posibles objetivos biológicos o agentes farmacológicos, también para arrojar más luz sobre el fenómeno objeto de interés.

En nuestro caso, nuestro objeto de atención decidido fue el fenómeno de las experiencias que la gente tiene y las prácticas que realiza, que estimulan y sostienen una nueva visión del mundo cuya mejor designación puede ser la de transformación positiva de la consciencia (término que trataremos con más detalle en el capítulo I, «Ver con ojos nuevos»). No tenemos reparos en reconocer que nuestro interés en este tema, de modo muy parecido al del investigador que se centra en la remisión del cáncer, es averiguar más acerca de cómo sucede para que podamos facilitarlo en los demás.

Durante toda nuestra investigación, y a lo largo de todo este libro, nos empeñamos en seguir el hilo de oro de la transformación positiva, y al hacerlo no tomamos muchos otros caminos que podrían haber sido igualmente merecedores de una investigación en profundidad. En este libro, no nos ocupamos en profundidad de muchos de estos caminos. Por ejemplo, ¿qué sucede en el caso de las transformaciones negativas en la consciencia, como entregarse a un camino de daño para personas que no poseen la misma creencia? ¿Cuáles son las consecuencias negativas de las experiencias de identidad o de disolución del yo? ¿Cuáles podrían ser los peligros inherentes a la mezcla de ciencia y religión? Aunque estos temas son dignos de exploración, estábamos obligadas a dejar a un lado estas cuestiones por el momento, para seguir centradas en nuestro objetivo. También en este punto, reconocemos los peligros de un exceso de simplificación en lo que a estos temas se refiere, y hemos intentado siempre que ha sido posible ofrecer contrapuntos a cada premisa que defendemos. Al final, sin embargo, nuestro objetivo en este libro, basado en nuestra investigación, es defender la idea de que la transformación positiva de la consciencia es posible, es más habitual de lo que la mayoría podría imaginar, y la mejor manera de explorarla es reunir las perspectivas del científico y el místico.

PARA NAVEGAR POR ESTE LIBRO

En este libro hemos utilizado:

- Las conclusiones de nuestros estudios durante un decenio del proceso de trasformación, desde análisis de cientos de relatos de transformación, grupos de discusión de maestros, cincuenta entrevistas con maestros y profesores de prácticas de transformación, y casi novecientas encuestas a personas inmersas en sus propios viajes de transformación.
- La sabiduría directa de una amplia muestra representativa de prácticas religiosas, espirituales y de transformación, tal como las han compartido con nosotras algunas de las voces más destacadas del movimiento de la transformación en nuestros días.
- Los datos científicos de un variado abanico de campos, desde la neurociencia cognitiva hasta la física, la psiconeuroinmunología o la psicología social.
- Teorías destacadas de la transformación.
- Prácticas experienciales para vivir profundamente.

Tanto si el lector es un consumado practicante de una tradición de transformación, un practicante de una serie ecléctica de ejercicios, o un recién llegado al camino de la transformación, puede usar nuestra investigación para afirmar, ahondar e inspirar sus experiencias y visiones interiores.

Este libro no es un nuevo programa de crecimiento y cambio. Hay miles de programas y técnicas disponibles para la transformación personal: cursos intensivos para curar nuestras rupturas internas, para reintroducirnos en nuestra sabiduría interior, para movilizar la ley de la atracción, etcétera. Estos programas han cambiado radicalmente la vida de miles, tal vez millones, de personas. Sin embargo, aunque esta infinidad de métodos, programas y técnicas para enriquecer su vida existe al alcance de la mano, en ocasiones puede resultar difícil imaginar cuál es la correcta para cada cual, por no hablar de cómo convertir las nuevas visiones en formas de ser a largo plazo.

Este libro ofrece al lector un enfoque distinto para construir su propio camino de transformación, día a día, un enfoque basado en lo que hemos aprendido mediante nuestra investigación y la de otras personas acerca de cómo la transformación es estimulada y sostenida. El camino podría incluir perfectamente la asistencia a un retiro de transformación o la inscripción en un programa intensivo de formación sobre la transformación durante varios años. Podría incluir igualmente el compromiso de cocinar una gran comida una vez a la semana, poner en marcha un grupo de lectura, plantar un jardín de hierbas en su patio, o simplemente reservar diez minutos de silencio para uno mismo cada día. En vez de ofrecer una fórmula infalible más para una revisión general de su vida, *Noética. Vivir profundamente el arte y la ciencia de la transformación* le animará a encontrar fórmulas para poder agregar mayor riqueza, significado, profundidad y gozo a cada momento de cada día.

En el capítulo 1, «Ver con ojos nuevos», preguntamos: ¿qué es lo que realmente se convierte en una experiencia de transformación? El capítulo 2, «Puertas hacia la transformación», explora algunos de los diversos desencadenantes y catalizadores de la transformación. En el capítulo 3, «Preparar la tierra», identificamos tres elementos claves que pueden ayudar al lector a preparar el terreno para una transformación. En el capítulo 4, «Caminos y prácticas», examinamos patrones comunes en diversas prácticas de transformación e identificamos las actividades y los compromisos que los maestros de las tradiciones identifican como esenciales. En el capítulo 5, «¿Por qué practicar?», exploramos algunas de las fórmulas que la práctica de la transformación trabaja para producir un cambio profundo y duradero. En los tres capítulos siguientes, estudiamos algunos de los grandes hitos de la transformación de la consciencia. El capítulo 6, «La vida como práctica, la práctica como vida», considera formas en que se pueden integrar las experiencias de transformación en la vida diaria, llevándolas a la familia, las organizaciones y las instituciones del lector, cimentando la transformación y haciéndola sostenible para el lector y para los demás. En el capítulo 7, «Del "yo" al "nosotros"», examinamos el modo en que la práctica de la transformación implica cambios básicos en la identidad personal que se traducen en cambios duraderos en la visión del mundo. En el capítulo 8, «Todo es sagrado», nuestra investigación sugiere que, con el paso del tiempo, se comienzan a ver atisbos del resplandor sagrado incluso a través de las experiencias más prosaicas y tristes de la vida cotidiana. Por último, el capítulo 9, «No más nubes flotantes», ofrece una síntesis de lo que hemos aprendido sobre la transformación a través de nuestra investigación. Presentamos aquí un modelo de transformación de la consciencia tomado de elementos comunes de una diversidad de tradiciones. Reconociendo la naturaleza dinámica y no lineal del proceso de transformación, esperamos que este modelo sea útil para la gente en cualquier etapa del proceso.

UNA ÉPOCA DE CONVERGENCIA

Escribimos este libro en un momento excepcional de la historia humana. Nunca antes habían entrado en contacto tantas visiones del mundo, tantos sistemas de creencias y formas de entender la realidad. Monjes budistas se sientan junto a científicos de Harvard para hablar de la neurociencia de la consciencia. Sanadores indígenas trabajan codo con codo con médicos para tratar a los pacientes en grandes hospitales. Expertos en física cuántica y biólogos de los sistemas vivos confirman visiones espirituales de la consciencia sostenidas tradicionalmente.

Este contacto de diferentes formas de comprender qué es real y verdadero está conduciendo al descubrimiento de nuevas herramientas para vivir en medio de la complejidad. A medida que la antigua sabiduría espiritual converge con las últimas interpretaciones científicas del mundo y de nuestro lugar en él, encontramos nuevas respuestas a las antiquísimas preguntas «¿quién soy?» y «¿qué soy capaz de llegar a ser?».

Este libro entreteje los rigores de la perspectiva científica con la sabiduría profunda de las tradiciones del mundo para crear un mapa no confesional y para ayudar a guiar al lector en su camino a través de las transformaciones —ya sean grandes o pequeñas— que tienen repercusiones sobre su vida, sus relaciones y su comunidad. Hemos tratado de sacar a la luz los elementos comunes de diversas prácticas, descifrar caminos que llevan a la transformación que el lector pueda usar tanto si es religioso o espiritual; si tiene que ver con los negocios, el ejército o la asociación de padres y alumnos; o si consigue su paz mental mediante la meditación o en el campo de golf. En última instancia, este libro anima al lector a convertirse en el científico de su propia experiencia y en el cartógrafo de su propio viaje de transformación. La oportunidad está en sus manos. Bienvenidos a la aventura.

CAPÍTULO UNO

ver con ojos nuevos

Una transformación en la consciencia produce una suerte de doble visión en la gente. Ven más de una realidad al mismo tiempo, lo cual da profundidad a su experiencia y a su respuesta a la experiencia.

RACHEL NAOMI REMEN (2003)

Para Richard Gunther, que cuenta su historia en el prefacio de este libro, la transformación sucedió en un instante. Salió a una terraza y experimentó la belleza y el esplendor de la costa del Big Sur. Sintió el sol en su carne y el viento en su cabello. Pero también sintió algo más. Algo mucho más significativo: un cambio en su visión del mundo. En un momento se vio de pronto «invadido por la satisfacción y el gozo de sentir entero, de *ser bendecido*». En un instante, experimentó un giro paradigmático que cambió su manera de ver el mundo, y su lugar en él.

Aunque no todo el mundo lo experimenta en un momento, la experiencia de Richard Gunther puede describirse mejor como una *transformación de la consciencia*. Las transformaciones de la consciencia son cambios internos profundos que tienen como consecuencia cambios duraderos en nuestra manera de experimentar y de relacionarnos con nosotros mismos, con los demás y con el mundo. No es tanto que aquel empresario de éxito se convirtiera en una persona distinta, sino que experimentó un cambio en su percepción de la realidad, y en el camino descubrió de modo más completo quién es realmente, con independencia de las expectativas sociales y los condicionamientos culturales que habían configurado hasta entonces su sentido del yo.

Hagamos un alto y reflexionemos por un momento. Examinando retrospectivamente tu vida, ¿puedes encontrar momentos capitales que ampliaron tu perspectiva? ¿Ha habido momentos en tu vida que identifiques como puntos de inflexión, momentos tras los cuales has visto el mundo con una luz más abierta y generosa? ¿Te has sentido en alguna ocasión conectado con algo más grande que tú, y en esa conexión has sentido que el egocentrismo desaparecía? ¿O has advertido un proceso más gradual, en el que durante un lapso de varios meses o años has cambiado la forma en que te veías a ti mismo y veías el mundo, poco a poco?

Las transformaciones de la consciencia suceden más a menudo de lo que podría pensarse. Saber más acerca de qué las estimula, cómo funcionan y qué respalda el proceso puede ayudar a saltar a bordo en vez de ser arrastrado o ser tratado a patadas en el proceso. Comprendiendo la transformación, seremos más capaces de navegar por los ingentes cambios a los que cada uno de nosotros hemos de hacer frente cada día de nuestras vidas. En consecuencia, tal vez seamos capaces de convertir lo que es difícil y exigente en oportunidad y aventura. Nuestra premisa es sencilla, pero radical: nuestro comportamiento, nuestras actitudes y formas de ser en el mundo se cambian en formas afirmadoras de la vida y duraderas sólo cuando nuestra *consciencia se transforma* y nos comprometemos a vivir profundamente en esa transformación. En este capítulo exploramos primero lo que es la propia consciencia, y después lo que la transformación de la consciencia ha resultado ser para muchas personas.

¿QUÉ ES LA CONSCIENCIA?

Antes de comenzar a ahondar más profundamente en el campo de la transformación de la consciencia, vamos a definir lo que entendemos por «consciencia». La consciencia es la cualidad de la mente que incluye nuestra propia realidad interna. Incluye la conciencia de sí, las relaciones con el entorno y con las personas en nuestra vida, y nuestra visión del mundo o modelo de la realidad. Dicho en términos sencillos, nuestra consciencia determina cómo experimentamos el mundo. Nuestra consciencia, o nuestra percepción de la realidad, es creada por las interacciones de nuestras vidas *subjetivas* y *objetivas*. Nuestra vida subjetiva es lo que existe en nuestra experiencia interior; nuestra vida objetiva es lo que está «ahí fuera» en el mundo. La convergencia de nuestra identidad de nosotros mismos y nuestras percepciones del mundo dan lugar a nuestra visión del mundo, y de ese modo cómo nos relacionamos, mediamos y atribuimos significado a esos dos mundos, interior y exterior.

Como tradición, el budismo puede haber hecho más que ninguna otra para explorar sistemáticamente las complejidades de la consciencia y la transformación. Durante miles de años, las personas que practican el budismo han construido una ciencia de la vida interior, cartografiando con cuidado el terreno de la mente y la consciencia. B. Alan Wallace es uno de los más considerados estudiosos, traductores y constructores de puentes entre el budismo tibetano y la ciencia occidental. En 2003 nos habló de la naturaleza de la consciencia humana:

> Desde el comienzo mismo del budismo, tenemos estas afirmaciones de Buda sobre la primacía de la mente. Esto es uniforme en todo el budismo. Si se quiere entender la naturaleza de la realidad en su conjunto, la comprensión de la consciencia —gracias a la cual podemos observar y reflexionar sobre absolutamente cualquier cosa— va a ser decisiva. Es una maravillosa ironía que sin la mente, sin la observación, sin la consciencia, nunca tendríamos ciencia alguna. Y, sin embargo, hubieron de transcurrir cuatrocientos años para que la consciencia se convirtiera realmente en un tema legítimo de investigación científica.
>
> Desde esta perspectiva budista tibetana, el cerebro no es en realidad un depósito de ningún fenómeno mental. Tiene mucho más de conducto, de acondicionador. Esta teoría es tan compatible con todos los conocimientos neurocientíficos actuales como la idea de que el cerebro es el depósito o almacén último de recuerdos, etcétera. Nunca he visto ninguna prueba empírica que me fuerce a creer que cualquier acontecimiento mental tiene lugar dentro del cerebro, es decir, que está alojado dentro del cerebro. (2003)

Esta visión, cimentada en más de mil años de estudio empírico por parte de los practicantes del budismo tibetano, es bastante herética si se la considera desde la perspectiva científica dominante, que entiende que toda la consciencia depende de la actividad neuronal. En la ciencia occidental, nuestra experiencia de lo subjetivo se considera un *epifenómeno*, o subproducto, del cerebro. Y, sin embargo, el estudio de la meditación budista se ha convertido en un área vital de la ciencia del cerebro contemporánea. En efecto, los mundos están convergiendo.

Estados de consciencia y consciencia perdurable

Los *estados* de consciencia se producen en un *continuum* desde estar despiertos y conscientes de nosotros mismos y de nuestro entorno hasta estar en un estado inconsciente, no alerta de sueño tranquilo o coma. Aunque conocemos sobre todo dos niveles concretos de consciencia —estar despiertos y dormidos—, hay, en realidad, muchos niveles de consciencia, incluidos estados de consciencia no ordinarios. En el transcurso de un día normal, podemos experimentar un abanico de estos estados, como alerta intensa, ensoñación, aturdimiento, sensación de sueño y sueños, estados emocionales realzados, o intoxicación de alcohol o drogas. Si se ha experimentado una anestesia general, se ha viajado por muchos estados de consciencia en un lapso de tiempo muy breve.

Sin embargo, la consciencia no se refiere solo a estos estados efímeros y cambiantes, sino que también se refiere a la manera en que percibimos las cosas en general y en distintas situaciones. Cuando se usa de este modo, el término *consciencia* designa la manera general en que percibimos el mundo y nuestro lugar en él. En otras palabras, la consciencia son todos los aspectos de cómo se experimenta y comprende la realidad. Si todas las experiencias, los diversos estados de consciencia, fueran patrones climáticos —nubes, lluvia, arco iris, tornados, huracanes o brisas de verano—, la consciencia sería el cielo en el que tienen lugar. La consciencia es el contexto en el que convergen todas las experiencias y percepciones, los pensamientos y sentimientos.

Es este aspecto duradero de la consciencia el que más nos interesa cuando hablamos de la transformación de la consciencia. La consciencia general que poseemos influye profundamente en los estados de consciencia que experimentamos a diario. Por ejemplo, si el lector es una persona que tiende a ser generalmente optimista, es probable que su consciencia general incluya los supuestos de que, en términos generales, la gente es buena y que encontrar una solución a un problema es casi siempre posible. Así pues, en su vida diaria, reaccionará ante situaciones de una manera generalmente confiada y abierta. En cambio, si es una persona que tiende a reaccionar agresivamente ante situaciones difíciles, es probable que su consciencia general incluya los supuestos de que el mundo no es seguro y tiene que defenderse incluso contra la mínima amenaza que perciba. En otras palabras, nuestros diversos estados de consciencia surgen de nuestro patrón general —rasgos de la personalidad, actitudes, creencias, comportamientos, etcétera— de relacionarnos con el mundo. Se puede ver, por tanto, cómo transformar la consciencia general puede tener repercusiones profundas para nuestra manera de pensar, comportarnos y sentir en nuestra vida diaria.

Consciencia y visión del mundo

Empleamos el término «consciencia» para designar cómo experimentamos el mundo. Este uso de la consciencia incluye todas nuestras percepciones, tanto conscientes como inconscientes. Un término estrechamente relacionado es «visión del mundo». En ocasiones, el modo en que experimentamos el mundo puede parecer completamente involuntario. «Veo el mundo de este modo porque el mundo *es* de este modo. ¿Qué otro modo hay de verlo?» Puede resultar muy difícil cambiar un modelo de realidad firmemente afianzado. Podemos sentir un gran apego por aquello que pensamos que es verdadero, importante y real, incluso cuando se nos presentan pruebas de lo contrario. En gran medida, nuestra visión del mundo determina lo que somos capaces de ser, y por tanto determina nuestra percepción de la realidad. Lo que nuestra visión del mundo no se amplía para contener, escapa literalmente a nuestra percepción. Simplemente no lo vemos. Esta percepción de la realidad colorea nuestras reacciones y acciones, cada momento de cada día.

Un magnífico ejemplo es el que ofrece David Sloan Wilson, quien, en su libro *Darwin's Cathedral: Evolution, Religion, and the Nature of Society*, habla de la «obviedad retrospectiva» (2003, p. 125). En otras palabras, una vez que tenemos una teoría para explicar algo y comprendemos que es posible, podemos ver cosas que siempre han estado ante nosotros. Wilson cuenta que en su juventud Darwin estudió con Adam Sedgwick, uno de los fundadores de la ciencia de la geología. Antes de que se entendiera que los glaciares habían esculpido los deslumbrantes valles y desfiladeros que salpican el paisaje de la Tierra, se pensaba que los océanos (en particular el gran diluvio que se describe en la Biblia) habían creado estos rasgos geológicos. En su autobiografía, Darwin explica cómo, junto con Sedgwick, buscó fósiles sin reparar en los signos evidentes del movimiento glacial:

> Pasamos muchas horas en Cwm Idwal, examinando todas las rocas con sumo cuidado, pues Sedgwick ardía en deseos de encontrar fósiles en ellas; pero ninguno de los dos vio ni rastro de los maravillosos fenómenos glaciales que se extendían a nuestro alrededor; no reparamos en las rocas claramente marcadas, las rocas colgadas, las morrenas laterales y terminales. Pero estos fenómenos son tan evidentes que, como declaré en un ensayo publicado muchos años después en la *Philosophical Magazine*, una casa destruida por el fuego no cuenta su historia con más claridad que aquel valle. Si hubiera estado todavía cubierto por un glaciar, los fenómenos habrían sido menos nítidos de lo que lo son ahora. (1887, p. 49)

Este relato muestra cómo la visión del mundo a priori (previa) de Sedgwick y Darwin *determinó* efectivamente lo que vieron y lo que no vieron. Cuando nuestra visión del mundo cambia, nuevas posibilidades surgen del mismo paisaje que ya habitamos. Esta es una de las premisas fundamentales de este libro: que quienes somos ahora, y lo que tenemos ahora, contiene todo lo que necesitamos para una vida más rica, plena y llena de gozo. Las posibilidades inherentes a cada día se ven más claras cuando nuestra visión del mundo nos permite verlas.

¿QUÉ ES LA TRANSFORMACIÓN
DE LA CONSCIENCIA?

Este cambio de visión del mundo es la clase de transformación de la consciencia que se halla en el centro de *Noética. Vivir profundamente el arte y la ciencia de la transformación*. Entrevistamos a Frances Vaughan, una de las fundadoras de la psicología humanística y transpersonal, que nos la describió así:

> [...] transformación significa realmente un cambio en nuestra manera de ver mundo, y un cambio en cómo nos vemos a nosotros mismos. No es simplemente un cambio de nuestro punto de vista, sino una percepción totalmente distinta de lo que es posible. Es la capacidad de ampliar nuestra visión del mundo para poder apreciar diferentes perspectivas, de poder adoptar simultáneamente múltiples perspectivas. No estamos solo pasando de un punto de vista a otro, en realidad estamos ampliando la conciencia para abarcar más posibilidades.
>
> La transformación implica un cambio en el sentido del yo. Tiene una dimensión interior y una dimensión exterior. Requiere trabajo interior y un reconocimiento por cómo eso se relaciona con estar en el mundo, y el trabajo exterior de acción y servicio. La transformación implica múltiples dimensiones de una persona: el concepto que tenemos de nosotros mismos, nuestra manera de relacionarnos con otras personas, cómo vemos el mundo y lo que consideramos que merece la pena hacer. La transformación afecta realmente a todos los aspectos de nuestras vidas y tiene mucho que ver con cambiar de valores. La transformación es multidimensional. Implica al corazón, la mente y el espíritu, y afecta al comportamiento y a las relaciones en el mundo. (2002)

Como dice Vaughan, las transformaciones de la consciencia a menudo llevan consigo cambios profundos en nuestros valores y prioridades básicos. Oímos un punto de vista parecido de la doctora, maestra y autora de *Kitchen Table Wisdom* (1996), Rachel Naomi Remen, que nos explicó:

Lo que me parece real es el cambio de la experiencia, el cambio permanente que sucede para la gente, en unas ocasiones de forma espontánea, en otras después de años de práctica, y en otras en épocas de crisis. Creo que fue Proust quien dijo que el viaje de descubrimiento no radica en buscar nuevas vistas, sino en tener ojos nuevos. Lo familiar se ve de una manera completamente nueva. Nada cambia, pero todo cambia. La persona es diferente. Esta clase de experiencia cambia los valores de una persona, los baraja como un mazo de naipes. Y podría resultar que un valor que ha estado en el fondo de la baraja durante muchos años sea ahora la carta de arriba y se convierta en el principio rector de la vida de una persona a partir de ese momento. (2003)

En última instancia, definimos la transformación de la consciencia como un cambio profundo en nuestra experiencia de la consciencia, que tiene como resultado cambios duraderos en nuestra manera de entendernos y de relacionarnos con nosotros mismos, con los demás y con el mundo. Empleamos la expresión «experiencia de transformación» para designar una experiencia que tiene como resultado un cambio duradero en la visión del mundo, en contraposición a una experiencia extrema, extraordinaria, máxima o espiritual que no se traduce necesariamente en cambios a largo plazo en nuestra forma de ser.

Aunque la transformación tiene como resultado cambios en los pensamientos, los sentimientos y los comportamientos, el verdadero proceso no exige cambiar directamente estas cosas. De hecho, la mayoría de los expertos a los que entrevistamos nos dijeron que la consciencia propiamente dicha no cambia. Lo que cambia es nuestra *percepción* de la consciencia. Dicho de otro modo, no cambia quiénes somos «auténticamente», sino que a medida que los yos falsos son desechados y enterrados, elementos de nosotros mismos son recuperados e integrados, y nuestra expresión de nuestro yo se alinea con quienes de verdad somos. Patrones de pensamiento, actitudes, comportamientos y formas de ser en el mundo que son incongruentes con nuestro yo básico pueden disminuir.

Mahamandaleshwar Swami Nityananda Paramahamsa, originario de Mumbai, India, habló directamente de este punto. Nityananda es un gurú en la línea de Swami Muktananda y Bhagavan Nityananda, de Ganeshpuri, India; como discípulo de Muktananda, fue escogido en julio de 1981, junto con su hermana Swami Chidvilasananda, para suceder a Muktananda y llevar a cabo la labor de inspirar a la gente para practicar la meditación y el yoga del conocimiento de uno mismo. Hablamos con él en la casa campestre de un adepto en Petaluma. Sobre la transformación de la consciencia, Nityananda dijo:

> La consciencia es constante, la transformación está en el individuo. Las escrituras [hindúes] hablan de la consciencia como un estado ampliado de conciencia en todo momento. Hablamos del yo limitado y el yo entero o consciencia. El yo limitado es la mente, el ego, el intelecto, el subconsciente, los sentidos y los órganos de acción. Y es desde ahí desde donde en realidad vemos el mundo. Pero cuando decimos que alguien está iluminado o realizado, es que ha comprendido: «Soy la consciencia. No soy la mente, no soy todas esas otras cosas desde las cuales la mayoría de los humanos perciben y experimentan el mundo».
>
> Así que la transformación va a pasar de ser limitada y pequeña a ser entera. Y cuando se llega a la experiencia de una consciencia completa, una consciencia plena, no hay nada más. Así que el mantra que nuestras familias usan es: «Lo que está lleno y lo que viene lleno sigue estando lleno, y vuelve a fundirse con lo lleno».
>
> Así pues, la totalidad en realidad nunca se va. Nacemos del todo, y por eso incluso ahora, en nuestro estado de experiencia limitada, seguimos estando enteros, completos, pero no somos conscientes de ello. Cuando adquirimos conciencia, simplemente perdemos la limitación y volvemos a estar enteros. (2006)

Oímos hablar de nuevo sobre este cambio de perspectiva durante nuestra entrevista con Sharon Salzberg, maestra de maestros de meditación *vipassana* budista. Para Salzberg, como para muchos de los maestros y escritores con los que hablamos, la transformación es un cambio fundamental de perspectiva:

> Una transformación de la consciencia es algo que abre una puerta para nosotros. Es más o menos como si estuviéramos en una ha-

bitación pequeña, cerrada y oscura. Nos sentimos constreñidos, nos sentimos limitados de alguna manera, y entonces la puerta se abre, y de pronto hay una sensación de posibilidad donde antes podría no haber habido nada. Hay una sensación de tener opciones donde antes no percibíamos ninguna. Y hay un cambio en la percepción, especialmente en términos de alcance.

Creo que tal vez el mejor ejemplo que he oído nunca fue un relato del fallecido lama tibetano Trungpa Rinpoche, que en cierta ocasión agarró una hoja de papel y dibujó en el centro un objeto blando en forma de V. Luego se lo mostró a su clase y dijo: «¿Qué es esto? ¿De qué es esto una imagen». Y al parecer todo el mundo respondió: «Es una imagen de un pájaro». Y él dijo: No, no es eso. Es una imagen del cielo con un pájaro qe lo cruza volando».

¿Conocen esa sensación de fijación, cuando estrechamos nuestro foco y nos sentimos encerrados en él? Una transformación de la consciencia es la conciencia de «¡Ah! Hay un cielo ahí». Hay más contexto. Hay más apertura de lo que hemos percibido antes. Hay una sensación de ilimitación. No es algo que mantengamos. Es algo que, si somos afortunados, experimentamos, podemos renovar y podemos volver a entrar en ello, y eso nos cambia. (2002)

Desde esta perspectiva, podemos comprobar que la transformación tiene que ver con abrirse a nuevas posibilidades. Tiene que ver con reconocer que nuestra actual visión de nosotros mismos y del mundo es solo parcial. Ver con ojos nuevos permite una nueva comprensión de nosotros y de nuestro despliegue.

La ciencia de los cambios de perspectiva

¿Es este cambio de perspectiva puramente subjetivo, algo que solo podemos experimentar de primera mano, o puede la ciencia ofrecernos una comprensión más objetiva de cómo la gente llega a ver el mundo de una manera completamente nueva? Daniel Simons, profesor adjunto de la Universidad de Illinois en Urbana-Champaign, realiza una investigación sobre cognición visual, percepción, atención y memoria. Especialmente fascinante es su investigación sobre «la ceguera inatencional», caracterizada por «advertir hechos inusuales y destacados en su mundo visual cuando la atención se dirige a otro punto y los hechos son inesperados» (Simons y Chabris 1999, p. 1062). Los estudios de Simons se basan en la obra de los psicólogos Arien Mack, de la New School for Social Research, e Irvin Rock, antes en la Universidad de California en Berkeley (Mack y Rock, 1998). Todos estos científicos exploran la naturaleza de la percepción cuando la atención se aparta de un objeto objetivo. En una serie de estudios fascinantes, estos investigadores han mostrado que podemos literalmente no ver el proverbial elefante (o, en este caso, gorila) en la sala si no esperamos verlo o si nuestra atención está fija en otras cosas.

En un experimento clásico, se pide a los participantes que presten atención a un vídeo en el que tres personas con camiseta negra y tres personas con camiseta blanca se pasan entre sí una pelota de baloncesto. Se pide a los participantes que cuenten el número de veces que el equipo de camiseta blanca se pasa el balón entre sí. En la mayoría de los casos, los participantes están muy cerca unos de otros en sus cifras definitivas, y unos dicen dieciséis veces, algunos cuentan quince, otros diecisiete (Simons y Chabris, 1999). Esta discrepancia por sí sola habla de cómo la gente puede percibir una idéntica situación de forma ligeramente distinta. (Si desea probar este experimento por sí mismo antes del anticipo del párrafo siguiente, deje de leer ahora mismo y visite el sitio web de los Laborarios de Cognición Visual en http://viscog.beckman.uiuc.edu/djs_lab/demos. html. ¡No le defraudará!)

Muchísimo más interesante es lo que sucede a continuación, cuando los investigadores ordenan a los participantes que observen exactamente el mismo vídeo, esta vez sin centrar la atención en nada en particular. Casi todos los participantes ven ahora una persona de tamaño real vestida de gorila que llega directamente al centro del partido de baloncesto, se para, se golpea el pecho varias veces y sale despacio. Las personas que participan en este ejercicio con frecuencia no creen que sea el mismo vídeo. Pero lo es.

Estudios como este sugieren que nuestros cerebros están conectados para que no percibamos conscientemente ni siquiera aspectos importantes de nuestra experiencia cuando nuestra atención se fija en otra cosa. Otros tipos de ceguera perceptual, como la *ceguera al cambio*, se producen cuando no percibimos cambios significativos en lo que vemos porque el cambio sucede de forma muy gradual, de modo muy parecido a la rana en el tarro que no nota que el agua está hirviendo si esto sucede muy lentamente. En el libro de Mack y Rock, *Inattentional Blindness* (1998), los investigadores subrayan que la percepción no depende solo de tener los ojos abiertos, funcionales. En cambio, la percepción depende de la atención, y la atención depende de procesos cognitivos subyacentes. A partir de su investigación, han llegado a la conclusión de que, sin atención, nada se percibe conscientemente. La gente inhibe su atención de estímulos inesperados, impidiendo de este modo la percepción consciente. Esto, a su vez, conduce a aumentos significativos de la ceguera inatencional.

¿Qué relación guarda esto con el papel que desempeña el cambio de perspectiva en las transformaciones? Estas conclusiones nos dicen que cuando centramos la atención en algo y nos encontramos con una experiencia que no es esperada, es posible que no percibamos conscientemente su existencia. Es posible, sobre todo en relación con las transformaciones súbitas, que cuando nuestra atención se ensancha desde lo que le preocupaba y se dirige a un campo de conciencia más abierto, nuestra ceguera inatencional se *cura*: lo que antes no se podía percibir conscientemente se revela ahora. Esto encaja muy bien con lo que muchos maestros de diversas tradiciones nos dicen. En nuestra vida puede haber mucho más de lo que nos permitimos ser conscientes. Como veremos en los capítulos siguientes, la transformación implica no solo un cambio de percepción, sino también un cambio de atención.

Tipos de transformación de la consciencia

Las transformaciones de la consciencia como las que hemos mencionado aparecen en todas las tradiciones religiosas y espirituales, y en las vidas de muchas personas que no se identifican en modo alguno como espirituales o religiosas. En algunos aspectos, las prácticas recomendadas por muchas tradiciones de sabiduría para mejorar nuestra vida parecen concebidas expresamente para promover la transformación de la consciencia. Resulta sorprendente que incluso las palabras que se emplean para designar estas transformaciones sean muy parecidas en experiencias, prácticas y tradiciones muy variadas. Del neopaganismo al catolicismo romano, de los encuentros con ovnis a dar a luz, desde un camionero en Texas hasta una monja budista en Nueva York, la experiencia de la transformación como cambio en la visión del mundo seguida de una reestructuración radical de los valores básicos parece ser universal.

Sin embargo, hay muchas, muchas formas de transformación de la consciencia. Unas son súbitas, y parecen ocurrir en un instante, y otras son graduales, como el agua que desgasta la piedra a lo largo de muchos años. Unas ocurren en circunstancias de lo más corriente, en tanto que otras se desencadenan en momentos extraordinarios. Unas suceden en estados ordinarios, otras en estados de consciencia no ordinarios. Como variaciones sobre un tema en la música, cada cual ofrece su belleza concreta y presenta su propia invitación única.

¿SÚBITA O GRADUAL?

La palabra «transformación» hace pensar en un cambio súbito y radical, pero es más frecuente que la transformación suceda de modo gradual. A menudo, incluso cuando hay un momento de transformación súbito y radical, integrar esa compresión en la vida diaria puede ser un proceso gradual.

En el caso de Richard Gunther, la transformación sucedió en un instante. En el de Joan, una de las personas que respondieron a nuestra encuesta, una profesional de cuarenta y un años que vivía en Kansas, fue una progresión que tuvo lugar durante años, y un pasito condujo a otro:

El proceso no fue como un rayo, sino más bien una revelación gradual, o una eliminación de capas, que dejó al descubierto más de lo que parecía que ya sabía, pero que solo ahora podía nombrar. Recuerdo que, cuando tenía veintiún años, viajaba por la misma carretera por la que llevaba meses desplazándome para asistir a mis clases en la universidad, cuando experimenté una repentina sensación de síntesis, de que todo lo que estaba aprendiendo se juntaba para crear un todo perfecto.

Me convertí en observadora de mi experiencia, y durante algunos años disfruté de la exploración intelectual sin pararme a pensar que también podía haber exploración espiritual. No fue hasta estar a punto de cumplir los cuarenta cuando [...] comencé a darme cuenta de que eso [aquellas experiencias] se había intensificado. A mis treinta y muchos años, comencé a advertir un aumento de los actos sincrónicos, y a los cuarenta me di cuenta de que podía ver auras alrededor de algunas personas.

Puedo decir que la transformación es constante, aunque hace poco ciertos hechos trágicos me desestabilizaron durante algún tiempo y no experimenté más que embotamiento y terror. Pero las experiencias han regresado, y [...] puedo acceder de nuevo, cualquiera que sea aquello a lo que acceda que me permita pensar libre y creativamente. (Vieten, Cohen y Schlitz, 2008)

Para Joan, una experiencia condujo a un viaje de cambio que duró decenios, no a un cambio instantáneo. Otra de las personas que respondió a nuestra encuesta, Lela, de cincuenta y siete años, propietaria de un negocio, explicó de este modo el viaje a su punto de inflexión:

Mi transformación fue un proceso gradual. [Sentía] una insatisfacción general con mi vida. Había alcanzado todas mis metas materiales, pero aun así sentía que faltaba algo. Todo parecía tan superficial. Quería hacer algo diferente, así que asistí a un taller de desarrollo psíquico durante un fin de semana. Aquello abrió totalmente y cambió mi vida. Descubrí un nuevo mundo. Ahora tenía respuestas y acceso a información que antes se me negaban. Tuve la confirmación de talentos pasados que fueron compartidos por otros, junto con el descubrimiento de capacidades que no tenía conciencia de poseer. No estaba sola, no era rara ni estaba loca. Reía y lloraba. Fue increíble. (Vieten, Cohen y Schlitz, 2008)

El testimonio más conocido sobre estos tipos de transformación de la consciencia es el de William James, a quien se cita con frecuencia como fundador de la psicología estadounidense. En su obra clásica *Las variedades de la experiencia religiosa* (1902), James identificaba dos formas distintas de cambio. La primera es gradual y continua, como la apertura de una flor. La segunda es repentina o abrupta. En este último caso, el cambio se asocia a menudo con lo que James llama «estados místicos de la consciencia».

Mientras tratábamos de saber más sobre las diferencias entre las transformaciones súbitas y graduales que cambian la vida, tuvimos el privilegio de entrevistarnos con Lewis Ray Rambo, pastor, escritor, consejero y profesor de la Graduate Theological Union de San Francisco desde 1978. Rambo es un experto en la experiencia de conversión y en la transformación espiritual y religiosa. Aunque nuestro trabajo no tiene que ver con la conversión religiosa, el proceso de conversión guarda estrechos paralelismos que lo hacen pertinente para nuestro estudio. Según Rambo, las transformaciones graduales son relativamente habituales y las transformaciones súbitas son más infrecuentes:

> Es raro que alguien tenga una conversión o transformación cuando menos se lo espera. Leemos libros, vemos a gente, tenemos experiencias, interactuamos con comunidades, etcétera. No quiero decir que nunca pase cuando menos se lo espera, pero rara vez llega sin ningún tipo de preparación, al menos en mi investigación. [...] La mayoría de nosotros tenemos experiencias acumulativas y graduales. Tal vez un paralelismo sería cuando alguien se enamora y se casa. Se puede fechar la boda como algo que ocurre en un tiempo y lugar concretos, pero yo diría que la boda es la consumación de algo que ha llevado hasta ella. Quién sabe cuándo sucedió el enamoramiento o cuándo se tomó la decisión. (2006)

Lauren Artress, sacerdotisa episcopaliana y psicoterapeuta que es canóniga de la catedral de la Gracia de San Francisco, compartió también con nosotras sus visiones sobre la transformación súbita, y nos habló de su tema preferido: el laberinto. Un *laberinto* es un di-

bujo trazado en el suelo, generalmente de doce metros de diáme-
tro, con un solo y tortuoso camino que serpentea desde el borde
exterior hasta el centro; se usa como herramienta de meditación pe-
ripatética cristiana. A partir de sus muchos años de caminar —y de
orientar a la gente a lo largo de este camino circular de reflexión—,
Artress cree que al caminar por el laberinto se pueden experimentar dos niveles de transformación súbita:

> El primero está en realidad en el nivel de la visión. Algo se abre
> y hay una nueva forma de ver las cosas. A menudo esto sucede en
> el propio laberinto, pero también puede suceder después. Reco-
> rrer, el laberinto puede hacer más fácil que la mente sea malea-
> ble porque el cuerpo se está moviendo. Y así pueden suceder las
> visiones, los clics y los ajas. Pero creo que un nivel más profundo
> de transformación que tiene lugar en el laberinto —y tiene lugar
> con gran frecuencia— es una visión que aparece con tal claridad
> y nitidez que es nuestro automáticamente.
>
> Es una clase de visión que sucede también en el nivel del
> cuerpo. Parece una respuesta a un problema que nos estaba fas-
> tidiando. Parece un verdadero y claro haz de luz. Hay una co-
> nexión, una sensación de gozo, una sensación de «Ah, ahí está;
> ahí está la respuesta». Y se hace patente con tal claridad que es
> nuestro. Es lo que yo llamaría una verdadera transformación con
> el laberinto. La gente encuentra el código de su alma. Encuentra
> su pasión en su vida. Y es de lo más espectacular cómo cambia la
> vida de la gente en consecuencia. (2003)

La clase de transformación súbita que describen Gunther y Artress ha sido estudiada en detalle por los psicólogos William Miller y
Janet C'de Baca en su libro *Quantum Change* (2001). Estos investigadores
analizan los cambios súbitos, radicales y en apariencia permanentes
que tienen lugar en la vida de la gente. Señalando que la ciencia de
la conducta no ha desarrollado todavía ni siquiera un nombre para
estas experiencias de las que se tiene noticia de forma habitual, Miller y C'de Baca usan la metáfora de la física cuántica para discutir
estas clases de transformaciones súbitas. Los investigadores descubrieron que uno de los sellos distintivos de un *cambio cuántico* es el reco-

nocimiento de que algo desacostumbrado está sucediendo, algo que significa que nuestra vida nunca volverá a ser la misma. Este tipo de cambios rara vez se recuerdan como hechos intencionados o voluntarios; en cambio, la mayoría de las personas a las que entrevistaron las autoras informaron de que la experiencia les llegó totalmente por sorpresa; vino sin previo aviso y sin que nadie la invitara. Otro sello distintivo del cambio cuántico es la sensación de que lo que nos ha sucedido es profundamente beneficioso y positivo. Finalmente, los autores sostienen que el cambio súbito que han estudiado es permanente. En palabras de los propios Miller y C'de Baca: «Los cambios cuánticos transmiten la sensación de haber franqueado una puerta de una sola dirección. No hay vuelta atrás» (p. 17).

¿MÍSTICA O PROSAICA?

Utilizamos la transformación de la consciencia como término genérico para las transformaciones que tienen lugar en toda clase de contextos. Sin embargo, generalmente, algunas de las transformaciones más profundas y que alteran la vida de manera más trascendente tienen un componente espiritual o se producen en el contexto de la experiencia o la práctica religiosa. El resultado de la Encuesta Social General realizada en Estados Unidos en 1998 reveló que el 39 por ciento de las personas ha tenido una experiencia espiritual o religiosa que ha cambiado su vida (Idler *et al.*, 2003). Una encuesta a más de 2000 adultos efectuada por el Barna Group dio a conocer que más de la mitad de la muestra decía que su vida se había «transformado mucho» debido a su fe religiosa (Barna, 2006). Aunque hay muchas transformaciones que tienen poco o nada que ver con la experiencia religiosa, en el capítulo 8 veremos que, en las tradiciones y prácticas, una sensación de lo sagrado o lo absoluto a menudo está estrechamente relacionada con las experiencias de transformación.

Sin embargo, las experiencias de transformación pueden ser también claramente prosaicas. El psicólogo Stanley Krippner, psicólogo transcultural y pionero en la investigación de los sueños, las experiencias anómalas, las tradiciones de sanación y los efectos de la guerra sobre la población civil, lo explica de este modo:

A veces las transformaciones no son místicas ni efímeras en absoluto. A veces son en realidad muy sencillas y muy prácticas. Como decía Cándido al final de la brillante novela de Voltaire: «Tenemos que cultivar nuestros jardines». He visto personas que se realizan plenamente obteniendo un gran placer del cultivo de hortalizas, del cultivo de frutas, del cultivo de flores. Y a primera vista eso no tiene nada de misterioso. Sin embargo, vayamos un poco por debajo de la superficie, sí, siempre que una flor se abre, cada vez que una semilla germina, eso es sin duda misterioso. (2002)

Krippner habla de un tema básico de este libro: la transformación es en igual medida parte de nuestra vida terrenal y ordinaria y conexión con los misterios más profundos de la existencia.

NO TODO ES UN PASEO POR EL PARQUE

Mientras nuestro equipo de investigación trataba de entender transformaciones de la consciencia como las descritas por Richard Gunther, Frances Vaughan y otros, descubrimos que la transformación es compleja. Aunque nuestra investigación —y este libro— se centra en las transformaciones positivas, ni siquiera las transformaciones inductoras del crecimiento son necesariamente un paseo por el parque. No olvidemos que una oruga se *licua* antes de convertirse en mariposa. La transformación no siempre es algo que podamos incluir fácilmente en categorías positivas o negativas. Algunas experiencias se resisten a tales simplificaciones excesivas. La transformación implica la enchilada entera, o lo que Zorba el Griego llamaba «la catástrofe completa».

Luisah Teish expresó las complejidades del proceso cuando compartió su impactante relato de transformación de la consciencia durante uno de nuestros primeros grupos de discusión. Teish es una practicante iniciada e *iyanifa*, o anciana, de la tradición orisha del suroeste de Nigeria. Narradora de talento y maestra espiritual, Teish recurrió a su corazón para hablarnos del alma de su transformación:

Para mí fue concebir un hijo. Participar en algo primordial y antiguo y común a todas las cosas. Alimentar algo que no podía ver pero a lo que estaba consagrada, y sin saber qué sería. Abrazar y cuidar un misterio. Vivir la experiencia del parto durante veintitrés horas, trabajar para que algo naciera [...] y después en doce horas ver morir a aquel niño. A menudo pienso: un día menos una hora para darlo a luz, medio día de vida, y después muere.

Nos quedamos sentadas en silencio mientras ella continuaba, con lágrimas corriendo por nuestras mejillas.

«No, ya no está, mamá, ya no está.» ¡Estas palabras me hacían volverme loca! No podía mantener unidas mis células. Dormía todo el día y lloraba toda la noche, y así durante dos años. Y después vinieron a mi mente estas palabras: «¿No te das cuenta de que, en una aldea, cuando esto le pasa a una mujer, ella se convierte en la mujer sabia que puede decirles a todos los demás cómo hacer frente a cosas diferentes?». Se produce un cambio, y sucede en las células y todo es nuevo. Vi que la parte consciente de mí se había vuelto loca: la oruga; pero debajo, otra persona esta poniéndolo todo en orden: la mariposa. (1998)

La historia de Teish nos recuerda que la transformación es un proceso que puede ser estimulado incluso por las circunstancias más demoledoras. De hecho, algunas transformaciones parecen *requerir* la clase de vulnerabilidad que acompaña a la pérdida o el dolor extremos. Esto es lo que separa la transformación de los procesos más lineales del desarrollo psicológico tal como se entienden habitualmente. La transformación pide a menudo que algo muera para que algo nuevo pueda nacer.

resumen

En este capítulo hemos definido la transformación de la consciencia como un cambio profundo en nuestra perspectiva que tiene como resultado cambios duraderos y potenciadores de la vida en la manera en que experimentamos y nos relacionamos nosotros mismos, con los demás y con el mundo. Las transformaciones de la consciencia pueden ocurrir en estados de conciencia ordinarios o no ordinarios. Hemos descubierto, también, que las experiencias de transformación pueden ser graduales, que toman forma en nuestra consciencia con el paso del tiempo, o pueden ser súbitas, con desencadenantes que van desde crisis vitales hasta experiencias místicas. Aunque no hay fórmulas mágicas acerca de cómo ocurren las transformaciones de la consciencia, nuestra investigación en diferentes tradiciones y prácticas revela patrones de información. En el capítulo siguiente profundizaremos en los elementos que preparan el terreno para la transformación de la consciencia. Por ahora, consideremos el ejercicio siguiente como medio de emprender nuestra propia transformación.

Experimentar la transformación: trazar el mapa del camino vital de transformación

He aquí un ejercicio de viaje en profundidad. Se necesitará un lugar tranquilo, algún tiempo ininterrumpido, papel y pluma, y lápices de colores o algo para dibujar.

En cada página (se pueden usar varias páginas), dibuja una línea vertical desde el centro hasta la parte inferior de la página. Divide la línea en siete parte iguales; escribe el número 0 en la parte inferior y el número 7 en la parte superior. Esto representa las siete primeras partes de su vida. En cada una de las páginas siguientes, dibuja la misma línea vertical para cada intervalo de siete años de tu vida, numerándolos de 7 a 14, de 14 a 21, etcétera.

En cada una de estas páginas con líneas, haz una lista en la parte izquierda con experiencias que ahora puedas ver que te abrieron los ojos a formas nuevas de ver el mundo y tu lugar en él. Tal vez se trató de simples atisbos, o quizá fueron experiencias de transformación que afectaron a tus patrones generales de pensar y comportarte. Estos atisbos o experiencias de transformación pudieron ser placenteros o dolorosos. Pudo tratarse de conocer a una persona, perder a un ser querido, leer un libro que cambió tu vida, viajar, tener un maestro extraordinario... ¡las posibilidades son inagotables! El factor clave aquí es la sensación que se sintió de que la experiencia era una suerte de punto de inflexión o cambio en la vida.

En el lado derecho de cada página con la línea, anota qué *prácticas* o *actividades* de transformación —en su caso— emprendiste durante ese lapso de tiempo, incluidas las prácticas formales, como ir a la iglesia o practicar la meditación, y las prácticas informales como estar en la naturaleza, practicar deportes o tocar un instrumento, leer, escribir o explorar un nuevo campo de estudio. Céntrate en las prácticas que emprendiste específicamente para aprender más sobre ti mismo, ampliar tu consciencia, o curar. Pero no olvides registrar también cualquier práctica o actividad informal que condujo a tus experiencias de transformación. Por ejemplo, tal vez cuando tenías seis años estabas jugando en el jardín cuando advertiste de pronto la luz que brillaba a través de los árboles y te llenaste de una profunda sensación de paz y sabiduría.

Mientras repasas tus experiencias y prácticas de transformación, anota también cualquier otro factor que pudiera haber preparado el terreno para tu transformación personal, como el comienzo o el final de una relación, una enfermedad o una crisis curativa, un nacimiento, una muerte, un viaje o una pasión recién descubierta. Para cada uno de estos periodos de siete años, consigna qué ayudó a preparar el camino para cualquier cambio en tu percepción de ti mismo, tus relaciones y tu sensación del mundo medioambiental y transpersonal más amplio. Escribe notas, haz dibujos o símbolos en los espacios temporales que has creado.

Una vez terminado cada bloque de tiempo hasta llegar al momento presente, dedica tiempo a reflexionar en silencio sobre lo que has aprendido acerca de las semillas de la transformación en tu propia vida. Nombra y describe las visiones y los temas que han surgido y se han entretejido durante toda tu existencia. ¿Puedes descifrar algún patrón y relación entre tus prácticas y experiencias de transformación?

Recomendamos que dediques algún tiempo durante los próximos días a contemplar y cumplimentar este ejercicio para que el relato de transformación de tu vida se despliegue, de modo que puedas documentarlo con el detalle que te gustaría.

caminos hacia la transformación

Hay muchos caminos para entrar en el mundo interior.
Frances Vaughan (2002)

¿Cómo empiezan las transformaciones de la consciencia, las que marcan una diferencia a largo plazo en la vida? Es probable que el lector identifique a posteriori algunos puntos de inflexión en su vida, momentos sobre los cuales podrá decir: «Después de eso no volví a ser el mismo». Por ejemplo, puede haber experimentado un cambio de perspectiva después de una grave enfermedad, o la pérdida de un ser querido, o un momento especialmente impresionante como dar a luz a un hijo o visitar las grandes pirámides. Pero estos momentos son imprevisibles. Pueden parecer tan aleatorios y tan especiales para cada situación única, que cabe preguntarse: «¿Tengo que esperar sin más hasta que me lleve por delante un gran momento para hacer un cambio real?».

En este capítulo, compartimos lo que hemos aprendido acerca de los muchos caminos hacia las experiencias de transformación, tanto dolorosas como sobrecogedoras, así como lo que hace que una experiencia sea transformadora en vez de traumática. Exploramos las maneras en que una única experiencia extraordinaria puede obligarnos a poner a prueba nuestra visión del mundo y en el proceso conseguir de nuevo una valiosa perspectiva de nosotros mismos y de nuestra vida. Finalmente, ahonda-

63

mos en la seducción de la experiencia máxima, y en cómo buscar repetidas experiencias de transformación puede convertirse en una suerte de adicción. La clave de la transformación es ver como lo extraordinario puede hallarse en lo ordinario, en cada día de nuestra vida.

PUERTAS DE LA TRANSFORMACIÓN

Como vimos en el capítulo I, las transformaciones pueden ser súbitas o graduales, místicas o prosaicas. No obstante, la mayoría comienza con una experiencia que hace temblar los cimientos de nuestra forma de pensar actual. En consecuencia, a menudo los supuestos que hemos tenido en mucha estima resultan ser limitados o simplemente falsos.

La puerta del dolor

La conclusión más sólida de nuestra investigación tal vez sea de conocimiento común: con frecuencia las transformaciones profundas son desencadenadas por sufrimientos intensos o crisis. Los hechos vitales difíciles o dolorosos a menudo dan lugar a nuevos niveles de apertura o vulnerabilidad, creando de este modo el marco para un cambio en la visión del mundo. Ver de cerca la muerte, la pérdida de un ser querido, una crisis mental o emocional, una lesión, la pérdida del empleo: unos desafíos tan dolorosos pueden hacer añicos unas defensas que podemos haber tardado toda una vida en construir. Cualquiera que sea la dificultad de darse cuenta de que algo no funciona en nuestra vida o el sufrimiento que experimentamos cuando los desafíos dolorosos se cruzan en nuestro camino, las personas que participaron en nuestra investigación identificaron el dolor como de lejos el catalizador más habitual del cambio.

Para aprender más, nos entrevistamos con Gangaji, también conocida como Toni Varner. Gangaji enseña dentro de la tradición de su maestra, Papaji, y su maestro, el santo del siglo XIX Sri Ramana Maharshi. Gangaji nos dijo que su infelicidad es lo que le condujo a un camino espiritual:

Mi camino de transformación se inspiró en la infelicidad que sentía cuando era una niña. Claro que a esa edad no sabía que era una búsqueda espiritual; solo sabía que era desdichada, y quería ser feliz. Pasé muchos años intentando ser feliz de todas las maneras habituales, buscando la pareja adecuada o la «cosa» adecuada que me sirviera.

En la década de 1970, recurrí conscientemente a la espiritualidad. Empezaron así muchos años de prácticas espirituales, cada una de las cuales en última instancia me llevaba al mismo muro. Di por sentado que una vez más esto era culpa mía, debido a mi falta de práctica suficiente o porque no había encontrado el maestro adecuado. Estos supuestos eran sospechosamente parecidos a otros anteriores acerca de no encontrar la pareja adecuada o la «cosa» adecuada [...].

Cuando conocí a mi maestro, dijo algo que nunca había oído hasta entonces. Dijo: «Detente. Averigua quién eres». Cuando me detuve efectivamente a buscar y comencé a investigar, descubrí que quien pienso que soy no existe, que toda idea de quién soy solo es un pensamiento. Quien soy, hay que reconocerlo, es la consciencia misma.

El sufrimiento personal, y a menudo la búsqueda conduce a él, puede ser un obsequio precioso. Naturalmente, no deseo sufrimientos a nadie. Pero el sufrimiento tiene una cualidad diferente del dolor y las penalidades, que son cosas naturales en una vida humana. El sufrimiento es cómo uno se relaciona psicológicamente con el dolor y las penalidades. El sufrimiento es algo que nos roe con el tiempo, que asignamos a los campos de la causa y el efecto: «Si esto cambiase o aquello cambiase, no tendría dolor». Muchas personas sienten un gran dolor, pero no sufren necesariamente con él. Otras pueden sentir muy poco dolor y sufrir enormemente. Por lo que hace a mi infelicidad y sufrimiento anteriores me sometí a ellos. Me alegro de que no me dejaran ir, sin importar cuánto lo alimenté con lo que parecía la mejor medicina en ese momento. En última instancia, mi infelicidad me llevó al encuentro con mi maestro y al descubrimiento de la autoindagación directa. (2002)

Como reza el dicho, el cambio es lo que sucede cuando el dolor de seguir siendo igual es mayor que el dolor de cambiar. Quizá el lector, como muchas personas, solo cambia cuando se encuentra entre la espada y la pared, cuando se ve absolutamente obligado a modificar su vida. Cuando la transformación exige alguna clase de sacrificio —ya sea de una creencia preciada, un hábito confortable o algo sobre lo que pensamos que no se puede sobrevivir sin ello—, se lo puede evitar hasta que no queda otra opción.

Noah Levine, maestro de meditación *vipassana* y autor de *Dharma Punx* (2003) y *Against the Stream* (2007), nos explicó cómo, en su caso, la transformación surgió de la desesperación y la desesperanza:

> Más que nada llegué a mi camino y mis prácticas actuales —y a mi interés y mi disposición por practicar la meditación y el servicio y la oración, por mi propia desesperación, sufrimiento y confusión personales. Llegué a un punto de desesperanza, a un punto de sentir realmente que todo lo que pensaba que funcionaría en el mundo material —las drogas, la violencia, el placer, el delito, mis propios intentos confusos de encontrar satisfacción— en realidad conducía a una gran desesperación y sufrimiento personales. Y a partir de ese punto, hubo una suerte de comprensión de que lo que estaba haciendo era generar más sufrimiento, no menos. Llegar a un punto de disposición y decir: «Vale, eso no ha funcionado. Tal vez este algo espiritual», a lo que oponía una gran resistencia y que se había caracterizado por ser para seguidores clínicamente muertos; como escapismo, escurrir el bulto; como una ética de paz y amor carente de realismo; como una idiotez hippy: «Tal vez esta gente espiritual sepa algo que yo no sé». (2005)

Uno de los regalos del sufrimiento intenso puede ser una disposición recién encontrada a hacer cambios significativos. En el caso de Gangaji, la infelicidad alimentó una búsqueda ferviente que la llevó hasta su maestro. En el de Levine, el regalo del sufrimiento le infundió la disposición a probar con la meditación.

Las experiencias dolorosas pueden también poner al descubierto un deseo que ni siquiera sabíamos que estaba ahí, o servir de catalizador de una búsqueda de algo que ni siquiera imaginábamos que deseábamos. Nancy, una viuda jubilada de sesenta y cinco años, nos dijo:

> Tuve una experiencia de proximidad a la muerte mientras me extraían sangre para mí misma antes de una intervención de sustitución de cadera. Estaba en un túnel oscuro, pero podía ver los detalles de la claridad del túnel. Podía oír a gente diciéndome que me quedara con ella, pero podía sentir el flujo de la vida saliendo de mi cuerpo a través del túnel. No llegué hasta el final del túnel. [...] Experimenté muchos traumas en mi vida durante unos dos años después de aquello (por ejemplo, la muerte de la madre, la muerte repentina del esposo) y de alguna manera comencé un camino espiritual de vía rápida del que no era consciente de que me interesase. Era como si me llevaran en una nueva dirección. (Vieten, Cohen y Schlitz, 2008)

Las experiencias externas de dolor, como la enfermedad o las lesiones a nosotros mismos o a un ser querido, pueden tener un gran potencial de transformación. La doctora Rachel Naomi Remen nos describió una clase de rito de paso transformador no estructurado que ha observado a lo largo de sus años de trabajo con personas que padecen cáncer:

> La crisis, el sufrimiento, la pérdida, el encuentro inesperado con lo desconocido: todo esto puede poner en marcha un cambio de perspectiva. Una manera de ver lo familiar con ojos nuevos, una forma de ver el yo de un modo totalmente nuevo. La experiencia que tengo de observar a la gente que tiene cáncer es que cuanto más abrumada está una persona al principio, más profunda es la transformación que experimenta. Hay un momento en que el individuo deja la vida anterior y la identidad anterior y está totalmente fuera de control y se rinde por completo, y entonces renace con una identidad más grande, ampliada. (2003)

Remen habla de la capacidad de las experiencias dolorosas y aterradoras para aflojar nuestro control y disolver nuestra identidad. Pero a veces estas experiencias dolorosas no son externas; a veces surgen de conflictos de identidad internos. Luisah Teish, jefa *yoruba* y cuentacuentos, recurre a sus tradiciones africanas para describir la clase de transformación que surge cuando las personas experimentan conflicto entre sus elecciones y su propósito en la vida:

> Por la manera en que tratamos el tema, hablaríamos de una persona que reordena su *aurie*, su cabeza terrenal, con la *ip'ori*, su cabeza celestial. La *ip'ori* es esa parte de una persona que está conectada con el espíritu, que siempre lo ha estado y siempre lo estará. Y la *ip'ori* sabe cuál fue nuestro contrato con la creación cuando escogimos tomar un cuerpo y venir a este mundo.
>
> En el proceso de nacer y socializarnos, hacemos cuanto podemos para recordar lo que podemos del contrato original, pero el azar y la elección pueden orientarnos mal o redirigirnos. Para nosotros existe el destino, el azar y la elección. Y si, por azar, tomamos decisiones que vayan en contra de nuestro contrato, experimentamos alienación y diversas formas de sufrimiento. O tenemos la sensación de estar perdidos, porque estamos exagerando con estas cosas que no son esenciales para nuestra naturaleza. Entonces nos golpea un rayo. Se viene abajo quien pensamos que deberíamos ser. Y entonces nos desnudamos para que nos podamos transformar, o ser transformados, en una relación más estrecha con el espíritu puro.
>
> Así que es más o menos como adoptar un montón de actitudes y pensamientos y atributos y experiencias que nos han alienado de nuestro lugar en la naturaleza. Y solo puedes seguir ese camino hasta cierto punto, hasta el momento en que se alcanza lo que nuestra sociedad considera una crisis, pero que en mi opinión es un gran avance: cuando una persona tiene experiencias que le llevan a despojarse de todas esas cuestiones y volver a conectarse con la naturaleza. A eso es a lo que yo llamo la transformación de la consciencia. (2003)

Como explica Teish, la transformación comienza a menudo con una profunda comprensión de que nuestra vida se ha separado de nuestros valores o propósito. Cuanto más obtengamos de nuestros valores o propósito, más dolorosa tiende a volverse la vida. Los psicólogos usan el término *ego distonia* para designar los aspectos de nuestro pensamiento y comportamiento que no concuerdan con —e incluso repugnan a— nuestra concepción de quiénes somos. De hecho, muchas de las personas que participaron en nuestra investigación hablaron de la transformación como una experiencia que les había permitido reconocer que sus creencias, prioridades y conductas no concordaban con quienes querían o creían ser. El dolor (y a veces el emocionante alivio) de este tipo de comprensión puede abrir la puerta del cambio.

TOCAR FONDO

Esta reorganización de las prioridades se expresa a menudo cuando la gente toca de alguna manera fondo. A veces, para reconstruir desde cero, es necesaria la deconstrucción completa de quienes hemos sido. Aunque los períodos de malestar personal extremo pueden ser desorientadores, dolorosos y confusos, también pueden abrirnos a nuevas posibilidades.

John, de cuarenta y cinco años, casado, que ahora es pastor, educador y escritor, describió su experiencia del modo siguiente:

> Intenté suicidarme y me encontraron. Ese mismo año comencé a hacer un programa de doce pasos y algunos seminarios. Trabajé con personas que me ayudaron a tener un despertar en el que escuché una voz que me decía que era divino. Ahora comprendo plenamente que soy un ser divino que tiene una experiencia humana. (Vieten, Cohen y Schlitz, 2008)

En el caso de John, un hecho llevó a otro en un proceso que estuvo a punto de acabar con su vida pero que lo ayudó a descubrir su propia divinidad, algo que no es tarea fácil para ninguno de nosotros.

En esta línea, muchas de las personas que respondieron emplearon la palabra «entregarse» para describir el momento en que el sufrimiento se hace tan grande que la persona se rinde. Aunque puede parecer una derrota —sobre todo después de librar una larga batalla contra una enfermedad, una adicción o un patrón de creencias destructivo—, rendirse lleva a soltarse. Paradójicamente, esto puede abrir una puerta a una forma de ser totalmente nueva.

Marion Rosen, de noventa y dos años, fundador del trabajo corporal llamado Método Rosen, nos habló desde su domicilio en Berkeley del sencillo pero profundo poder de curación del tacto. El trabajo corporal de Rosen ayuda a la gente a entrar en contacto con su dolor quitando capas de resistencia y blindaje, para que las personas se vuelvan más abiertas, y finalmente se entreguen a su propia transformación curativa:

> Algunas personas no son lo bastante abiertas para dejar que otras las toquen, y, sin hacer preguntas, se entreguen. Cuando alguien se entrega, ¿a quién y qué se entrega? Se deja que algo suceda y que nos traiga un sentimiento de un poder superior, o lo que sea. No puede decir exactamente qué es, pero esto es lo que sucede. (2005)

El padre Francis Tiso, sacerdote católico y estudioso del budismo, nos habló en términos parecidos de cómo el sufrimiento personal puede llevar a la transformación a través del proceso de entrega. Describió cómo el sufrimiento puede convertirse en una ofrenda sagrada:

> Tu sufrimiento emocional se convierte en una suerte de ofrenda. En términos cristianos, se convierte en el pan y el vino de la misa que levantamos en la patena en el ofertorio antes de ser consagrados. Dices simplemente: «Esto es lo que tengo. No tengo nada más». Y eso está muy bien ahí; no tienes que tener más. Así que el sufrimiento y el dolor que experimentas, una vez que lo has levantado en ese ofertorio, de pronto presentan un resplandor sagrado. (2002)

Qué hermoso gesto de transformación describe Tiso, entregar el dolor y todo lo que representa a modo de ofrenda sagrada.

Experiencias noéticas

Naturalmente, no todas las puertas o catalizadores de la transformación están llenos de dolor. De las personas que respondieron a nuestra encuesta, exactamente el mismo número se interesaron por la transformación después de un hecho vital difícil o debido a otro proceso o acontecimiento vitales. Y aunque el 23 por ciento dijo que la experiencia de transformación fue desagradable, el 51 por ciento lo describió como muy agradable. De hecho, entre las emociones que se mencionaron con más frecuencia como acompañantes de las experiencias de transformación figuraban el sentirse «interesado, alerta, atento e inspirado» (Vieten, Cohen y Schlitz, 2008). Momentos de profundo sobrecogimiento, asombro o dicha trascendente pueden proporcionar un atisbo de algo que es tan cautivador, que está tan completamente fuera de lo que antes entendíamos que era posible, que pueden infundir en nosotros una firme intención de saber más sobre lo que sucedió, sin importar cuánto se tarde.

¿Qué son las experiencias noéticas? «Noético» es un término griego que designa el conocimiento subjetivo, las cosas que conocemos a través de nuestra propia experiencia directa. Así pues, las experiencias noéticas son aquellas en las que hay una praxis del saber profundamente subjetiva e interna. Las experiencias noéticas abarcan lo que James llamó experiencias místicas (1902), lo que Maslow designó más tarde de manera más secular como experiencias cumbre (1970) y lo que Jung consideró encuentros con lo numinoso (1972). Preferimos el término «noético» porque se centra en el tema común compartido por todas ellas: una forma interna de conocer basada en la experiencia directa.

De hecho, algunas de estas experiencias no son místicas en absoluto en el sentido en que se suele entender el término. No tienen que ver necesariamente con experiencias de Dios, ángeles, magia, luces blancas o seres astrales (aunque todas estas clases de experiencias místicas son noéticas). Una experiencia noética puede adoptar también la forma de una sensación profundamente arraigada y encarnada de conexión con todas las cosas, o una conciencia de amor profundo cuando se mira a los ojos de otro. Las experiencias noéticas son a menudo súbitas y profundas. Incluyen epifanías, «grandes sueños» (es decir, los que tienen una significación o un impacto emocional claros) y sensaciones de revelación que se presentan en un instante. Como el lector habrá advertido, en realidad estas experiencias suceden con bastante frecuencia; no son ni insólitas ni de otro mundo.

Las experiencias noéticas pueden incluir también alguna clase de capacidad humana extraordinaria, lo cual puede ser difícil de interpretar. Las experiencias noéticas pueden adoptar la forma de fenómenos psíquicos, por ejemplo sentir que alguien nos mira, o saber que el teléfono sonará justo antes de que suene, o las experiencias de proximidad de la muerte, o la curación espontánea, o diversas otras habilidades y fenómenos que surgen en estado de consciencia no ordinarios (Targ, Schlitz e Irwin, 2000). La estudiosa transpersonal y archivista Rhea White trabajó con nosotros en las primeras fases de nuestro programa de investigación. Descubrió que, aun cuando la fenomenología de las experiencias noéticas puede diferir (por ejemplo, ver una aparición, sentir unidad mística con toda la existencia, tener sueños precognitivos), estas experiencias pueden servir de puerta a una nueva visión del mundo (White, 1994).

Todas las experiencias noéticas —de conocimiento directo, visiones intuitivas, revelaciones súbitas, momentos de síntesis increíble y grandes avances de comprensión— pueden actuar como desencadenantes de la transformación. Esto es cierto tanto si las experiencias noéticas acompañan al sufrimiento como al gozo. Cuando una persona tiene suerte —o, como señalaron muchos de los maestros a los que entrevistamos, cuando *presta atención*— las experiencias noéticas de sobrecogimiento, belleza y asombro pueden generar cambios profundos en la manera en que nos vemos a nosotros y nuestro lugar en el mundo.

Hace más de un siglo, William James (1902) escribió sobre el potencial de transformación de los estados místicos. Señaló que tenían varias cualidades esenciales: la primera cualidad del estado místico es su inefabilidad. Su cualidad debe ser experimentada directamente, ya que no se comunica con facilidad a los demás. En segundo lugar está lo que James llamaba *cualidad noética*, es decir, los estados místicos no se presentan como una mera colección de sentimientos y pensamientos, sino como estados reales de conocimiento.

James escribió a propósito de la cualidad noética de los estados místicos:

> Aunque tan parecidos a los estados de sentimiento, los estados
> místicos les parecen a quienes los experimentan también estados de

conocimiento. Son estados de visión de las profundidades de la verdad sin el lastre del intelecto discursivo. Son iluminaciones, revelaciones, llenas de significación e importancia, todas inarticuladas aunque permanecen; y como norma llevan consigo una curiosa sensación de autoridad. (1902, p. 380)

En tercer lugar, decía James, los estados místicos son pasajeros; y, en cuarto, no pueden ser controlados. De hecho, en nuestra encuesta sobre las experiencias de transformación a más de novecientas personas, más de cien años después de la obra de James, también el 61 por ciento dijo que su experiencia se debió a circunstancias «fuera del control de cualquiera» (Vieten, Cohen y Schlitz, 2008). En su clásico sobre el misticismo, James reflexiona acerca de si los estados de la mente son esencialmente ventanas que dejan ver un mundo más extenso e inclusivo. También sugirió que estas experiencias tienen lugar más a menudo a medida que lo que llamaba nuestro *campo de consciencia* —que incluye todas las ideas y percepciones de las que tenemos constancia— se amplía (1902).

Cientos de personas que respondieron a la encuesta contaron estas clases de experiencias. Por ejemplo, Meredith, de setenta y un años, ama de casa de California, compartió con nosotros la experiencia siguiente:

Junto con familiares, había pasado, durante cinco días, cuatro horas diarias ante el lecho de muerte de mi amigo. Murió a primeras horas de la madrugada mientras yo estaba con la familia en su domicilio.

La noche de la muerte de mi amigo me quedé dormida en su despacho, en la cama donde solía dar una cabezada y hacer ejercicios de imágenes guiadas. Estaba de cara a la pared y de espaldas a las ventanas. De pronto me desperté completamente, así que me incorporé sobre un brazo y me volví hacia la ventana. Allí vi una forma cuadrada de color gris parduzco; pasó a través de mí. Cuando la miré, la reconocí como mi amigo, pero en un estado trascendente. Pensé: «¡Ajá! La trascendencia es esto». Fue como mirar el universo entero. No había dualidad. Vi el pasado, el presente y el futuro coexistiendo simultáneamente. Y entonces se fue. Apoyé la cabeza y volví a dormirme. Algún tiempo después me despertó de nuevo la sensación de que la sábana que me tapaba había sido quitada de la cama. Eso no había sucedido. (Vieten, Cohen y Schlitz, 2008)

Otro encuestado, Patrick, profesional de sesenta y un años que vive en la California suburbana, compartió con nosotros una experiencia que había tenido y que había sido provocada por la práctica de transformación:

Durante una meditación experimenté que mi cuerpo se volvía muy ligero, de tal modo que casi podía flotar. *Despegué* suavemente de la Tierra y, con la visión centrada en el cielo, avancé hacia el sol. [...] Durante la mayor parte de la experiencia, me moví lentamente entre la oscuridad ligeramente iluminada por la pura luz blanca de las estrellas. En ocasiones, sin embargo, me movía con gran rapidez, e incluso la velocidad superior era agradable. Supe, en un nivel celular, que yo y el universo y todos sus habitantes eran uno. Fue una experiencia sagrada. (Vieten, Cohen y Schlitz, 2008)

Esta sensación de un profundo saber, en lo que llama «un nivel celular», es el corazón de la experiencia noética.

Algunas experiencias noéticas de transformación son *trascendentes*, término que designa una experiencia que o bien reside más allá del campo ordinario de la percepción o más allá de los límites de la existencia material. Estas experiencias pueden llevar consigo una cualidad extraordinaria de numinosidad, divinidad o gracia, transportándonos fuera de nuestra visión del mundo ordinaria. A través de nuestras entrevistas y nuestra encuesta, aprendimos que tales experiencias en estado trascendente o no ordinario son bastante habituales. La maestra de meditación Sharon Salzberg nos dijo:

Hay experiencias de trascendencia en las que de pronto nos levantamos de una sensación de limitación para entrar en una visión totalmente distinta que algunas tradiciones llamarían la gracia del gurú o la gracia de Dios. Los investigadores han preguntado a los estadounidenses si han tenido alguna vez una experiencia mística, o una experiencia de algo completamente fuera de lo ordinario. Y un enorme porcentaje de la población dice que sí. Creo que estas clases de experiencias son más comunes de lo que podríamos imaginar. A veces tienen mucho que ver con el amor; la gente siente un amor incondicional que impregna el universo. O una sensación de conexión con los demás. O a veces una sensación de lo divino que es totalmente diferente de sus preocupaciones ordinarias del día. (2002)

Para obtener otra perspectiva sobre las dimensiones noéticas de las experiencias de transformación, nuestro equipo solicitó el asesoramiento de Gilbert Walking Bull, anciano lakota y hombre santo de distinguido linaje sioux. A temprana edad Walking Bull fue seleccionado para ayudar a continuar con las enseñanzas espirituales de su pueblo. Compartió con nosotros un importante relato familiar de un súbito despertar noético:

Tenía una bisabuela que era una persona muy amable y maravillosa. Se sentaba a la entrada de su *teepee* y hacía bellos abalorios. Si pasabas a su lado, te llamaba para que te sentaras con ella, te daba una taza de café, y sin darte cuenta te quedabas allí todo el día escuchando sus relatos. Un día una mariposita de nada revoloteaba a su alrededor mientras trabajaba y se posó en su hombro. La electricidad recorrió su cuerpo y en el acto fue una mujer santa. El espíritu llegó a ella en esa mariposa. Supo automáticamente qué medicinas usar para curar a la gente. Podía decirles el futuro. Así fue como esos poderes llegaron rápidamente a ella; los espíritus no perdieron ni un instante en escogerla para que les sirviera. (2006)

Walking Bull señaló además que las experiencias noéticas —como la que transformó la vida de su bisabuela— se dan a quienes, de acuerdo con la tradición lakota, tienen una práctica diaria y una forma de vida durante toda su existencia que encarnan los principios para convertirse en seres humanos sagrados.

Algunas experiencias de transformación llegan aparentemente

cuando menos se espera. En ocasiones podemos vernos ante una experiencia que puede cambiar la visión del mundo, y no tener una práctica de transformación en curso que nos ayude a contenerla o interpretarla. Puede que no tengamos siquiera un lenguaje para ella. Como sucedía en la experiencia geológica de Darwin que se narra en el capítulo 1, resulta difícil ver todas las señales que nos rodean cuando no tenemos una *cosmología* —un relato de cómo comprender la realidad y el mundo— que tenga en cuenta la posibilidad de estas experiencias. Y como sugiere la investigación sobre la ceguera inatencional, la ampliación de nuestra perspectiva puede tener como resultado ver posibilidades y realidades que siempre han estado ante nuestras narices.

Parte de la premisa general de este libro, y el punto principal de este capítulo, es que las experiencias noéticas suceden en todo momento. Además, tienen potencial para estimular la transformación, los mismos cambios que intentábamos hacer, de modo hondo y profundo. Pero sí exigen que se les preste atención y se les proporcione la tierra fértil que necesitan para convertirse en verdaderas transformaciones.

¿ES NUESTRA VISIÓN DEL MUNDO DEMASIADO PEQUEÑA?

Para Edgar Mitchell, astronauta del Apolo 14 y fundador del Instituto de Ciencias Noéticas, fue su viaje de regreso de la Luna lo que le abrió a la epifanía radical y súbita que cambió su vida. Mitchell tiene una formación especializada en ingeniería; confiaba en ese paradigma lo bastante para ofrecerse como voluntario para participar en la misión del Apolo 14. (Los lectores que hayan visto la película *Apolo 13* comprenderán la profundidad de esta confianza.) El cambio en la visión del mundo de Mitchell se debió en parte a su comprensión noética, por medio de la experiencia directa, de que la ciencia materialista contemporánea solo tiene parte de la respuesta a las preguntas realmente grandes sobre la naturaleza humana y el significado de la vida. Durante nuestra entrevista en 2002 lo explicó así:

Como titulado en el MIT, ingeniero aeronáutico y astronauta, se suponía que entendía la formación de las estrellas y la formación de las galaxias, un poco de física cuántica, mucho de física clásica, ingeniería, mecánica orbital: todas las cosas que parecen adecuadas para la exploración espacial. Y entonces, en el camino a casa desde la Luna, mientras miraba el firmamento, ocurrió aquella visión, a la que ahora podría llamar experiencia trascendente.

Me di cuenta de que las moléculas de mi cuerpo habían sido creadas o hechas como prototipo en una antigua generación de estrellas, junto con las moléculas de la nave espacial y las de mis compañeros y las de todas las demás cosas que podíamos ver, incluida la Tierra delante de nosotros. De pronto, todo era muy personal. Aquellas eran mis moléculas.

Fue una experiencia de conexión. Fue una experiencia de felicidad absoluta, de éxtasis. La clase de experiencia que hace aflorar lágrimas a los ojos, sin saber por qué. Lágrimas de gozo, no de tristeza. Esta experiencia continuó durante tres días. Estaba trabajando. Quiero decir, tenía deberes que hacer, pero cuando hube terminado con ellos volvía a mirar por la ventana y empezaba otra vez. Era tan profunda. Me di cuenta de que la historia de nosotros mismos tal como la cuenta la ciencia —nuestra cosmología, nuestra religión— era incompleta y probablemente viciada. Reconocí que la idea newtoniana de cosas separadas, independientes, diferenciadas en el universo no era una descripción totalmente exacta. (2002)

Hay ocasiones en que nos afanamos por comprender la naturaleza de nuestras experiencias de transformación. Para una persona como Mitchell, que había recibido formación como científico, aquella experiencia noética podía ser de lo más extraño, incluso perturbadora. La experiencia noética de Mitchell llevaba consigo una certeza inquebrantable. Sin embargo, también lo impulsó a tratar de comprender lo que le había sucedido. ¿*Cómo* podía conocer él esas cosas con tanta certeza, de forma tan directa? ¿De donde procedía aquella sensación de paz y gozo tan profunda e inquebrantable? Mitchell continuó:

Me propuse ver lo que la literatura tenía que decir al respecto. Simplemente no había nada en la literatura científica. La literatura religiosa no me satisfizo, y entonces comencé a estudiar la literatura mística. Algunos colegas me orientaron hacia la descripción sánscrita de *samadhi* y comprendí que encajaba con lo que yo había experimentado: ver las cosas separadas en el universo pero experimentarlas como una, acompañadas de la dicha. Comprendí que mi experiencia tenía un nombre, al menos una tradición contaba con un nombre para designarla. Cuanto más estudiaba, más me daba cuenta de que aquel tipo de experiencia puede encontrarse en todas las culturas. Y parece ser más o menos la misma en todas las culturas.

En los años siguientes tuve la oportunidad de estudiar con personas de diferentes culturas: chamanes y kahuna, hechiceros y místicos. Les pedí que hablaran sobre esta experiencia. [...] Caí en la cuenta de que aquella tendencia a ver más allá de nosotros mismos o a tener ese tipo de experiencia expansiva era probablemente la base de la experiencia religiosa. [...]

La vida no parecía la misma. De pronto todo parecía diferente. Cosas que antes eran importantes dejaban de ser muy importantes. El dinero y la economía no eran muy importantes. La satisfacción, el estilo de vida, hacer las cosas armoniosas y amar eran importantes. Comprender lo que estaba pasando era importante. Ninguna otra cosa lo era realmente. Llevó mucho tiempo acomodar toda esta experiencia. (2002)

La experiencia de Mitchell encaja con lo que el psicólogo humanista Abraham Maslow llamaba «experiencias cumbre». Maslow empleó esta expresión para incluir no solo las experiencias noéticas religiosas, sino también las que sucedían fuera de un contexto religioso.

Maslow describió las experiencias cumbre más elevadas como «sentimientos de horizontes ilimitados que se abren a la visión, el sentimiento de ser. Simultáneamente más poderoso y también más indefenso de lo que antes se era, el sentimiento de gran éxtasis y asombro y sobrecogimiento, la pérdida de lugar en el tiempo y en el espacio» (1970, p. 164). Como Maslow, descubrimos que estos estados extrapersonales y extáticos están a menudo asociados con sentimientos de unidad, armonía e interrelación. A menudo, pero no siempre, la gente describe estas experiencias —y las revelaciones que se transmiten durante ellas— como poseedoras de una esencia inefablemente mística si no abiertamente religiosa.

Estados de consciencia no ordinarios

Para muchas personas, las experiencias noéticas tienen lugar en el contexto de un *estado de consciencia no ordinario*. Charles Tart afirma que los estados de consciencia no ordinarios denotan «alteraciones en el contenido y en el patrón del funcionamiento de la consciencia» (1975, p. 16). Stan Grof, uno de los fundadores de la psicología transpersonal y pionero en el estudio de los estados de consciencia no ordinarios, sostiene que la transformación tiene lugar cuando nos vemos obligados a reconciliar nuestra visión del mundo ordinaria con visiones obtenidas de experiencias extraordinarias o no ordinarias.

> Hay una relación transformacional entre la experiencia de la vida diaria y la experiencia de las otras dimensiones de las que normalmente estamos aislados. Cuando nos abrimos a estas dimensiones normalmente ocultas, nos transforman, porque hay que tomar en consideración esa experiencia. Como cuando la gente descubrió que el mundo es redondo, cuando hasta ese momento creía que era plano. Las experiencias que se pueden tener en estados de consciencia no ordinarios son igualmente radicales. Nos damos cuenta de que nuestra percepción del mundo y de nosotros mismos no era exacta antes. Tenemos experiencias nuevas que no podemos ignorar. Tenemos que integrarlas en nuestra experiencia diaria del mundo. Esto cambia tanto lo que pensamos que somos como nuestra comprensión de la naturaleza de la realidad. (2003)

Grof y su esposa, Christina Grof, han desarrollado el trabajo de la escuela de Respiración Holotrópica, una manera no inducida por fármacos de alcanzar estados de consciencia no ordinarios por medio de la respiración, la música y la intención. Esta herramienta ha servido para llevar a miles de personas en todo el mundo a estados de transformación de la consciencia. La respiración holotrópica y otros métodos semejantes muestran que es efectivamente posible desencadenar de forma intencionada experiencias que a menudo se consideran imprevisibles o espontáneas.

Los estados de consciencia no ordinarios pueden alcanzarse mediante la meditación, las artes de curación chamánicas, el trance, la regresión a la vida pasada, la hipnosis, el arte, la danza, la música, el juego profundo, el sexo, el estar en la naturaleza, el ritual y la ceremonia, la oración, el uso sagrado de plantas, el uso de la psicodelia en ciertos contextos, así como muchos otros medios. Estos estados pueden surgir también espontáneamente, como sucedió en el caso de Richard Gunther.

Al entrar en estados de consciencia no ordinarios, podemos obtener nuevas perspectivas sobre nosotros mismos y nuestras definiciones del yo, definiciones que han sido formadas por la *realidad consensual,* o experiencias cuyas interpretaciones acordadas compartimos con otros. En todas las tradiciones las personas que respondieron a nuestra encuesta proponen que el yo que percibimos en la realidad ordinaria no es sino una pequeña parte de un yo mucho mayor. De hecho, en muchos estados de consciencia no ordinarios desaparece por completo el concepto de un ego-yo encerrado en la piel.

Una visión aún más amplia de la consciencia la saca del campo de «mi consciencia» personal y la lleva al campo de la consciencia compartida, o transpersonal. Muchos, entre ellos el psicólogo Carl Jung, entienden que el ser humano tiene una consciencia personal y una consciencia colectiva. Según Jung (1972), este inconsciente colectivo es compartido por todos; se cree que tiene su origen en la experiencia ancestral colectiva de la humanidad. El inconsciente colectivo de Jung es una suerte de depósito psíquico universal de nuestra historia humana —un depósito al que podemos acceder— que contiene la totalidad de las reacciones humanas ante el mundo. Esta historia colectiva se manifiesta en la conciencia consciente a través de imágenes, emociones y comportamientos. Aparece, además, en la mitología y en las experiencias personales de gente de todas las culturas, incluso antes de que tuvieran contacto suficiente entre sí para intercambiar símbolos culturales. De acuerdo con esta teoría, cuando los patrones arquetípicos inconscientes entran en nuestra conciencia consciente, tienen lugar cambios profundos en la consciencia.

De hecho, los atisbos que el inconsciente colectivo ofrece de los campos místico y transpersonal de la experiencia llevan a menudo a profundas transformaciones de la consciencia. Grof nos explicó:

> En los estados de consciencia no ordinarios podemos tener diversas clases de experiencias místicas, por ejemplo, un vasto campo mitológico del inconsciente colectivo se abre para nosotros, en el que podemos visitar diversos campos arquetípicos y encontrarnos con los seres que allí viven. Y así, en general, para mí la transformación psíquico-espiritual está asociada con la conciencia y el conocimiento experiencial de las dimensiones de la realidad a las que no tenemos acceso en nuestro estado de consciencia diario. (2003)

Prestar atención a las visiones noéticas —las que surgen de la experiencia directa— adquiere importancia cuando se busca la transformación y un mayor autodescubrimiento.

La maestra y escritora Starhawk —una de las voces más respetadas de la moderna religión de la Diosa y la espiritualidad basada en la Tierra— nos habló de atender a los campos colectivos de la consciencia y al mundo entero de interrelaciones e interconexiones como medio de rescatar nuestra consciencia natural:

> Los seres humanos tienen a su disposición una gama diferente de tipos de consciencia. Es una suerte de anomalía que la cultura occidental posmoderna haya estrechado el alcance de la consciencia que se nos anima a tener. Tal vez no estemos hablando tanto de una transformación como de una apertura. Es una recuperación.
>
> El ser humano puede acceder fácilmente a una consciencia natural como derecho de nacimiento. No es tanto una conciencia sobrenatural como una conciencia de estar presente en este mundo y abiertos a comprender las interrelaciones y las interconexiones. Se trata de ser consciente y pensar en función de patrones y relaciones en vez de objetos separados y aislados. (2006)

Los cambios de perspectiva son aperturas naturales de la conciencia; nos revelan un mundo de relaciones más extenso de lo que antes percibíamos. Tanto Starhawk como Grof nos recuerdan la importancia de los estados de consciencia no ordinarios —que a menudo incluyen experiencias del inconsciente colectivo y el campo de la interrelación— como herramientas para salir de las formas de ver la vida habituales. Para muchos de los maestros a los que entrevistamos, la transformación implica un enfoque sin prejuicios de lo que es posible para cada uno de nosotros.

Sustancias psicodélicas

Aproximadamente el 10 por ciento de la muestra de nuestra encuesta afirmó que los componentes psicoactivos eran una parte importante de su experiencia de transformación (Vieten, Cohen y Schlitz, 2008). Para aprender más sobre los estados de consciencia no ordinarios que se experimentan mediante el uso de sustancias psicodélicas, hablamos con Ram Dass, antes Richard Alpert, psicólogo de Harvard. Durante los últimos cuarenta años, Ram Dass se ha convertido en uno de los maestros espirituales más queridos de Occidente. Ram Dass nos contó su propia historia del cambio de visión del mundo, estimulado en gran medida por su experimentación con sustancias psicoactivas y con los estados de conciencia alterados que inducen. Como otras personas a las que entrevistamos, Ram Dass pensaba que las sustancias psicodélicas son una puerta a una visión de la realidad ampliada:

> Cuando era psicólogo, Dios era un producto de la imaginación humana. Me dedicaba a las formas antropológicas de comprender a personas diferentes y sus mitos. Y entonces Timothy Leary se apiadó de mí. [...] Me introdujo en los hongos.
>
> Los hongos me enseñaron una parte de mí mismo que nunca había conocido mediante la psicología occidental. Era un lugar dentro de mí al que llamo hogar. Era sumamente familiar, pero no podía recordar que hubiera estado nunca allí antes en aquella encarnación.

Entonces Aldous Huxley nos regaló *El libro tibetano de los muertos* y eso me hizo parar. [...] Había tenido una sesión de LSD el sábado por la noche; el martes siguiente me dio el libro y me senté y lo leí. Había aspectos de mi sesión de los que no podía hablar... ¡y ahí estaba aquel libro describiéndolo! (2003)

James Fadiman, psicólogo transpersonal y cofundador del Instituto de Psicología Transpersonal, compartió con nosotros un relato semejante de transformación producida por sustancias psicodélicas:

Me despertó totalmente el uso selectivo de sustancias psicodélicas [...] eso fue lo que lo abrió todo. [...] Antes de eso yo era una especie de ser humano poco atractivo, brillante y neurótico con el que resultaba perfectamente agradable estar. Es probable que a largo plazo hubiera acabado ganando mucho dinero como psicoterapeuta. Pero con la apertura psicodélica comencé a estudiar las tradiciones místicas serias que hablaban de lo que yo había experimentado personalmente con las sustancias psicodélicas. De día era un estudiante de posgrado que decía a mis profesores lo que ellos querían oír; de noche leía el *I Ching* y *El libro tibetano de los muertos* para mi propia educación. (2003)

Para muchos clínicos, sanadores y maestros, los estados de consciencia no ordinarios tienen un importante valor terapéutico para ellos y para sus clientes. Para Charles Grob, psiquiatra de UCLA, las sustancias psicodélicas han resultado ser una herramienta terapéutica útil para los pacientes. Cuando hablamos con Grob, nos explicó que se han identificado algunos beneficios terapéuticos para las sustancias psicodélicas, como la reducción del miedo a la muerte en pacientes con enfermedades terminales, el alivio de la psicopatología y, en voluntarios sanos, la visión psicológica, la potenciación de la creatividad, una reorientación de los valores hacia metas menos materialistas y experiencias espirituales de transformación (2005).

Grob dirige actualmente un estudio aprobado por la FDA sobre psilocibina para comprobar si puede ayudar a pacientes terminales de cáncer a abordar cuestiones emocionales y espirituales. Los pacientes toman una dosis moderada de psilocibina sintética y luego pasan las seis horas siguientes en un escenario cómodo con un psiquiatra, pensando, hablando y escuchando música a través de unos auriculares. Según Grob, los primeros resultados han sido impresionantes. Los pacientes comunican una mejoría de la ansiedad, mejor estado de ánimo, aumento de la relación comunicativa con familiares cercanos y amigos, e incluso una reducción significativa y duradera del dolor.

Investigadores de la Johns Hopkins Medical School (Griffiths *et al.*, 2006) también realizan estudios sobre la psilocibina, el ingrediente activo de los *hongos mágicos*. En rigurosas condiciones de laboratorio en protocolos de doble control, han demostrado que con la preparación adecuada y en condiciones específicas, la administración de psilocibina causa experiencias que cumplen los criterios de las auténticas experiencias místicas. En el estudio, un tercio de los sujetos clasificaron la experiencia como la más espiritualmente significativa de su vida, y dos tercios la clasificaron entre las cinco primeras. Casi el 80 por ciento de los sujetos informaron de un aumento moderado o grande del bienestar o de la satisfacción vital dos meses después de la experiencia.

Téngase en cuenta que todas las personas que mencionaron el uso que hacían de sustancias psicodélicas para inducir transformaciones de la consciencia también dijeron que esto se hacía mejor bajo la dirección atenta de otra persona de confianza. Esto se debe a que la intención y el entorno son poderosos factores determinantes de la naturaleza de la experiencia. En la literatura sobre la consciencia, esto recibe el nombre de *ambiente y escenario*. De hecho, ninguno de nuestros entrevistados recomendó que las sustancias que alteran la mente se tomaran de manera despreocupada o recreativa.

Encuentro con un maestro

El encuentro con una persona que encarna o expresa una verdad que estábamos buscando es una inspiración frecuente para comenzar el viaje de transformación. Ya sea el brillo en los ojos de esa persona, la sensación de ser conocido profundamente (aunque es posible que en realidad no hayamos visto nunca a esa persona) o una simple admiración por cómo esa persona navega por la vida, encontrar un maestro con quien se conecta profundamente es una de las vías más contrastadas y auténticas de abrirnos a cambios profundos en la percepción. De hecho, aunque en algunas tradiciones la relación del practicante con un maestro es fundamental (como las tradiciones de devoción a un gurú basadas en el hinduismo) y otras se centran más en el desarrollo de la autoridad interior del individuo, casi todas las tradiciones incluyen alguna forma de orientación y apoyo de otra persona que ha «estado allí». Mahamandaleshwar Swami Nityananda nos explicó por qué podría ser esto:

> Cuando conocemos a nuestro maestro, nuestro gurú, lo que hace es plantar una semilla dentro de nosotros. Nos despierta a nuestro potencial, y nos dice: «Haz esto». Es como las instrucciones que vienen en la bolsa de semillas: si seguimos esas instrucciones, podemos convertirnos en una bella planta. (2006)

Para Ram Dass, una apertura mística inicial se amplió por medio de un viaje a la India, donde se encontró con un sufrimiento profundo y conoció a su maestro espiritual. Ram Dass explicó:

> Mi gurú fue el mapa que yo buscaba. Conocía cada plano de mi consciencia, y podía conocerme en cualquiera. Representó el milagro de haber leído mi mente para mantenerme ocupado mientras actuaba sobre mi corazón. Al menos así fue como lo experimenté. (2003)

Ram Dass describió también la aceptación incondicional que percibió de su maestro espiritual, y nos dijo que el gurú parecía conocer cada pensamiento y devolvía amor sin asomo de juicio.

Robert Frager, psicólogo transpersonal y cofundador del Instituto de Psicología Transpersonal de Menlo Park, California, lleva veinte años siendo *shaij* de la Orden Halveti-Jerrahi. Nos contó cómo, para él, encontrar de forma inesperada el extraordinario lazo de amor entre maestro y discípulo le llevó a la transformación, y a convertirse a su vez en uno de los maestros sufíes más respetados de Estados Unidos. Dentro del sufismo, amar a Dios y a los demás seres humanos es la clave de la ascensión:

> Mis colegas habían invitado a un maestro sufí de Estambul a visitar la escuela, a ser maestro invitado y celebrar una ceremonia para el público. Yo estaba sentado en mi despacho cuando un hombre pasó por delante de mi puerta, se volvió, me miró y siguió caminando sin detenerse.
>
> El tiempo se detuvo cuando me miró. Tuve la misma sensación poderosa de que, en aquel momento atemporal, todos los datos de mi vida habían sido introducidos en un ordenador de alta velocidad, mediante un módem increíble, y todo se había integrado. De alguna manera aquel hombre sabía cómo era, cómo es y cómo iba a ser todo.
>
> Tuve esa asombrosa sensación de ser visto en un sentido metafísico y existencial, tanto lo que yo era como adónde iba. Y entonces me vino este pensamiento: «Vaya, espero que sea el maestro espiritual, espero que sea el jefe de la orden, porque si es el maestro de ese tipo, no quiero conocer al maestro de alguien que acaba de hacerme esto. ¡Con esto tengo bastante!».
>
> En efecto, era el jefe de una de las grandes órdenes sufíes. Años después averigüé que en la literatura sufí esta mirada poderosa del maestro se considera una iniciación.
>
> Me enamoré de mi maestro en un sentido muy profundo. Fue muy poderoso. No fue intelectual, fue más que emocional: fue muy profundo. Nunca lo habría elegido. No fue una elección. Me sucedió. (2002)

En cada uno de estos tres relatos, encontramos una especie de rendición a una vocación más grande, en la que actuó como catalizador el encuentro con un maestro. Nityananda, Dass y Frager —individuos de tres tradiciones distintas— se encontraron inesperadamente con un maestro espiritual que ofreció un camino a la transformación. Angeles Arrien, antropóloga cultural y fundadora del Programa Vía Cuádruple, señaló que la transformación implica a menudo una sincronicidad inesperada, y que los catalizadores externos de la transformación —como maestros o mentores— pueden llevarnos a visiones internas:

El proceso de transformación implica sincronicidad, lo numino-so, y alguna coincidencia o lo inexplicable. Las más de las veces venía señalado por una experiencia de expansión y levantamiento y una paz y una cimentación profundas.

Es un fuego que te moviliza para que hagas algo fuera de ti. Es algo que quiere aliviar el sufrimiento o crear más felicidad en el mundo de alguna manera. Pienso que la mayor parte del proceso de transformación, el 80 por ciento, implica lo oculto.

Hay algunas figuras catalizadoras en nuestras vidas que sirven para honrar el pacto sagrado de crecimiento mutuo que ayuda a entregarnos a otra fase; [pueden ser] mentores o maestros o seres queridos o pérdidas. Hay muchos catalizadores distintos. Si no presto atención internamente, habrá siempre un catalizador exterior, ya sea una circunstancia o una persona. [...] (2002)

Encontrar lo extraordinario en lo ordinario

No es preciso hallarse en un lugar extraordinario —en un *ashram* de la India, volando por la galaxia en una cápsula espacial, bajo la influencia de sustancias que alteran la mente o en presencia de un gurú— para vivir una experiencia de transformación. Las transformaciones también tienen lugar en los lugares cotidianos que habitamos en el transcurso de experiencias cotidianas. Muchas de las personas a las que entrevistamos y cuyas historias recogimos experimentaron cambios en la consciencia por medio de acciones ordinarias. Para algunas, la transformación se encontró en la paternidad; para otras, en ocuparse de un jardín. Algunas incluso informaron de experiencias de transformación desencadenadas por la simple lectura de un libro o la introducción a una idea nueva. Al final, aprendimos que las experiencias extraordinarias pueden ofrecer atisbos de lo que es posible —y que incluso uno solo de esos atisbos puede tener un efecto profundo y duradero sobre nuestra visión del mundo—, la transformación no tiene que ver solo con tener una experiencia clásicamente mística. El sol que brilla entre las hojas del otoño, la neblina colgada sobre un valle exuberante, un bebé que nos agarra un dedo, el contacto ocular con un alma gemela en el autobús, un desacuerdo con un ser querido: se trata en todos los casos de puntos de elección que nos permiten cambiar el modo en que hacemos caso de una situación y decidimos abrirnos a su significado en vez de dejarla a un lado o pasar a toda prisa por ella.

Por ejemplo, los deportes, las artes marciales y otras formas de actividad física pueden servir de desencadenantes de la transformación. Michael Murphy, fundador del Instituto Esalen —centro de aprendizaje transformacional en el Big Sur, California— y autor de *Golf in the Kingdom* (1972), nos habló del potencial de transformación que tiene el deporte del golf:

> Desde hace treinta y cinco años, desde que publiqué ese libro, la gente me cuenta sus experiencias extraordinarias en los campos de golf, y algunas de ellas se asemejan a experiencias místicas u ocultas. Hasta ahora, innumerables personas me han contado sus experiencias telepáticas, de psicoquinesia, una súbita agudeza visual u otros acontecimientos que no pueden explicar. Y eso fue lo que me indujo a estudiar esto en todas las condiciones de la vida. Este proceso de transformación carece de nombre, no está reconocido, porque nadie pensó en hacer esto con golfistas. (2002)

En un momento posterior de nuestra entrevista, Murphy dijo que esos procesos no reconocidos eran prácticas de transformación *encubiertas*. Evidentemente, no hay que tener lo que entendemos por una experiencia clásica o mística para encontrar una puerta que se abre a la transformación de la consciencia. La transformación puede suceder y de hecho sucede naturalmente en el curso de experiencias cotidianas. Estas experiencias de transformación están más cerca de las experiencias cumbre que Maslow creía que la gente se encuentra durante toda su vida, precisamente porque las puertas a la transformación están en todas partes.

EL TIEMPO EN LA NATURALEZA

Para muchas de las personas a las que entrevistamos, el solo hecho de estar al aire libre posee un gran potencial de cambio en la consciencia. En una casa enclavada en los bosques de secuoyas del norte de California, Anna Halprin —creadora de artes expresivas, coreógrafa, bailarina, profesora y pionera en el uso de la danza como arte de curación y transformación en el mundo occidental contemporáneo— compartió con nosotros su gran amor por la naturaleza:

> Sobre todo ahora que tengo ochenta y dos años, cuando bailo con el árbol, o con el océano, o con el viento, me siento transportada. Me lleva a un lugar más allá de la vida, más allá de la muerte. Y me ayuda a aceptar la muerte, y eso es un éxito para mí, encontrar una manera de mirar la muerte como un ciclo de la vida. Encuentro esa cualidad de transformación cuando me relaciono con el entorno natural. No puedo explicar por qué, pero es una asociación que cambia mi consciencia. (2002)

A partir de una perspectiva transcultural y de su ascendencia vasca, el programa de Angeles Arrien, la Vía Cuádruple, integra prácticas antiguas pero universales en el mundo moderno. El programa incorpora una experiencia arquetípica del medio natural (un periodo de soledad en la naturaleza) de tres días y tres noches para ayudar a la gente a experimentar cómo la naturaleza puede ofrecer un reflejo de nuestro estado interior hacia nosotros si miramos con cuidado y en silencio. Arrien explicó:

> Cada individuo es tocado por la naturaleza y en el silencio de una manera propia y exclusiva. No existe una fórmula mágica: es arrogante suponer que hay una fórmula. Un factor es la disposición de cada individuo a dedicar algún tiempo a pensar acerca de dónde está en su vida. ¿Qué tiene significado y qué no lo tiene? En nuestra experiencia de tres días y tres noches en el medio natural —conocida a menudo como búsqueda de la visión entre las sociedades tradicionales de este continente—, el crisol de la transformación es el mundo exterior. En muchos aspectos lo exterior es en realidad un espejo de lo que la persona hace internamente. (2002)

Al ser una fuerza sagrada y misteriosa para sí misma, a menudo la naturaleza nos revela nuevos autoconocimientos, y de este modo actúa como catalizador de la transformación. El médico Gerald Jampolsky nos describió un momento sencillo pero transformador de reflexión interior que tuvo mientras contemplaba una hoja flotando en la corriente de un río:

> Hará unos doce años, pasé un mes en Australia, en plena naturaleza: sin leer, sin hablar, solo mirando el mundo exterior. Una de las experiencias cumbre que viví fue estar en una gran roca en medio de un arroyo y ver el agua pasar. Vi caer una hoja de un árbol; vi cómo seguía su camino por aquí y por allá. Ante mi sorpresa, llegó justo al lado de donde yo estaba, y allí se quedó durante unos cinco minutos. Luego el viento la levantó, la metió en el agua y desapareció río abajo. Ver aquella hoja fue una lección importante para mí. Me identifiqué con la hoja como dejándome ir, sin tener miedo de lo que iba a suceder, confiando en el flujo de la energía. Y aquel fue un gran momento para mí; fue como dejarse ir del cuerpo y del miedo al futuro. (2002)

James, uno de nuestros encuestados, nos habló en términos parecidos:

> Estaba en el bosque, sentado cerca del río, leyendo, y levanté la vista. Todo me pareció de una inmensa belleza, como si hubiera entrado en otro mundo. Las hojas brillaban con luz dorada, el sol era brillante, y sonidos como los reclamos de los pájaros y el correr del agua se amplificaban. Me sentí intimidado por los sentimientos que experimentaba. Dejó en mí una impresión para el resto de mi vida, y me convirtió en un buscador. (Vieten, Cohen y Schlitz, 2008)

La naturaleza puede constituir un lugar tranquilo y reflexivo para escuchar nuestra voz interior y nuestra manera de ser. Estudiar profundamente simples hechos naturales —una hoja flotando en un río, la luz del sol brillando entre los árboles— puede hablarnos de nuestro viaje vital.

La naturaleza puede enseñarnos también sobre la interrelación del universo. El anciano lakota Gilbert Walking Bull nos explicó que es cuando se ve la energía sagrada que infunde toda la creación cuando se llega a conocer el verdadero poder religioso o espiritual. Según Walking Bull, esta conciencia de la interrelación es lo que dio origen a la tradición lakota de convertirse en un ser humano sagrado:

> El verdadero poder espiritual existe en el mundo. En nuestro mundo lakota, lo llamamos *taku skan skan*, algo que se mueve. A lo que esto se refiere es a cómo se conecta la energía del Gran Espíritu, Wakan Tanka Tunkasila. El mundo del átomo está conectado con todo lo que el Abuelo creó. Lo llamamos Fuego Dentro de Todas las Cosas que se Mueven Vivas: el mundo del átomo es esto. El verdadero espíritu es el átomo. Está en todas las cosas. Cuando se sabe cómo todas las cosas están conectadas con todas las codas —yo me crie sabiéndolo—, de ello vienen los siete principios sagrados conectados a nuestra tradición. (2006)

Para Walking Bull, la naturaleza no es solo un punto de entrada a lo sagrado, es lo sagrado en sí misma.

PELIGROS Y DIFICULTADES

A veces las experiencias de transformación pueden ser tan perturbadoras y tan fuera de lo ordinario que resulta difícil distinguirlas de la psicosis. El psiquiatra Stan Grof, la psicoterapeuta Christina Grof, el psicólogo David Lukoff y otros han distinguido entre *surgimiento espiritual*, o «un despliegue gradual del potencial espiritual con la alteración mínima del funcionamiento psicológico/social/ocupacional» (Lukoff, 1998, p. 22), y *emergencia espiritual*, que puede causar alteraciones significativas en esas áreas. Lukoff señala además que hacer un diagnóstico diferencial entre psicopatología y *surgimiento espiritual* constituye un desafío porque las experiencias inusuales que a veces se asocian con la transformación pueden parecer síntomas de enfermedad mental. El deseo de silencio puede entenderse como retraimiento depresivo, la imposibilidad de articular una experiencia noética puede entenderse como asociaciones libres, y las experiencias de proximidad de la muerte pueden ser diagnosticadas como alucinaciones.

Decimos esto porque las experiencias de transformación no siempre son bienvenidas y a veces pueden confundirse con patologías. Aunque no todas las experiencias de transformación son patológicas, algunas lo son. El desafío al que nos enfrentamos en las experiencias de transformación radica en parte en permanecer con los pies en el suelo en medio de aperturas a nuevas visiones de la realidad, visiones que a menudo no encajan con el modelo cultural dominante de lo que es verdadero o aceptable.

Inhibiciones culturales

Las experiencias potencialmente transformadoras pueden difuminarse cuando no se las satisface. El monje benedictino David Steindl-Rast nos contó que, debido a inhibiciones culturales, la gente puede mostrarse muy reacia a integrar las experiencias en su vida y su visión del mundo. Autor de más de treinta libros, Steindl-Rast es conocido por enseñar la gratitud, una práctica de vivir con un reconocimiento fundamental por la vida. Esta práctica, según el vivaz octogenario, puede llevar al restablecimiento del coraje; al reconocimiento gozoso de la verdad, la bondad y la belleza; y a la comprensión de que estamos unidos en el nivel del corazón. Steindl-Rast cree que podemos curar las relaciones y a la Tierra misma practicando la gratitud. Basándose en la obra de Abraham Maslow, nos explicó lo que separa a los grandes místicos del resto de la gente:

> Maslow llamó primero a la experiencia cumbre «experiencia mística» y escribió sobre ella usando este término. Descubrió muy pronto que no era muy bien comprendida en la literatura psicológica y entonces la cambió por «experiencia cumbre». Durante toda su vida insistió en que lo que él llamaba experiencias cumbre no podía distinguirse de la llamada experiencia mística que encontramos en la literatura espiritual de muchas de las grandes tradiciones.

Descubrió que la experiencia cumbre, o esa pequeña experiencia mística, es accesible a todas las personas. Y, en la medida en que podemos generalizar, la encontramos en todas partes. Todo el mundo tiene esta experiencia. [...] Una de las características más destacadas de las experiencias cumbre descubierta por Maslow es una gratitud desbordante.

Así pues, si todo el mundo tiene estas experiencias místicas, la gran pregunta que se plantea es: «¿Por qué no somos todos místicos? ¿Por qué no somos todos evolucionados espiritualmente?». La respuesta de Maslow es que, aunque muchas personas tienen estas experiencias, las reprimen, las olvidan, o se avergüenzan de ellas porque no encajan en nuestro marco cultural de referencia.

Cuando la gente hablaba de una experiencia —a menudo tras insistirles en que lo hicieran—, con frecuencia ha dicho: «No he hablado nunca con nadie sobre ello. Pensaba que era una locura pasajera». ¡Les sugería que tal vez este era en realidad el momento cuerdo de sus vidas!

Entonces, la respuesta a la pregunta de qué hace grandes místicos a los grandes místicos y a nosotros, con todas nuestras pequeñas experiencias místicas, no nos hace realmente grandes místicos, es que los grandes místicos se diferencian del resto de nosotros en dejar que esta experiencia y el recuerdo de esta experiencia —y por tanto la energía de esta experiencia— fluyan y entren en el vivir de todos los días.

Lo que has experimentado quiere ser trasladado a la vida diaria. No es un compartimento en nuestra vida, es la matriz para toda nuestra tu vida. Quiere ser la energía que da vida a tu vida en todos los niveles. Y eso significa vivir espiritualmente, y eso quiere decir lo que los grandes místicos hacen. (2006)

Vivir la vida basándose en un modelo de realidad que va a contrapelo puede ser un desafío. A veces lo único que se necesita es permiso de alguien de fiar para sentir que las experiencias noéticas son reales a fin de comenzar a integrar sus visiones en nuestra vida.

La seducción de la experiencia cumbre

La mayoría de los practicantes con los que hablamos veían la transformación como un proceso permanente. Tal como describió el escritor y filósofo integral Michael Murphy durante la entrevista que mantuvimos con él, la transformación puede ser «gradual y prácticamente invisible, o completamente invisible» (2002). La antropóloga Angeles Arrien hizo también con claridad esta observación, advirtiendo de que a menudo la transformación puede ser un proceso sutil:

> No se hace justicia si se piensa que la transformación es una experiencia de fuegos artificiales del 4 de julio. Pienso que la mayoría de los occidentales tienen la ilusión —o falsa ilusión— de que sucede de repente. No hay nada en la naturaleza que suceda de repente. Siempre hay una gestación o un periodo de incubación. Hay etapas graduadas de desarrollo. Los cambios que se producen dentro del individuo son sutiles pero nítidos y atestiguables, igual que las estaciones del año. (2002)

Cuando experimentamos un cambio súbito de la visión del mundo —después del cual a menudo parece que nada volverá a ser igual—, este cambio puede tardar toda una vida en producirse. Deshacerse de viejos hábitos, recalibrar muescas profundamente desgastadas, incluso reacondicionar nuestra neuroquímica, puede ser necesario para estar a la altura de las nuevas visiones del mundo ampliadas y prioridades reorganizadas. Como el agua que desgasta la piedra, o el lento depósito de capas de sedimentos para formar montañas, integrar las experiencias de transformación en nuestra forma básica de ser requiere a menudo tiempo, paciencia y trabajo interior.

Arrien señaló también que dentro del proceso de crecimiento, «hay experiencias cumbre o grandes avances, pero estos no son los puntos de transformación. Los puntos de transformación son siempre graduales, sutiles, refinados» (2002). La mayoría de los maestros con los que hablamos avisaron acerca de los peligros de apegarse demasiado a esas experiencias cumbre. Tratar de recrear momentos cumbre una y otra vez, en vez de adaptarse al trabajo más sutil, menos glamuroso, de integrar las realizaciones de estas experiencias en la vida diaria, puede ser un problema. El reverendo luterano y terapeuta Dennis Kenny compartió su visión sobre el papel que las experiencias cumbre desempeñan en la transformación:

> Pienso que esos hechos forman parte del proceso de transformación, pero no son transformaciones en y por sí mismos. Creo que muchas de estas experiencias son en realidad catalizadores en el proceso de transformación, pero no son el fin. [...] Forman parte del proceso que puede llevarnos a entendernos y entender el mundo que nos rodea de manera distinta. Y eso es el fin. El fin es la transformación —la conversión— para que vivamos de manera más completa mientras caminamos.
>
> Cuando Jesús se transfiguró y reunió a sus discípulos y ascendió al cielo en aquel acto milagroso, ellos querían quedarse allí, construir santuarios, construir un templo. Y la palabra fue: «No. Id y haced el trabajo». Y creo que todos tenemos eso dentro de nosotros, cuando pensamos: «Esto es tan maravilloso, sienta tan bien, quiero quedarme». Pero aunque estos hechos tienen un propósito, y forman parte del proceso, no son el fin. (2006)

Las observaciones de Kenny sugieren, también, que la transformación es algo en lo que se debe vivir; la verdadera transformación no es solo un conjunto de experiencias notables que son un fin en y por sí mismas. Otras personas que participaron en nuestros grupos de discusión, entrevistas y encuestas mantuvieron posiciones semejantes. Incluso muchas de las personas que habían tenido experiencias místicas o extraordinarias señalaron que estas experiencias en sí mismas no lo cambiaron todo radicalmente. Por ejemplo, Peter Russell, autor de *From Science to God* (2004), nos dijo durante nuestra entrevista:

> He tenido cambios de conciencia súbitos y radicales, o he estado en otros estados que han sido sin duda notables. Su recuerdo ha permanecido sin duda conmigo, pero no me han cambiado. Después, vuelvo al viejo punto de partida. Es ese punto de partida lo que cambia gradualmente, gradualmente, el punto de partida

de cómo soy, con todos sus temblores y variaciones. Aunque estas cumbres son sin duda inspiración para continuar con el trabajo, por sí solas no hacen cambios importantes en mi punto de partida. (2002)

Entonces, ¿qué se necesita para transformarse? Como nos dicen Kenny y Russell, no basta con tener una experiencia excepcional sin más. Una transformación de la consciencia es un cambio fundamental en la percepción; supone una forma totalmente nueva de estar en el mundo. Vivir profundamente implica un compromiso con la vida, en todas sus diversas complejidades. Es un proceso momento a momento. El padre Francis Tiso, sacerdote católico, nos dijo:

Todas las grandes tradiciones hablan de esta idea de que de alguna manera lo ideal sería que cada momento fuera una revelación, cada momento fuera una experiencia mística, pero no porque se tengan visiones, sino por la belleza del momento. La belleza de ese momento es muy, muy grande. Es una apertura muy grande. Cada microsegundo de la conversación tiene para nosotros la tentación de casi perdernos en ella. Así que estas son buenas cosas [...] abrazar al perro, caminar al aire libre o ver que el verdadero misticismo está aquí. (2002)

Naturalmente, no siempre es fácil estar presente en todo lo que la vida ofrece. Puede exigir que aprendamos a abordar la vida de diferentes maneras novedosas. Y puede exigir que adoptemos prácticas que refuercen activamente estas nuevas formas de ser. Examinaremos con más detalle algunas de estas prácticas en los capítulos 4 y 5.

resumen

Como hemos visto, hay muchos catalizadores distintos de la transformación. La gente ha encontrado puertas al proceso de transformación a través del dolor, la pérdida y la enfermedad, pero también a través de experiencias extáticas y místicas y de la comunión con el mundo natural. Y hemos visto asimismo que, aunque las experiencias de transformación extraordinarias pueden ser profundas, la transformación puede producirse también en el curso de experiencias prosaicas, cotidianas. Hemos explorado las diferencias entre experiencias excepcionales y experiencias de transformación: no todas las experiencias excepcionales conducen a cambios duraderos de la visión del mundo, pero muchas actúan como catalizadores en todo momento.

En el capítulo 3 examinaremos otras maneras de avanzar hacia las aperturas que pueden conducirnos a una vida más plena de asombro, sobrecogimiento y sorpresa. Exploraremos cómo cultivar una tierra que nos ayude a crecer de diferentes formas vitales, nutritivas. Pero ahora, tal vez convenga examinar nuestras propias visiones sobre la transformación por medio del ejercicio siguiente.

Experimentar la transformación:
integración

Lo que sigue es otro ejercicio de registro en profundidad. Necesitarás un lugar tranquilo, algún tiempo sin interrupciones, un cuaderno, una pluma y algo para dibujar. Las preguntas se han extraído de un estudio realizado por los psicólogos Dacher Keltner y Adam Cohen en su laboratorio de la Universidad de California en Berkeley como parte de su investigación sobre las experiencias de sobrecogimiento y asombro (2003). Indagar profundamente sobre nuestra propia experiencia de transformación puede permitirnos no solo honrar esas experiencias, sino también ver patrones, recuperar elementos que se han perdido en la traducción e integrar más plenamente las realizaciones de esas experiencias. Al igual que los sueños, estas experiencias a menudo tienen capas que solo quedan al descubierto cuando se las vuelve a visitar.

Piensa en una experiencia de transformación en tu vida, una que haya tenido un impacto profundo en ti. Puede ser de corte espiritual o religioso. Puede haber sido como respuesta a algo de la naturaleza. O puede haber sido resultado de relaciones con otras personas, con el arte, la música o muchas otras cosas. La primera experiencia que te venga a la mente es probablemente una que está pidiendo ser explorada en mayor profundidad. Responde a las preguntas siguientes:

— ¿Qué edad tenías cuando tuvo lugar la experiencia?

— Describe en detalle lo que sentiste en ese momento.

— Describe en detalle lo que te hizo sentir así.

— ¿Cuál era tu pensamiento en ese momento?

— ¿Qué dijiste, en su caso, y cómo lo dijiste?

— ¿Cuáles fueron las señales físicas de la experiencia?

— ¿Cómo actuaste, si lo hiciste?

— ¿Cómo te cambió la experiencia?

— ¿Hubo aspectos agradables? ¿Desagradables?

— ¿Te resististe a la experiencia, o te rendiste a ella? ¿Por qué sí o por qué no?

A veces, tratar de expresar con palabras una experiencia es restrictivo. Quizá puedas escribir un poema sobre tu experiencia o dibujar una imagen, de ella o de algo que la simbolice. Tal vez el movimiento expresivo sea lo que mejor capte la experiencia de transformación: pon una música que te guste mucho y deja que tu cuerpo te hable de la experiencia. ¿Has aprendido algo nuevo?

CAPÍTULO TRES

preparar el terreno

El momento de la comprensión ¡ajá! es el resultado de un esfuerzo abnegado.
El esfuerzo constante y diario es importante
y necesario en la vida de cualquier individuo.

SWAMI NITYANANDA (2006)

¿Qué es exactamente lo que hace que una experiencia extraordinaria sea transformadora y se traduzca en cambio auténtico y duradero? Obviamente, no todas las experiencias extraordinarias acaban siendo transformadoras. Y algunas experiencias que parecen tan ordinarias pueden ser completamente transformadoras. Rabbi Jonathan OmerMan, maestro pionero de la meditación y el misticismo judíos, nos dijo que la experiencia de transformación propiamente dicha es menos importante que lo que viene después:

> La cuestión es: ¿qué se hace con la epifanía? La enseñanza que yo he recibido es que todos los grandes momentos de visión, todas las grandes epifanías son efímeras, y se desvanecen muy, muy deprisa. Es como un momento maravilloso de amor intenso. Nos sentimos completamente llenos de afecto por otro ser humano y entonces nos molesta la manera en que eructa después de cenar. Sigue siendo la misma persona, la relación está ahí, ¿qué ha sucedido entonces?
>
> La técnica de la vida espiritual es lo que llamamos *reshimu*: la sutil impronta que queda después de la gran apertura. Hay una apertura en la que podemos verlo todo, las puertas de la per-

cepción se limpian; luego se termina. ¿Cómo se conserva la impronta de un momento de amor incontenible por otro ser humano? ¿Qué hay a la mañana siguiente? Algo está ahí. Esa es la esencia del trabajo. Las propias experiencias apenas tienen sentido. O son incluso peligrosas, como cuando se convierten en mercancías, y la vida espiritual se convierte en una búsqueda de la siguiente experiencia. (2006)

¿Cómo podemos alimentar y cultivar las semillas del cambio que ya existen dentro de nosotros? ¿Cómo se cultiva la «impronta que queda después de la gran apertura»? De hecho, ¿cómo se traducen en apertura y crecimiento los momentos llenos de posibilidad, en vez de limitarse a cerrarse en torno a ellos y esperar a que llegue la siguiente invitación?

El jardín es una metáfora poderosa de la transformación. En el jardín las semillas se plantan y —con luz, agua y nutrientes del suelo adecuados— crecen. Como jardineros, no *hacemos* que las plantas crezcan. En cambio, proporcionamos las condiciones ideales para que tenga lugar el crecimiento natural de las plantas. Asimismo, la mayoría de los maestros que participaron en nuestros estudios hablaron de la transformación como algo que sucede naturalmente. Aun cuando podamos oponer una resistencia interna al cambio, también se tiene una inclinación natural al crecimiento. Como el jardinero, en vez de *hacer* que la transformación suceda, creamos las condiciones ideales para que la transformación natural florezca.

A través de nuestra investigación, hemos identificado varios elementos que pueden ayudarnos a preparar el terreno de nuestra vida. Algunos de estos fertilizantes del suelo —o fertilizantes del *alma*— son cualidades que se pueden cultivar dentro de uno mismo. Implican las decisiones que se toman acerca de quién se quiere ser y cómo se quiere vivir. Las otras son elecciones que se hacen acerca del sistema de apoyo externo del que nos dotamos y el apoyo que ofrecemos a los demás para nuestro florecimiento mutuo. Mientras que el capítulo precedente se centraba en lo que la experiencia de transformación nos trae, este capítulo se centra en lo que *nosotros* podemos llevar a la experiencia de transformación.

LA EXPERIENCIA DE TRANSFORMACIÓN: UN PUNTO DE ELECCIÓN

¿Por qué algunas experiencias poderosas —a veces, incluso una sola— pueden cambiar nuestra consciencia de forma profunda y duradera, mientras que otras experiencias profundamente poderosas no parecen tener ningún efecto? Una teoría consolidada de la psicología del desarrollo ofrece algunas sugerencias en cuanto a qué distingue las experiencias excepcionales de las realmente transformadoras.

Jean Piaget, biólogo suizo y pionero de la psicología del desarrollo, junto con sus colaboradores, observó que cuando a un niño se le presenta una nueva experiencia, las más de las veces esa nueva experiencia es *asimilada* o incorporada a sus creencias y actitudes actuales (Inhelder y Piaget, 1958). Ahora bien, si las creencias y actitudes de un niño no pueden asimilar una nueva experiencia porque es demasiado exigente o diferente, sus estructuras cognitivas deben modificarse para *acomodar*, o dejar sitio a, la nueva experiencia. Por ejemplo, cuando un niño ve por primera vez una cebra, en muchos casos la llama caballo. Al no poseer ningún concepto para las cebras, los niños *asimilan* la experiencia de la cebra en sus estructuras mentales de ese momento y deciden que solo es un caballo poco corriente. Finalmente, el niño aprenderá que existe un animal parecido al caballo en cuanto a su forma pero que en realidad es un animal totalmente distinto que se llama cebra. Este proceso es la *acomodación* que el niño hace de su visión del mundo para incluir la posibilidad de las cebras.

Así pues, mientras aprendemos, nos vemos obligados naturalmente a poner a prueba y revisar nuestras visiones del mundo. Este proceso cognitivo puede explicar en parte los cambios profundos en la consciencia de los que hemos oído hablar una y otra vez en nuestra investigación. Pero ¿qué hace que sea más probable que acomodemos la nueva información en vez de asimilarla? Los psicólogos Dacher Keltner, de la Universidad de California en Berkeley, y Jonathan Haidt, de la Universidad de Virginia, estudian las experiencias de sobrecogimiento y asombro, un campo que hasta ahora los científicos pasaban por alto. Estos dos pioneros proponen que el sobrecogimiento tiene dos componentes esenciales: inmensidad percibida y necesidad de acomodación (2003). En otras palabras, es posible que algunas experiencias sean tan inmensas, tan profundas, tan alejadas de lo que antes percibíamos, que efectivamente *exijan* que transformemos nuestra visión del mundo para acomodarlas. En vez de limitarnos a tratar de asimilar estas experiencias en nuestro marco estrecho, nos vemos obligados a ampliar ese marco. Esto puede explicar por qué algunas de las experiencias que se describen en el capítulo 2 tienen la posibilidad de cambiar la vida.

Pero ¿por qué algunas experiencias que cuestionan nuestros sistemas de creencias tienen como resultado transformaciones positivas mientras que otras desembocan en traumas o en un aumento de la rigidez y el miedo en nuestra visión del mundo? Los psicólogos Keltner y Haidt sugieren que es nuestra capacidad para acomodarnos a las nuevas experiencias —para cambiar nuestras estructuras actuales— lo que puede determinar si estas experiencias inductoras de sobrecogimiento son aterradoras o esclarecedoras. Avanzando un paso más allá, Louise Sundararajan, psicóloga e historiadora de la religión, propone un modelo en el que solo el fallo de asimilación lleva a intentos de acomodación (2002). En otras palabras, si podemos de alguna manera meter esta nueva experiencia en nuestra actual visión del mundo, no someteremos a prueba ni revisaremos en absoluto nuestras estructuras actuales. A la inversa entonces, cuando el proceso de asimilación es cuestionado por una nueva experiencia pero la acomodación *falla* (no nos exigimos lo suficiente), la estructura de creencias original puede acabar siendo reforzada rígidamente para defenderse contra amenazas futuras a una visión del mundo o sentido de identidad preciados.

Después de esto, cuando el mero poder de las experiencias hace que la acomodación sea la única posibilidad —pero somos, por el motivo que sea, incapaces de reconocer o abrazar un gran cambio en nuestras estructuras internas—, el resultado puede ser el trauma en vez de la transformación. Sundararajan propone que es la *autorreflexividad* lo que permite el éxito de la acomodación. La *autorreflexividad* es la capacidad para la metacognición: la capacidad para dar un paso atrás y reflexionar sobre uno mismo y sus procesos de pensamiento. Esta capacidad puede estar vinculada con el éxito en la acomodación, dice Sundararajan, porque puede llevarnos de nuevo al punto de partida para una revisión radical de nuestro modelo del mundo. ¿No es interesante que uno de los componentes esenciales de la práctica de transformación, en todas las tradiciones, sea el cultivo de esta capacidad para dar un paso atrás y examinarnos? Desde el confesionario en la tradición católica hasta la meditación de visión en la tradición budista, hacer inventario de nuestro comportamiento en los pasos cuatro y diez de los programas de doce pasos, las tradiciones de transformación incluyen a menudo una práctica para cultivar nuestra capacidad para la *autorreflexividad*. La capacidad de dar un paso atrás y examinar nuestros procesos de pensamiento nos permite reparar en las creencias y actitudes trasnochadas a las que nos aferramos a pesar de la abundancia de nueva información que pide que nos transformemos.

Dolor traumático y dolor transformador

Como hemos señalado, no todas las experiencias dolorosas conducen a la transformación. Entonces, ¿cuál es la diferencia entre el dolor traumático y el dolor transformador? Ahora que somos conscientes de nuestra tendencia a no prestar atención a la nueva información y, cuando reparamos en ella, a tratar de encajarla en nuestras expectativas (tal como se describe en el apartado en que se habla de la ceguera inatencional en el capítulo I, y la descripción de la asimilación y la acomodación del apartado anterior), ¿qué cualidades podemos cultivar para ayudarnos a abordar y sacar el máximo partido de experiencias potencialmente transformadoras?

El maestro budista y escritor Noah Levine habló de la necesidad de sabiduría cuando se encontró con el dolor y el sufrimiento en el camino de la transformación:

> En mi experiencia, hay un equilibrio entre el sentimiento mucho más conectado con los demás y el sentimiento aislado y desconectado. Estar despierto en un mundo que está tan dormido puede percibirse como muy aislador y muy solitario en algunos aspectos porque, en última instancia, todo está conectado y todo el mundo hace cuanto puede, pero también [...] lo que la gente puede

hacer no es muy bueno. En general, si se mira el mundo [...] el sufrimiento y la opresión y la enorme ignorancia que rigen este campo de la existencia, puede ser muy doloroso. Cuanta más conciencia y más sensibilidad, más necesidad de equilibrio con ecuanimidad y comprensión, incluso decirnos a nosotros mismos: «Oh, así es como es» puede ayudar.

Mi trabajo consiste en despertar y ayudar a los demás a despertar. A veces me lo tomo como algo personal. Puede resultar muy difícil y doloroso manejar dudas como: «¿Sirve realmente para algo mi trabajo? ¿Qué hay de los 15 millones de niños que mueren de hambre cada año?». Ser consciente de ello y preocuparse por ello, aunque sea un sentimiento de compasión, es doloroso.

Buda dice que la compasión es un temblor del corazón que, cuando no se equilibra con ecuanimidad, es muy doloroso. Cuando la compasión no está equilibrada con la sabiduría es muy doloroso y, en mi caso, pierdo el equilibrio. Esto puede ser muy difícil, y en consecuencia a veces me siento muy solo. (2005)

Para muchos de nosotros, esta sensación de estar abrumado por los desafíos y los sufrimientos del mundo puede ser difícil de aceptar, puede llevarnos a sentimientos de aislamiento e incluso de impotencia. Como señala Levine, cuanto más abiertos y sensibles lleguemos a ser, más sentiremos, más gozo y más dolor, el nuestro y el de los demás. La compasión es la disposición a abrirse al sufrimiento de los demás. Para equilibrar esta mayor sensibilidad, Levine recomienda cultivar la sabiduría y la ecuanimidad mediante la práctica de la meditación.

El término «ecuanimidad» designa serenidad de mente o un estado de inalterabilidad interior ante todos los altibajos de nuestras diversas experiencias. Elemento fundamental no solo de la práctica budista sino también de la salud psicológica en general, mantener una firme ecuanimidad puede hacernos soportable el dolor y la pena más profundos, y dejarnos en una posición mejor para actuar en vez de desplomarnos o simplemente evitar problemas porque son demasiado angustiosos. Naturalmente, es más fácil decirlo que hacerlo.

No es de extrañar, pues, que tantas tradiciones de transformación del mundo incluyan alguna versión de una práctica para fomentar la ecuanimidad y la sabiduría junto con prácticas para potenciar la compasión. Para «aguantar el temblor del corazón», hay que cultivar la ecuanimidad, la sabiduría y la visión. Como la oración de la serenidad cristiana, en la que se pide a Dios: «Dame la disposición para aceptar las cosas que no puedo cambiar, el coraje para cambiar las cosas que puedo y la sabiduría para saber la diferencia», se pide un equilibrio en nuestra respuesta al dolor y el sufrimiento. Tener este equilibrio puede hacer que una experiencia dolorosa sea más transformadora y menos traumática.

Curiosidad e indagación

Además de cultivar la capacidad para la ecuanimidad ante experiencias difíciles o fuera de lo ordinario, uno de los ingredientes más importantes que puede llevar al camino de la transformación es un firme sentido de la curiosidad y la indagación. En vez de desconfiar de la nueva información que parece fuera de lo ordinario o que refuta lo que siempre se ha creído, se pueden enfocar estos momentos —ya sean placenteros o inquietantes— con un sentido de la aventura y la exploración.

Para muchas personas, los estados de inocencia y asombro son nutrientes para las semillas de la transformación. Algunos llaman a esta calidad de apertura la «segunda ingenuidad», en la que una curiosidad que recuerda a la del niño nos lleva más allá de nuestra mente crítica al reencantamiento con el mundo y el deseo de conocer directamente las cosas por lo que realmente son. Asimismo, muchos maestros han señalado la *mente del principiante* como una de las actitudes fundamentales que se necesitan para el vivir consciente. La mente del principiante es una manera de enfocar las situaciones con apertura, curiosidad e interés, una manera de enfocar las situaciones como si estuvieran sucediendo por primera vez, aunque se hayan tenido numerosas experiencias similares. Un antiguo dicho zen reza: «En la mente del principiante hay muchas posibilidades; en la mente del experto hay pocas».

Charles Tart, psicólogo y autor de *Altered States of Consciousness* (1990), nos habló de la importancia que tiene llevar la curiosidad al camino de transformación:

Uno de los aspectos más esenciales de este camino —y, lo cual no deja de ser interesante, uno de los que casi nunca se mencionan en las enseñanzas tradicionales— es la curiosidad, preguntarse cómo son realmente las cosas. La curiosidad, unida al deseo de no ser engañado (aun cuando a veces sea muy cómodo ser engañado), pero para tratar de conseguir una comprensión mejor y mejor de la manera en que las cosas son realmente.

Recuerdo que cuando era un niño, solía despertarme excitado todas las mañanas. Era una excitación intelectual y emocional a la vez. Era una suerte de «¡Ah, otro día! Me pregunto qué va a pasarme hoy». Saben, la vida era muy interesante.

Y después, poco a poco, me hice más normal a medida que me socializaba. Mi camino, en un sentido, ha sido volver a esa curiosidad, a lo que está sucediendo ahora. La curiosidad por mi propia mente ha sido una parte importante de ello. ¿Por qué estoy pensando las cosas que estoy pensando ahora? ¿Por qué estoy sintiendo de esta manera cuando no quiero sentir de esta manera? La curiosidad y el deseo de no ser engañado son partes fundamentales de ello.

El compromiso de mantener viva la curiosidad requiere una cantidad considerable de trabajo. Para mucha gente, todo el proceso de socialización reduce deprisa la curiosidad. Eso es una verdadera vergüenza. Pienso que uno de los mayores placeres de la vida es mirar a niños muy, muy pequeños cuando sus ojos están abiertos y miran a su alrededor: «Pero bueno, ¿qué lugar es este?». Hay algo sagrado e inspirador en ello. (2003)

Lo que Tart nos dice aquí es algo más que «sé juguetón». Más bien, nos anima a cultivar la curiosidad y el discernimiento en nuestras vidas. En su opinión, el deseo de «no ser engañado» prestando atención solo a lo que está en la superficie o fiarse de las cosas proviene del reconocimiento de las múltiples maneras en que podemos conocer la realidad, para la gama de epistemologías (todas las maneras de saber lo que sabemos) que tenemos a nuestra disposición. Por ejemplo, si nos hubiésemos criado dentro de una visión del mundo que valorase solo los logros materiales, nuestra capacidad para ver más allá de las metas materialistas podría haberse cerrado involuntariamente. Sin embargo, ejercitando nuestra curiosidad y esforzándonos por comprender lo que hay bajo la superficie, podemos obtener mayores visiones sobre nuestro propio ser espiritual. Al cultivar la curiosidad del niño, se crea una dinámica entre nuestro mundo interior y nuestro mundo exterior.

Asimismo, varios maestros describieron la importancia de cultivar una «*mente no sé*». Ser capaz de tolerar la incertidumbre en vez de apresurarse de inmediato a salvar las creencias habituales —y permanecer con esa incertidumbre a pesar del malestar que puede acarrear— es una capacidad que puede lubricar el proceso de transformación. La certeza, aunque seductora por hacernos sentir seguros, también puede cerrar el potencial para considerar alternativas. Si ya conocemos la respuesta, ¿qué es lo que nos hace sentir curiosidad? La incertidumbre es en realidad la zona cero de la curiosidad y la indagación. Y la curiosidad abierta y el coraje para indagar profundamente son dos cualidades que, cuando se cultivan, pueden proporcionar terreno fértil para el cambio positivo.

Andriette Earl, ayudante de pastor en la Iglesia de la Ciencia Religiosa East Bay, en Oakland, nos describió su trabajo de ayudar a la gente a «cogerle el tranquillo a la indagación espiritual»:

> Lo que encuentro es que mucha gente no sabe cómo indagar. Conoce las cuestiones, pero no sabe cómo usarlas. Es como pensar que porque tenemos un martillo en la mano sabemos construir una casa. Solo porque tengamos una cuestión espiritual profunda, no quiere decir que sepamos usarla.
>
> Lo primero que hago es tratar de enseñar a la gente a usar una profunda cuestión espiritual, lo cual pretende llevarnos a la experiencia de no saber casi instantáneamente. «¿Qué soy?» «No lo sé.» «¿Cómo es no saber?» Hace un segundo pensabas que lo sabías, pero ahora, en una fracción de segundo, sabes que no lo sabes. Antes de que intentes saber, ¿cómo es no saber?
>
> La gente insiste en obtener una respuesta; piensa que está en la escuela y que esto es un examen. Si están sentados enfrente de mí, generalmente lo primero que sucede es que sus ojos comienzan a rodar en su cabeza. Esto me dice que están pensando. Entran inmediatamente en el proceso de pensamiento. ¿Por qué cuando

107

nos preguntamos «¿Qué soy realmente, en ultima instancia, en esencia?» la mayoría de la gente se pone a pensar?

Estoy estirando algo que sucede en una fracción de segundo, y por eso la gente se lo pierde. Cuando mira hacia dentro no encuentra nada. Esto no es lo que esperaba encontrar. Esperaba encontrar la verdad misma, el yo iluminado, el yo superior, la versión mejor de mí. Y no encuentra nada, por lo que la mente llega al instante a esta conclusión: «Esto no puede estar bien. He mirado hacia dentro para encontrar lo que realmente soy y allí no hay nada».

Encuentro que lo primero que se sabe cuando nos formulamos la pregunta «¿Qué soy realmente?» [...] es que no lo sabemos. No tenemos que pensar en las cosas que sabemos. No tenemos que poner los ojos en blanco y pensar en ello ni siquiera una fracción de segundo.

Cuando comenzamos realmente a cogerle el tranquillo, comprendemos cómo es en realidad la indagación. Encontramos las cuestiones que encajan naturalmente en nuestra experiencia. Nos ayudan a asumir lo misterioso de nuestro propio yo. Pero si no sabemos cómo usar una cuestión, no podemos entrar en lo misterioso de nuestro propio yo. En cambio, entramos en nuestra mente o en lo que leemos en un libro o lo que alguien ha oído que alguien ha dicho, y no tiene poder alguno. (2006)

Pero ¿cómo es no saber? La pregunta de Earl hace que nos demos cuenta de que ser consciente de no saber, mantener una curiosidad sana y cultivar la aptitud para indagar puede llevarnos a un espacio de creatividad e imaginación. Y en ese espacio pueden suceder grandes avances.

Creatividad

Dejar tiempo en nuestra vida para la expresión creativa puede ser un desafío. Expresar nuestra creatividad puede parecer un lujo, como algo que solo deberíamos hacer una vez que se hayan atendido otras cosas más apremiantes o más importantes. La creatividad se traduce a menudo en nuestras mentes como una afición o un pasatiempo. Aunque puede ser —y a menudo así es— divertida y placentera, la creatividad cumple también una función muy importante: es una parte decisiva de la preparación del terreno para la transformación. El proceso creativo es un caldo de cultivo para nuevas ideas y nuevas conexiones entre aspectos previamente no relacionados de nuestro yo. La creatividad puede proporcionarnos un contexto para ver el mundo oculto.

La autoexpresión creadora puede transformar nuestro cuerpo y nuestra mente y apoyar la curación de todo nuestro ser. Se ha demostrado que diversas formas de terapias con artes expresivas, como el teatro, la danza, la pintura, la interpretación de música, la escultura y la escritura, alivian los síntomas y mejoran la calidad de vida en una gran diversidad de casos. Por ejemplo, se ha demostrado que la *escritura expresiva* —redacción no estructurada de un diario realizada treinta minutos al día, cuatro días a la semana— mejora la salud en pacientes de cáncer; entre los beneficios figuran el aumento del vigor, la mejora del sueño, la reducción del número de visitas al médico, la mejora en hacer frente a la enfermedad y la disminución de los síntomas físicos (Frisina, Borod y Lepore, 2004). A la inversa, la obra del psicólogo James Pennebaker muestra que la *inhibición* —mantener ocultos los pensamientos y sentimientos— es un factor estresante que puede tener efectos negativos sobre las funciones inmune y vascular, así como sobre el funcionamiento del sistema nervioso (1990). Es evidente que encontrar caminos hacia la autoexpresión y aprender a escuchar nuestros impulsos creativos puede ser liberador y promotor de la salud.

Anna Halprin, madre de la terapia del arte expresivo y del movimiento, nos dijo que comenzó usando su vida para crear su arte, pero después, tras realizar una profunda indagación interna, comenzó a usar el arte para crear su vida. Lo explicó con más amplitud:

> He sido siempre artista. Pero nunca había conectado tan estrechamente el arte con la experiencia de la vida hasta que me vi aquejada de cáncer en 1972. Aquello supuso un gran cambio para mí. Comencé a hacerme toda clase de preguntas: ¿qué estoy haciendo y para quién lo estoy haciendo? ¿Por qué estoy bailando?

¿Qué diferencia hay de todos modos? El cambio fue que comencé a usar la experiencia artística para sacar a la luz cuestiones de la vida real y para encontrar vías para transformarlas.

La danza moderna en aquella época era bailar sobre cosas —Martha Graham bailaba sobre mitologías griegas— o bailar en relación con la música, o con otros temas muy abstractos. Había dejado de interesarme bailar sobre cosas abstractas. Comencé a explorar vías para bailar sobre temas que tenían que ver con la vida real —mi vida— y la vida de las personas con las que me relacionaba.

Para mí, la transformación tiene que ver con cómo la experiencia artística puede producir un cambio positivo. El cambio positivo permite al individuo liberar de su integridad todo lo que se interfiera en la creatividad. Le permite sobrellevar cualquier cosa que le sobrevenga en términos de su experiencia vital concreta. Necesitamos herramientas para sobrellevar de manera artística nuestra vida. Y eso es lo que conduce a la transformación y a un crecimiento continuo.

La vida va a presentar constantemente situaciones inesperadas que afectarán a áreas dentro de nosotros que, hasta ese momento, no sabíamos que existían. [...] Tenemos que comprometernos a examinar todo aquello que llegue —sin saber cuál será el resultado— y tratar el resultado de manera creativa. Lo que se presente puede ser muy difícil; puede ser desafiante, oscuro e incómodo. Pero la capacidad y el compromiso de utilizar el proceso artístico para superar el bloqueo, eso crea. (2002)

El proceso de transformación está lleno de oportunidades para la sorpresa y el asombro: la imaginación, la creatividad y el impulso generativo están esperando ser alimentados en nuestra vida. Si la expresión creadora parece una reliquia del pasado cubierta de polvo, ha llegado el momento de desempolvar los lápices de colores.

Introspección y autoridad interior

Cuando se intenta fomentar la curiosidad y la expresión creativa, no se puede exagerar la importancia de dejar tiempo para el silencio y la soledad. Disminuye el ruido externo. Desenchufa la radio y apaga la televisión. Da un paseo por el bosque. Haz un alto y pasa cinco minutos sin moverte antes de tu próxima cita. Frena y entra en una esfera de sosiego que brinde la oportunidad de cultivar el conocimiento interior, de escuchar y comprender tu vida de una manera nueva.

Para Jeremy Taylor —pastor de la Iglesia Unitaria Universalista y autor de varios libros que integran el simbolismo de los sueños, la mitología y la energía arquetípica—, el hecho de escuchar profundamente ha adoptado la forma de prestar atención a los complejos mensajes de los sueños:

> Mis sueños han sido la influencia permanente más importante en mi vida y mi trabajo. Siempre presto una atención regular al contenido concreto de los sueños que puedo recordar cuando me despierto. Una de las razones por las que lo hago es que me da una vívida sensación de vivir en medio de un flujo interminable de energía creativa. Los sueños me han dado también inspiración específica para prácticamente todas mis actividades creativas: escribir, enseñar, hablar en público de forma improvisada, dibujar, pintar y todos los demás proyectos y construcciones en los que intervengo.
>
> Los sueños desempeñan también un papel decisivo en mi vida relacional, sobre todo en mi relación a largo plazo y en evolución con mi esposa Kathryn. Resulta muy fácil imaginar que si no hubiéramos compartido regularmente nuestros recuerdos de sueños durante todos los cuarenta y tantos años que llevamos juntos, puede que ni siquiera estuviéramos juntos ahora. [...] Los sueños llevan estas potenciales visiones a todos nosotros de una manera maravillosamente impersonal, una manera que nos permite ver nuestras vidas con ojos nuevos y hablar de los problemas y hacer los ajustes necesarios en el comportamiento y la actitud para que podamos dejar de causarnos dolor mutuamente sin querer.
>
> Prestar atención a mis sueños de forma regular ha seguido infundiéndome también valor para el trabajo por el cambio social no violento que he realizado durante toda mi vida, incluso

ante las noticias implacablemente deprimentes de este país y del mundo. Es realmente muy difícil seguir lleno de esperanza y entusiasmo y energía creadora mientras las cosas desembocan aceleradamente en configuraciones cada vez peores. Muchos de mis antiguos amigos activistas sociales están quemados, agotados, llenos de amargura y escépticos. Y puedo entender por qué: tienen todos los motivos racionales para sentirse así. Creo que la razón primordial de que yo haya podido evitar ese estado de agotamiento moral es que mis sueños me dan constantemente esa sensación tangible de estar en medio de un flujo de energía creadora y posibilidades. Los pueblos aborígenes dirían probablemente que es una sensación de verse apoyado por aliados espirituales, lo cual es una manera perfectamente razonable de hablar de ello. Hay fuerzas en acción en la psique colectiva que son más sutiles que los escandalosos titulares de prensa. A menudo es difícil ver estas energías en el mundo despierto, pero son mucho más visibles y accesibles en el mundo del sueño. Estas energías también han resultado ser mucho más poderosas que la economía de bola de billar y las estupideces violentas que, me atrevo a decir, siguen derribando las torres.

El trabajo del sueño me proporciona también una herramienta intelectual de análisis que aporta esperanza porque ofrece nombres para las fuerzas evolutivas que actúan en la psique, fuerzas que son claramente las mismas que las fuerzas que nos dieron el lenguaje articulado y la capacidad de imaginar nuestra propia mortalidad. Mi convicción personal [...] es que en este momento nos hallamos en un vértice evolutivo, en el que algo tan importante y transformador como el desarrollo del lenguaje articulado actúa dentro de nosotros. Pero no sabemos todavía qué es; no hemos evolucionado todavía hasta el punto de que podamos reconocerlo conscientemente, pero todo lo que sé señala hacia ello y dice que está ahí, creciendo y evolucionando en nuestros sueños. (2006)

El hecho de escuchar profundamente puede adoptar muchas formas. Swami Veda Bharati, maestro y líder espiritual en la tradición de los vedas y los yoguis del Himalaya, nos dijo que soportando el silencio podemos entrar en el espacio de nuestros corazones y de ese modo acceder a lo que es imperceptible para nuestros sentidos exteriores:

> ¿Por qué quieres ver fuera lo que puedes ver ya dentro? El silencio [...] soporta el silencio. Ahora puedes medir las ondas del cerebro. Pero, con eso, no puedes transmitir el silencio. En ese silencio, algo más sucede. Decimos que el universo entero es un ente en el espacio. Algo en el espacio de tu corazón crece y se expande. Encierra el universo entero. Todos los seres vivos están abrazados en el espacio en silencio, en el que has entrado en esta cavidad del corazón. (2002)

Entrar en el reino del silencio exige prestar atención a nuestros ritmos y ciclos naturales diarios. La maestra espiritual Gangaji compartió con nosotros la historia de cómo su maestro le enseñó a encontrar su ritmo y su estado de ser naturales ralentizándose hasta detenerse por completo:

> Conocí a Papaji en una época en que yo buscaba de todo corazón un maestro. Para mí, fue esencial conocerlo. Había probado muchos caminos distintos, y había tenido muchas experiencias hermosas. Sin embargo, la transformación que buscaba no se había establecido todavía. Cuando me dijo: «Detén todos tus caminos, detén todas tus búsquedas, no hagas nada», me asaltó un miedo enorme y profundo. Si me detenía, ¿qué iba a pasar con todo lo que había alcanzado y todo el tiempo que había dedicado a alcanzarlo? Pero reconocí a Papaji como mi maestro, así que decidí detenerme y ver qué quería decir realmente.
>
> Detenerse no sucede al instante, pero la disposición a detenerse sucede al instante. Hay un «de acuerdo, estoy dispuesto». No como en abandonar o renunciar, sino «de acuerdo» como en la rendición. En ese momento de rendición, descubrí cuánta atención mental, física y emocional había habido para conseguir algo para mí —*mi* felicidad, *mi* realización, *mi* ilustración— o para evitar mi infelicidad, mi falta de realización, mi ignorancia. Papaji había hablado con la fuerza y la autoridad de su propio co-

nocimiento directo y, como reconocí esa fuerza, estuve dispuesta a no salir corriendo inmediatamente por la puerta, siguiendo mi propia agenda.

Es muy sencillo: pase lo que pase, bueno o malo, debajo de esas circunstancias suele haber un hilo de sufrimiento. Si nos paramos solo para investigar directamente qué hay más profundo debajo de eso, es posible descubrir un campo infinito de felicidad, verdad, silencio y éxtasis que es tu naturaleza esencial. (2002)

Si hubo algo en lo que coincidieron la mayoría de los profesores a los que entrevistamos, fue este hilo central de mirar hacia dentro. Detenerse intencionadamente y estar en silencio es una práctica sencilla que al principio puede parecer incómoda, pero con el tiempo puede convertirse en un refugio. En cierto modo, es como estar en la naturaleza y ver el destello de un ciervo. Para verlo más de cerca, para encontrarse realmente con ese ser salvaje y majestuoso, la estrategia ideal es detenerse y quedarse totalmente quieto. Del mismo modo, para encontrarse realmente con los aspectos salvajes y mayestáticos de nuestro propio yo interior hace falta estar quieto y en silencio.

Para Zorigtbaatar Banzar, chamán mongol y líder del Centro de Sofisticación Celestial Chamánica y Eterna de Mongolia, la transformación proviene de lo que describe como «poder eterno». Para encontrar este poder, hay que ralentizar y escuchar los mensajes de la Tierra:

En el lugar de Mongolia en donde vivo hay mucho poder eterno e información en nuestra tierra. Para encontrar este poder eterno viví durante trece años con mi maestro, un chamán mongol muy poderoso, en una cueva en las montañas, estudiando el chamanismo. Si la gente puede encontrar el poder de este poder eterno y el poder de su propio cuerpo, puede vivir feliz. Puede encontrar el verdadero significado de su vida y lo que necesitan. La paciencia supera todas las dificultades, todo el dolor, todos los sufrimientos de nuestra vida. Si se tiene una gran paciencia, nos esperan resultados muy positivos.

Lo más importante para ti es conocerte. Eres una persona

muy preciosa y sagrada. Eres un dios para ti mismo y eres un cielo para ti mismo. Así que necesitas abrirte. Necesitamos comunicarnos con nuestro tesoro sagrado. Una vez que nos conocemos de modo muy completo a nosotros mismos y unos a otros, este amor eterno florece y se hace más fuerte. (2006)

Para lograr la quietud interior, el silencio o el poder eterno, no hay por qué encontrar un maestro espiritual, emprender un camino espiritual diferente ni vivir en una cueva durante trece años. En cambio, se puede cultivar simplemente el hábito de escuchar profundamente. Al fin y al cabo, de ese modo podemos encontrarnos guiados hacia ese maestro, esa nueva práctica o esa cueva.

La mayoría de nosotros estamos familiarizados sobre todo con el *intelecto discursivo*, esa parte de nosotros considerada el «cerebro ordenador» que conoce cosas mediante el pensamiento, la figuración, la planificación, la elaboración de estrategias, la comparación y la evaluación. Pero el lector también puede estar familiarizado con la clase de saber que tiene su origen en la intuición, el pálpito o los sentimientos viscerales. Mediante la práctica del silencio y de escuchar profundamente, podemos abrirnos a estos campos interiores del saber y ensanchar nuestra comprensión y nuestra experiencia anteriores.

CONOCIMIENTO DIRECTO

Nuestra investigación sugiere que cuando los facilitadores de la transformación que hemos descrito en este capítulo están presentes —la conciencia de la tendencia natural a asimilar en vez de acomodar; el cultivo de la curiosidad y la indagación, la creatividad y el espacio para la introspección—, una fuente de conocimiento muy natural y auténtica, lo que podría llamarse «saber directo», surgirá de nuestra propia conciencia.

Naturalmente, no recomendamos una dependencia exclusiva de los sentimientos viscerales para sortear nuestra vida. La mente racional, cuando se usa adecuadamente, es una herramienta poderosa, especialmente en relación con el mundo material. Como reza el antiguo dicho, hay que ser de mentalidad abierta, pero no de mentalidad tan abierta que el cerebro se caiga. El proceso de transformación tiene que ver con establecer un equilibrio entre la cabeza y el corazón, el intelecto y la intuición. Si el lector es una persona que tiende a depender en exceso de su mente racional juzgadora, las diversas formas de práctica de la trasformación pueden impulsarnos a unir su intelecto discursivo racional con la comprensión noética/subjetiva. Asimismo, si es una persona muy reactiva e impulsada por la emoción, la práctica de la transformación puede ayudarle a encontrar mayor discernimiento y autorregulación. Entrelazar el conocimiento obtenido mediante la observación objetiva y la lógica con el conocimiento noético directo le permite acceder plenamente a lo que puede observar físicamente y a lo que de verdad está experimentando directamente en su vida.

Una perspectiva científica sobre el conocimiento directo

Desde hace más de un siglo, los psicólogos sienten curiosidad por lo que sucede en el cerebro de una persona durante los *momentos ¡ajá!*, esos momentos de lucidez en que la solución a un problema enojoso se aclara mediante una súbita visión. Mediante una serie de experimentos (Kounios *et al.*, 2006) se ha comenzado a identificar lo que conduce a los momentos ¡ajá!. En primer lugar, la investigación indica que a menudo las soluciones ¡ajá! a problemas enojosos en realidad van precedidas de patrones cerebrales que comienzan mucho antes del acto de resolver el problema, a veces incluso antes de que un problema se presente. Esto sugiere que la manera en que una persona esté pensando *antes* de que comience la resolución del problema puede ser tan importante como la clase de pensamiento que interviene a la hora de alcanzar la solución; es casi como si se pusiera la mente en un estado receptivo que la prepara para visiones e integraciones.

En segundo lugar, cuando la gente se acerca a una solución ¡ajá!, la actividad cerebral indica que la atención se dirige hacia el interior. Parece ser que, para cambiar a nuevas líneas de pensamiento, previamente los pensamientos irrelevantes deben silenciarse activamente. Para facilitar este paso, el cerebro reduce momentáneamente la aportación visual. Esto produce un efecto semejante a cerrar los ojos o apartar la vista, trucos físicos que a menudo empleamos de manera inconsciente para ayudar a que las soluciones aparezcan en la conciencia consciente.

Además, Kounios y sus colaboradores descubrieron también que la preparación mental que conduce a soluciones ¡ajá! se caracteriza por un aumento de la actividad cerebral. El aumento de la actividad se vio en las zonas del lóbulo temporal (asociadas con los procesos conceptuales) y en las zonas del lóbulo frontal (asociadas con el control cognitivo o procesos «descendentes»). Aprender a dirigir la atención hacia el interior, a reducir las entradas visuales y auditivas y a silenciar temporalmente los pensamientos irrelevantes puede crear el marco para pasar a un estadio distinto de los procesos cognitivos, que incluye el aumento del conocimiento basado en visiones junto con el conocimiento tradicional que supone «entenderlo». Es increíble que tantas prácticas de transformación, como la búsqueda de la visión, fomenten ya cualidades como la introspección y el silencio interno que los científicos solo comienzan a descubrir ahora como factores claves del crecimiento, el aprendizaje y la transformación.

resumen

Del mismo modo que se puede estudiar la tierra antes de preparar un hermoso jardín, la transformación de la consciencia puede ser alimentada y cultivada. Al fomentar la curiosidad, la creatividad y la introspección en nuestra vida, podemos abrirnos a dimensiones ampliadas de nuestro ser. Se trata de formas de ser, dentro de las circunstancias diarias de nuestro entorno, que pueden ayudarnos a aumentar el potencial de transformación de nuestras experiencias, y permitir que cualquier experiencia de transformación que llegue arraigue de modo más fácil y firme, con menos resistencia o trauma.

Una vez preparado el terreno y plantada la semilla de la transformación, comienza el ciclo de crecimiento. Antes de que se pueda recoger la cosecha extraordinaria, queda por hacer más trabajo. ¿Qué nos mantiene en el camino de la transformación? ¿Qué nos hace seguir avanzando cuando el terreno parece infranqueable, o cuando se siente la tentación de conformarse con un punto de parada familiar y cómodo que sea menos que tu potencial completo? Muchas de las personas que participaron en nuestra investigación hicieron hincapié en la importancia de la práctica. En los dos capítulos siguientes, examinaremos las diferentes vías de práctica disponibles para cada uno de nosotros y algunos elementos comunes a ellas. Por ahora, piensa en el siguiente ejercicio a fin de aclarar tus propias intenciones para la transformación.

Experimentar la transformación: preparar el terreno

El crecimiento y la transformación tienen lugar en todo momento: son aspectos inherentes a la naturaleza y a la naturaleza humana. El grado en que el crecimiento y la transformación siguen un curso lento, angustioso y desigual o fluyen fácilmente a lo largo de tu vida depende en parte de ti.

Hace más de medio siglo, Abraham Maslow (1954) propuso que cuando las necesidades básicas del ser humano en lo relativo a alimentos, refugio y seguridad están satisfechas, busca satisfacer necesidades superiores en áreas como la amistad, la estimulación intelectual y la belleza. En este ejercicio, exploramos la posibilidad de que supuestas necesidades superiores puedan tener que ser satisfechas para satisfacer plenamente lo que antes se consideraba necesidades *inferiores*. Examinar en qué medida se están satisfaciendo tus necesidades puede arrojar luz sobre las condiciones para la transformación que están presentes en tu vida.

Deja el periódico y busca un lugar tranquilo para reflexionar. ¿Cuál es el estado de tu tierra ahora mismo? ¿En qué grado es propicia tu vida para el proceso de transformación?

Puedes tener garantizadas o no tus necesidades fisiológicas básicas de alimentos, vivienda y seguridad. Analiza si tus necesidades fisiológicas básicas están siendo realmente cubiertas respondiendo a las preguntas siguientes:

— ¿Comes suficientes alimentos nutritivos con arreglo a un calendario bastante regular?

— ¿Das a tu cuerpo suficiente ejercicio, sol y nutrientes?

— ¿Tienes cefaleas, dolores o incomodidades de los que podrías ocuparte de manera más consciente?

— ¿Descansas y duermes suficiente?

— ¿Son seguros tus entornos en el trabajo y en casa, y estás tomando las precauciones necesarias para sentirte seguro?

— ¿Tienes un equilibrio adecuado entre trabajo y tiempo para el descanso y la renovación?

— ¿Satisface realmente tu vivienda tus necesidades?

Si te sientes descontento en cuanto a alcanzar tu máximo potencial, quizá esas necesidades más básicas no estén siendo atendidas de forma adecuada. Aunque puedan parecer prosaicas, son tan importantes para tu bienestar mental, emocional y espiritual como las actividades espirituales y filosóficas más elevadas.

A continuación, dale la vuelta: ¿tienes problemas para alcanzar tus metas en relación con las necesidades básicas de equilibrar tu vida, comer de manera sana, tratar bien el cuerpo, etcétera? Es posible que hayas demorado en exceso tus necesidades superiores, tal vez pensando: «Cuando todo en mi vida esté arreglado, entonces podré pasar a asuntos como aprender a ser más cariñoso, potenciar mi capacidad para la confianza, la generosidad y el perdón, y cultivar activamente experiencias gozosas y creativas». Nuestras supuestas necesidades *superiores* son tan fundamentales para nuestra calidad de vida como nuestras necesidades básicas. Explora si tus necesidades *superiores* se están satisfaciendo realmente contestando a las preguntas siguientes:

— ¿Tienes amigos y familiares que te apoyen y sean dignos de tu confianza y respeto? Si no es así, ¿dónde puedes buscar al menos un contacto de este tipo?

— ¿Realizas regularmente al menos una actividad que te reporte gozo sin complicaciones?

— ¿Hay un momento regular para la creatividad en tu vida?

— ¿Dedicas todos los días algún tiempo a la reflexión contemplativa en silencio? ¿Y el tiempo en la naturaleza?

Ahora mismo, haz —y comprométete con— un plan para satisfacer al menos una de las necesidades básicas y una de las necesidades *superiores* que has identificado en este ejercicio.

CAPÍTULO CUATRO

caminos y prácticas

La realización no es algo que podamos hacer, solo es algo para lo que podemos estar preparados. La práctica no es la causa de la comprensión, pero nos ayuda a ser más abiertos y dispuestos a recibir lo que el universo tenga que ofrecer.

ZEKEI BLANCHE HARBTMAN (2003)

Hasta ahora hemos examinado las puertas habituales hacia la transformación y cómo podemos preparar el terreno de nuestra vida para que las semillas de la transformación tengan más probabilidades de arraigar. Pero esto es solo el comienzo del viaje. ¿Cómo se puede criar una planta a partir de esa semilla, una planta perenne, no solo que florezca en una única estación? ¿Cómo se trasladan las experiencias vitales extraordinarias —o incluso ordinarias— a transformaciones que den como resultado cambios significativos y duraderos en nuestra consciencia?

La mayoría de las personas a las que entrevistamos y de las que respondieron a la encuesta hicieron hincapié en la importancia de la práctica. De nuestra muestra autoseleccionada para la encuesta, el 68 por ciento informó de que realizaba una práctica formal, siendo las prácticas más habituales la meditación y prácticas devocionales como la oración. Hasta un 73 por ciento manifestó que llevaba a cabo prácticas informales, como la escritura, la lectura, la visualización, el estudio de temas espirituales u orientados a la consciencia, los paseos por la naturaleza, la oración personal, la música, el arte y las afirmaciones (Vieten, Cohen y Schlitz, 2008).

Incluso cuando una experiencia de transformación es profundamente honda, las nuevas realizaciones pueden ser frágiles. Para que arraiguen, las transformaciones deben ser reforzadas. La reverenda Lauren Artress nos dijo a este respecto: «La transformación desaparece si no se la honra» (2003). Los cambios en nuestra visión del mundo pueden ocurrir en un instante, pero el dominio de nuevas clases de pensamiento o comportamiento requiere a menudo el cultivo de nuevas formas de ser. George Leonard, autor de *Mastery* (1992), lo dijo con estas palabras: «Si quieres capturar la gracia del viento, tienes que izar las velas. ¡Practica!» (2002).

¿QUÉ HACE UNA PRÁCTICA?

Hay literalmente miles de formas distintas de acometer la práctica de transformación. Además, las propias prácticas de transformación pueden adoptar muchas formas distintas, que van desde la oración contemplativa hasta la meditación de la conciencia, de los doce pasos de Alcohólicos Anónimos al trabajo de la escuela de Respiración Holotrópica, desde recorrer un laberinto hasta cultivar un jardín, y muchas más. Con toda esta diversidad, es justo preguntarse: ¿qué es exactamente lo que hace que algo sea una práctica de transformación? Aunque no queremos restar importancia a esta rica diversidad de formas, nuestra investigación indica que hay algunos elementos esenciales de la práctica de transformación que aparecen en tradiciones muy diversas.

Prácticas tradicionales y emergentes

En las formas tradicionales de la práctica de transformación —como las que se encuentran en las religiones establecidas—, los practicantes siguen tradiciones formales prescritas de antiguo linaje. Algunas formas tradicionales han permanecido relativamente inalteradas mientras se transmitían a través de los tiempos y se adaptaban a nuevas culturas. Y algunas han evolucionado, en ocasiones dando origen a nuevas tradiciones. Para nuestra investigación, buscamos participantes activos de las principales tradiciones religiosas y espirituales del mundo, como el budismo, el judaísmo, el islam, el cristianismo y el hinduismo. Hablamos también con representantes de antiguas tradiciones culturales en las que la espiritualidad está profundamente arraigada, como el chamanismo de los indígenas norteamericanos y el europeo. Al examinar estas diversas prácticas, tratamos de identificar los elementos comunes que pudieran ser de utilidad a cada uno de nosotros para el desarrollo de nuestro propio camino de transformación.

En las formas tradicionales de la práctica de transformación, se pone un gran énfasis en mantener la continuidad con el pasado. Mediante la reproducción de prácticas bien calibradas —que han sido desarrolladas y perfeccionadas a lo largo de milenios—, se cree que nos beneficiaremos de la sabiduría de los tiempos. Estos métodos son en esencia tecnología de la transformación y han sido perfeccionados por el método de ensayo y error, afinados con precisión a lo largo de los siglos para lograr resultados concretos. En muchos casos, los rituales, símbolos y textos sagrados de las tradiciones formales se consideran a sí mismos imbuidos del poder para transformar al individuo. Por ejemplo, en el ritual de la eucaristía (en algunas tradiciones cristianas), se cree que cuando se toma el pan y el vino consagrados se transmite el espíritu de Cristo a los participantes. En algunas tradiciones hindúes, se considera que la palabra «om» contiene la esencia del universo; se piensa que al salmodiar «om» se conecta con la esencia primigenia de la vida. Hay una gran belleza, consuelo y autoridad en estos ritos formales.

Sin embargo, seguir un camino tradicional no es la única manera en que la gente del siglo XXI puede realizar la práctica de transformación. En los últimos cien años —y en particular en la segunda mitad del siglo XX— tuvo lugar una explosión de las religiones no tradicionales, las espiritualidades y las prácticas de transformación (Kripal, 2006). Muchas de estas nuevas prácticas han sido creadas para corresponder de forma más directa con los valores de la cultura contemporánea. Estas formas tienden a ser eclécticas, y a menudo son amalgamas de diversas prácticas antiguas y visiones más modernas. En nuestra investigación buscamos y entrevistamos intencionadamente a personas de diversas formas de práctica de transformación, como el trabajo de la escuela de Respiración Holotrópica, el de la Vía Cuádruple, la Escuela de Misterio de las Nueve Puertas, el Curso de Milagros, las Prácticas de Transformación Integrales, el neochamanismo, el neopaganismo y muchas más.

Para ayudarnos a comprender mejor las distinciones entre las formas tradicionales de la práctica y las formas emergentes, recurrimos al estudioso de las religiones comparadas Huston Smith. Desde su domicilio en Berkeley, nos describió la tensión entre las prácticas religiosas más establecidas y las nuevas formas emergentes de expresión espiritual, a las que define como tradiciones de «flor cortada»:

> En el pasado, cada religión estaba en una especie de capullo; no había mucho contacto con las demás. Pero ahora, con la globalización, todas se codean entre sí. Esto plantea un problema constructivo a quienes se interesan seriamente por la religión. ¿Cómo podemos combinar profundidad con amplitud? Profundidad significa una base sólida en la religión propia. Conocer su historia, su credo y sus mentes magistrales. Se puede pasar toda la vida y no llegar al fondo de una religión. ¿Cómo se puede tener profundidad, mediante la cimentación en la religión propia, y amplitud, lo cual implica una apertura para aprender y respetar otras religiones? Podemos trazar una distinción entre religión y espiritualidad. La religión es espiritualidad organizada. La espiritualidad es flotar libre, no reúne, no tiene servicios de culto, o lo que sea. [...]
>
> En mi trabajo me gusta la definición de pantalones de sastre irlandés: son singular en la parte superior y plural en la inferior. Todas las religiones tienen un núcleo central de verdades grandes y duraderas que son imágenes especulares una de otras. Ideas sencillas se enuncian en diferentes lenguajes. Sin embargo, es indudable que las grandes religiones no son calcos unas de otras. Conocemos las verdades fundamentales que se comparten, pero cada tradición descubre una cavidad diferente en el espíritu humano y habla con perspicacia de esas verdades. (2006)

Este enfoque comparativo ha sido uno de los pilares de nuestra propia investigación. Hemos considerado la transformación de forma muy parecida a como el sastre irlandés de Smith hace los pantalones: celebrando las diferencias al tiempo que se buscan áreas de conexión básicas. Más concretamente, hemos procurado identificar elementos comunes que arrojen luz sobre el misterio de la transformación y sobre cómo se pueden aplicar las experiencias de transformación a la vida diaria.

ENCONTRAR *NUESTRA* PRÁCTICA

Podemos celebrar el hecho de que vivimos en una época y una cultura que nos permiten escoger nuestro camino único de transformación. Podríamos elegir una práctica de transformación relacionada con tradiciones espirituales o religiosas profundamente arraigadas, duraderas y contrastadas. Esta elección tiene muchos beneficios. En primer lugar, es sumamente probable que haya oportunidades de realizar esta práctica en nuestra propia comunidad, no habrá que encaminarse a las cumbres del Himalaya ni a las profundidades del Amazonas para conectar con un maestro o una comunidad de práctica. De hecho, puede que encontremos miembros de nuestro grupo prácticamente en cualquier lugar al que viajemos. Y sin duda hay algo especial en la idea de que miles —si no millones— de personas en todo el mundo —en el pasado y en el presente— realizan la misma práctica. Puede parecer muy seguro formar parte de algo tan arraigado en la tradición que solo experimenta cambios muy lentamente y por tanto sigue siendo previsible.

Por otra parte, podemos identificarnos con personas que se han desilusionado con la religión organizada y buscan formas alternativas de práctica espiritual que aporten significado y propósito. La muestra de nuestra encuesta refleja este movimiento: aunque el 60 por ciento se crio en una unidad familiar religiosa y el 40 por ciento no, solo el 30 por ciento se identificó como religioso sin otra práctica espiritual, mientras que el 70 por ciento dijo ser espiritual, no religioso. Además, nada menos que el 95 por ciento informó de que era muy o medianamente espiritual, mientras que solo el 22 por ciento se consideraba muy o medianamente religioso (Vieten, Cohen y Schlitz, 2008).

Muchos grupos y programas han surgido como alternativas a las formas tradicionales de práctica. El maestro espiritual y escritor Andrew Cohen designa su perspectiva espiritual como «ilustración

evolutiva». Según sus palabras, Cohen enseña un «camino espiritual para el siglo XXI» (2003). Nos habló del contexto cultural en
el que nacen las nuevas espiritualidades y las viejas tradiciones se
traducen en nuevas maneras:

> Muchas personas de mi generación que se han interesado por la
> posibilidad de la iluminación, o por la experiencia de estados de
> consciencia más elevados, se han criado en un contexto laico. El
> mundo en que vivimos es muy, muy diferente del mundo en el que
> surgieron las grandes tradiciones espirituales hace miles de años,
> y naturalmente hemos dejado atrás muchos de los preceptos mo-
> rales, éticos y filosóficos de esas tradiciones. Pero el problema es
> que hemos encontrado poco para sustituirlos. Y, por consiguiente,
> cuando descubrimos los estados más elevados que buscábamos, mu-
> chas de estas experiencias tuvieron lugar en un contexto interior de
> profundo narcisismo. Este narcisismo no está mediado por ningún
> contexto moral, ético o filosófico sólido que ayude a situar nuestras
> experiencias espirituales en una perspectiva mucho más amplia, una
> perspectiva que les otorgue un poder evolutivo real, impulso y fuerza.
> Lamentablemente, todos nos hemos atascado más o menos de este
> modo, porque hemos perdido el contexto amplio. (2003)

Swami Nityananda ha dedicado los últimos veinticinco años a
viajar y a enseñar a la gente en la India y en Occidente. Al igual
que Cohen y Smith, señala que puede haber graves peligros si no se
plantan las raíces en suelo profundo. Sugirió otra manera de considerar —y utilizar— el surtido de prácticas de transformación disponibles hoy en día en Estados Unidos:

> Pienso que Estados Unidos es un país que fue fundado para ser
> diferente. Un poco de lo que veo en la generación de nuestros
> días son posiblemente esos mismos principios de «No me voy a
> atar a una sola cosa. No me voy a limitar a una sola cosa. Voy
> a seguir probando cosas diferentes».
> Admito que hasta que encuentras un camino, una enseñan-
> za, una vía que funcione para ti, puedes estudiar diferentes co-
> sas. Pero pienso que, en algún momento, debes decidir cuál vas

a seguir. El ejemplo que pongo es: hay una autopista, hay una autovía, hay una carretera, y tal vez un camino de tierra. Y todos llevan desde el punto A hasta el punto B. Pero en algún momento hay que decidir si se va a tomar la autopista, la autovía, la carretera o el camino de tierra. No vale lo de: «Pues mira, me gustaría viajar por todas al mismo tiempo», incluso en momentos distintos. Porque lo único que conseguirás será perder el tiempo si te sales de la autopista, vas a la autovía y pasas a la carretera local: podrías acabar dando vueltas en redondo. De ese modo nunca llegarás a tu destino.

En el camino de la espiritualidad se prueban cosas diferentes, se comprenden cosas diferentes, pero después se decide cuál de ellas se va a seguir. Y después se sigue con ello. Porque nuestra mente es tal que, si no tiene una práctica dedicada, comprometida, si no es constante, titubea. (2006)

Naturalmente, no todo el mundo coincide en que comprometerse con un solo camino de transformación trazado sea necesario. El psicólogo James Fadiman tiene una perspectiva muy distinta, que quizá ilustra su propio espíritu ecléctico. Fadiman explicó:

Seguir diferentes caminos tal vez sea un poco como tomar un complejo vitamínico: el motivo por el que dicen «toma un complejo vitamínico» es que un complemento individual no es adecuado para un ser fisiológico complicado. Me parece que, dadas las oportunidades que tenemos, un solo camino espiritual no es adecuado para la experiencia estadounidense contemporánea. Tenemos esas increíbles riquezas. También se encuentran maestros espirituales que dicen: «Bueno, puede que yo sea tibetano pero está ese maravilloso libro de Yogananda que tal vez aprecies y hay un maestro de pilates que estará dispuesto a ayudarte de verdad porque puedo ver que la manera en que te mantienes no te va a resultar beneficiosa a medida que envejezas […] y tal vez sería bueno para ti acudir a Esalen, porque allí hay alguien que está enseñando a escribir diarios». Pero eso es una receta, como un puñado de suplementos vitamínicos. Y a cada persona le viene bien una prescripción diferente. (2003)

De hecho, el número de participantes en nuestra encuesta que dijeron que una práctica formal había sido importante en su transformación fue casi exactamente igual que el de los que dijeron que una práctica formal no había sido importante. Asimismo, el número de los que pensaban que un maestro o guía era importante fue igual que el de los que pensaban que no lo era (Vieten, Cohen y Schlitz, 2008).

Así que, una vez dicho todo esto, ¿qué constituye una práctica eficaz? Si la práctica puede ser tradicional o alternativa, formal o informal, guiada o sin maestro, ¿cuáles son los elementos esenciales que hacen que una actividad sea una práctica?

LOS ELEMENTOS ESENCIALES DE LA PRÁCTICA DE TRANSFORMACIÓN

En inglés, la palabra «practice» es un verbo y un sustantivo. Se puede practicar algo para aprenderlo —«Estoy practicando ser abierto y sincero con los demás»— y algo puede convertirse en nuestra práctica: «Es mi práctica ser comunicativo». Así pues, la práctica es el acto de realizar un conjunto de ejercicios y la forma, la filosofía o la visión del mundo que subyace a esos ejercicios. En general, se piensa que la práctica es el acto de repetir algo una y otra vez con el fin de aprender y adquirir experiencia. En el curso de nuestro trabajo, hemos llegado a definir la *práctica de transformación* como todo conjunto de actividades internas o externas que se realizan con la intención de fomentar cambios duraderos en la manera en que experimentamos y nos relacionamos con nosotros mismos y con los demás.

¿Cuáles son los elementos esenciales de la práctica de transformación en todas las tradiciones? Pedimos a maestros y personas encuestadas que describieran en detalle *sus* prácticas: qué implica su práctica, los elementos esenciales de su práctica y la frecuencia en que la realizan. Aprendimos que las prácticas de transformación no se definen por ritos, rituales, textos o sistemas de creencias concretos. Aunque estos elementos son muy importantes para cada practicante y diferencian unas prácticas de otras, ninguna de las personas que respondieron a nuestra encuesta nos dijo que «tener un crucifijo en la pared» sea absolutamente esencial, ni que «salmodiar *Hare Krishna* durante una hora al día» sea un requisito fundamental. Lo que aprendimos es que las prácticas de transformación incluyen cuatro elementos esenciales: intención, atención, repetición y orientación.

Primer elemento esencial: la intención

Uno de los primeros pasos de cualquier camino de transformación consciente es la elección personal: la voluntad de cambiar, la volición y el deseo emocionales, la motivación o, dicho en términos más sencillos: la intención. La *intención* es la determinación de actuar de manera determinada.

Aunque es cierto que en muchos casos las experiencias de transformación, como las que describimos en el capítulo 2, parecen surgir espontáneamente, uno de los elementos que determinan si arraigan o no es la intención que se tiene hacia el crecimiento personal y la transformación. Es una paradoja interesante: aun cuando la transformación es un proceso natural —al que principalmente hay que reconocer y rendirse—, también requiere hacer la elección, cada momento de cada día, de estar más alineados con quienes somos en el fondo.

Tener la intención de abrirse a la transformación en todo momento puede ayudar a reconocer las oportunidades para la transformación que se presentan en la vida diaria. A pesar de las promesas que se hacen en libros y películas populares, nuestra propia intención positiva puede hacer que la transformación no sea un paseo en el parque o ser la respuesta a todas nuestras preocupaciones; sin embargo, *puede* facilitar mucho —y tal vez incluso acelerar— el proceso de transformación. En el caso de la intención, sucede algo muy parecido a si nos convirtiéramos en cómplices de nuestra propia evolución, a diferencia de vernos arrastrados por ella chillando y pataleando.

La reverenda Andriette Earl, de Ciencia Religiosa, tiene una presencia fuerte y poderosa, llena de resplandor y vitalidad, pero bajo su dinamismo hay una persona que ha luchado para encontrar su camino. Aprender que tenía elecciones fue una lección importante para ella, como lo es para muchos de nosotros; describe la intención de crecer y transformarse como algo esencial para su ser:

> Creo, sobre todo, que mi práctica nació de una intención absoluta de vivir la vida plenamente. Hago lo que sea necesario para aparecer lo mejor que puedo en esa energía. A menudo es difícil. A menudo es muy, muy difícil.
>
> La historia de mi propia vida es la de haber tenido dos intentos de suicidio cuando era joven, haber sido violada, y después pasar por la muerte de familiares y amigos íntimos y por el divorcio; ya sabes, la clase de experiencias vitales que todos tenemos.
>
> En todo esto, elijo lo mejor que puedo seguir presente y consciente de cuáles son realmente mis opciones. Eso es nuevo. No siempre había sabido que había opciones. Solía ser algo parecido a tener que vivir la vida como reacción a como se manifestaba para mí. Y ahora descubro que siempre la he creado como es. Ahora tengo la oportunidad de cambiar aquello a lo que estoy llamando.
>
> Casi nunca es tan inmediato como me gustaría. Pero hay algo que me pide que me quede ahí. Seguir desprendiendo las partes que no quiero continuar experimentando. Por eso pienso que mi práctica es ese desprender. Es estar lo bastante tranquila para reconocer cuándo no está alineada, y lo bastante valiente para saber que puedo alinearla usando los útiles y los recursos correctos. (2006)

La moraleja de esta historia tal vez sea que la transformación se basa en parte en nuestro compromiso de escuchar ese algo que nos pide que no abandonemos el proceso, ese algo que nos pide que perseveremos para sacar a la luz la bella forma que somos. El *shaij* sufí Yassir Chadly, procedente de una tradición diferente de la de Earl, nos dijo algo parecido:

> Lo esencial es la intención. ¿Qué es la intención? Si la intención se dirige a Dios, Dios se asegura de que a esa persona se le muestre el camino correcto. Dios nos busca del mismo modo

que nosotros buscamos a Dios. Dios dijo: «Soy un tesoro, quería que me encontraran, por eso te creé». Dios te ha creado, tú eres Su tesoro. En cuanto tu intención se dirige a Dios, Dios te guiará a Sus profetas o a Sus santos que representan a los profetas. Una vez que esa sea tu intención, el maestro aparece, porque Dios te enviará a alguien. Dios escucha y oye tu corazón y tu deseo de encontrar a Dios. «¿Quieres encontrarme? Entonces te enviaré a la gente que te lleve hasta mí». Si no hay nadie cerca, Dios se mostrará a ti a través de algo, a través de una hormiga, una roca, una montaña. Tiene diversas maneras de mostrarte el paraíso. (2006)

Para todos estos maestros, la intención es una elección que se hace acerca de dónde situar nuestra conciencia. Para Earl, es decidir seguir estando presente en las elecciones que ella hace; para Chadly, es la intención de buscar continuamente a Dios. El compromiso centrado es esencial para trasladar experiencias potencialmente transformadoras a nuevas formas de vivir y ser.

El maestro espiritual Andrew Cohen va aún más allá, y sostiene que una vez que se ha tenido una experiencia de despertar, es nuestra *responsabilidad* unirnos a la evolución de la propia consciencia por medio de la intención:

Para mí, la experiencia misma, especialmente si es una experiencia muy profunda, no es un viaje gratuito. Probamos o experimentamos nuestro propio potencial, y en eso, nos despertamos a un imperativo evolutivo de evolucionar. Y cuando uno se despierta al imperativo evolutivo, su consciencia espiritual o consciencia superior se despierta. Así que la consciencia superior es lo que yo interpretaría ahora y entendería como un impulso evolutivo. Es una llamada del yo auténtico de uno para que comience a participar en el proceso evolutivo por el bien de la evolución de la consciencia misma.

Uno reconoce en esta clase de experiencia que para que la consciencia pueda evolucionar y desarrollarse a partir de nuestra etapa de desarrollo a la siguiente, tenemos que comenzar a realizar conscientemente este proceso. Hay que participar conscientemente en este proceso. En otras palabras, no va a suceder por sí solo. Para que el desarrollo evolutivo continúe hasta un nivel superior, nuestra participación consciente, intencional, comprometida es la única manera en que va a suceder. (2003)

Esta visión general del crecimiento individual como parte de una evolución colectiva más amplia fue un tema habitual en nuestras entrevistas con maestros. Asimismo, identificarse como parte de un movimiento más amplio hacia un mayor despertar fue un tema habitual entre las personas que respondieron a nuestra encuesta (Vieten, Cohen y Schlitz, 2008).

Como hemos visto, la práctica de la transformación no siempre es fácil o placentera. De hecho, a menudo a la gente le resulta una ardua tarea no apartarse de ella. Como cualquier otra práctica repetida (y como la vida misma), los momentos de lo sublime o lo profundamente profundo están intercalados con el aburrimiento, el malestar y lo desconocido. A menudo nuestro compromiso se tambalea. Es la intención profunda, fuerte, pura lo que lo reaviva. Sylvia Boorstein, maestra de meditación *vipassana* y autora de varios libros, entre ellos *Happiness Is an Inside Job: Practicing for a Joyful Life* (2007), nos explicó por qué es importante tener claridad de intención:

> Me gusta pensar en la práctica como medio de adquirir conciencia de los hábitos de la mente —ya sea a través de la sabiduría o a través de la intención y la dedicación— y cambiar esos hábitos a través de la comprensión de que esto conducirá a una vida más feliz. [...] A la gente le digo lo importante que es tener claridad de intención. Y de verdad necesito decirles que hace treinta años, cuando comencé, no tenía claridad de intención. Hace treinta años la meditación era más o menos algo interesante que hacer un fin de semana con los amigos. Tardé algún tiempo en estar a la altura de mis intenciones. (2005)

La intención no solo alimenta el proceso de transformación por medio del compromiso, sino que también infunde potencial de transformación a las acciones. En otras palabras, imprimir una intención fuerte a una acción constructiva puede hacer que esa acción sea transformadora. Para el maestro de *aikido* George Leonard, la práctica de la transformación se basa en una filosofía integral en la que la mente, el cuerpo y el espíritu se ponen en armonía. Su práctica toma elementos del entrenamiento tradicional del *aikido* (antigua forma japonesa de arte marcial), pero mezcla las formas antiguas con otras nuevas. Para Leonard, el elemento definitivo de la práctica es la intención que se imprime a una acción, y no la acción misma. He aquí su explicación:

> Una práctica es cualquier actividad no banal que se realiza a largo plazo y de manera paciente y diligente por sí misma. Si usted, por ejemplo, cultiva rosas, esa podría ser su práctica; si le gustan mucho las rosas, le gusta el tacto de la tierra; y si le gusta la belleza que está creando, e incluso aunque nadie vea las rosas, le seguirán agradando. Pero si cultiva rosas solo para impresionar a sus vecinos o para ganar medallas, eso no es una práctica.
>
> Para mí, una práctica es algo que se hace principalmente por sí mismo. Ahora bien, ahí hay una maravillosa paradoja, pues si se hace principalmente porque sí, es más probable que se ganen premios y más probable que se impresione a los vecinos. Pero queremos que la gente ame la actividad, esté en ella, esté en el momento presente, esté centrada, esté centrada en el momento. No hay salida ahí, solo aquí. (2002)

Como señala Leonard, una práctica es algo que se hace principalmente por sí mismo. Esta idea fue repetida por muchos de nuestros encuestados. Pero ¿qué quiere decir este «por sí mismo»? ¿No se practica para llegar a algún sitio, para cambiar algo, para ser más sano y más feliz?

La paradoja es inherente al papel de la intención en la práctica y al papel de la práctica en la transformación. Aunque se puede comenzar una práctica de transformación con la meta de reducir el sufrimiento o alcanzar todo el potencial, de una manera en apariencia contradictoria, muchos de nuestros maestros explicaron que hay que abandonar ese afán y practicar solo para practicar. Dentro de la tradición budista, por ejemplo, este concepto, llamado «no-afán», se considera tan importante que se reconoce como uno de los cimientos fundamentales de la consciencia o conciencia. La maestra budista zen Zenkei Blanche Hartman nos dijo acerca de su práctica de la meditación:

> Nos sentamos, solo nos sentamos. [...] Gran parte de nuestra práctica es ver únicamente que es eso. Esta es mi vida, así. Una vez que realmente nos damos cuenta de eso, comenzamos a cuidar esta vida con más atención. Comenzamos a apreciar esta vida tal como es y a no mirar hacia fuera en busca de otra cosa, sino que realmente prestamos alguna atención a esta vida tal como es. (2003)

Así pues, aunque puede parecer un poco confuso, la clave aquí es llevar una intención fuerte y pura hacia la autenticidad, el crecimiento y la transformación a todas las actividades, abandonando al mismo tiempo el afán y la orientación hacia metas que a veces se asocian con la palabra «práctica». A través de este proceso, podemos comenzar a poner todo nuestro yo en cada una de las actividades de nuestra vida. El mejor resumen de lo dicho tal vez sea el que hizo el psiquiatra australiano W. Beran Wolfe, que solo vivió treinta y cinco años, y en 1932 escribió el libro *How to Be Happy Though Human*, que llegó a ser un éxito de ventas. Wolfe dice:

> Si se observa a un hombre realmente feliz se lo encontrará construyendo un barco, escribiendo una sinfonía, educando a su hijo, cultivando dalias dobles en su jardín. No estará buscando la felicidad como si fuera un alfiler de oro para el cuello que se ha caído debajo del armario de su dormitorio. Se habrá dado cuenta de que es feliz en el transcurso de vivir las veinticuatro apretadas horas del día. (p. 32)

El segundo elemento esencial: la atención

Tal como Wolfe sugiere, y como hemos mostrado en capítulos precedentes, un componente clave de la experiencia de transformación es un cambio de perspectiva: comenzamos a mirar el mundo con ojos nuevos. En el proceso, empezamos a reparar en las cosas de una manera nueva. Podemos descubrir que no nos preocupan ya intereses centrados en el yo: la carrera para llegar al trabajo, recordar que hay que comprar comestibles, preguntarse si hay suficiente dinero para pagar las facturas, etcétera. Con ojos nuevos, no estamos ya encerrados en ver el mundo a través del filtro de viejas creencias acerca de lo que es posible y lo que no lo es. Y, en el proceso, podemos desarrollar naturalmente una manera más profunda de encarar el mundo en que vivimos.

Una práctica de transformación que se puede iniciar hoy es prestar mayor atención a nuestros hábitos. Para el psicólogo Charles Tart, desarrollar la conciencia es decisivo para la transformación de la consciencia. Tart nos dijo:

> El camino que más me interesa, personal y profesionalmente, es lo que podríamos llamar un camino de conciencia. Se basa en el supuesto de que, en la consciencia ordinaria, gran parte de lo que sucede está automatizado. La consciencia ordinaria es solo una suerte de semiconsciente, y es de naturaleza mecánica. En tanto que, si comenzamos a aplicarle diversas clases de prácticas conscientes que nos den visiones de la manera en que la mente funciona así como ciertas aptitudes de concentración, esto puede acelerar las visiones y permitirnos centrar la atención en una dirección concreta. (2003)

La mayoría de las prácticas de transformación implican dirigir la atención a actividades de una manera concreta. Aunque las diferentes prácticas de transformación pueden exigir diferentes clases de atención —las prácticas devocionales requieren atención a una deidad, mientras que las prácticas de artes marciales requieren atención al equilibrio, etcétera—, la formación de la atención es un aspecto que comparten la mayoría de ellas.

Tal como Tart indica, la atención está estrechamente relacionada con la conciencia. La psicóloga Frances Vaughan nos explicó que cambiar nuestra atención puede desembocar en reorganizaciones fundamentales en lo relativo a cómo nos vemos a nosotros mismos y cómo enfocamos nuestras vidas:

Pienso que tenemos que comenzar con la autoconciencia. La mayor parte de nuestra educación está dirigida hacia el exterior. Hay mucho que aprender sobre el mundo, es interminable. A menudo en la terapia dirigimos por primera vez la atención hacia el interior. Cuando se empieza a explorar la conciencia a través de la meditación, la psicoterapia o alguna otra disciplina como el yoga, dirigir la atención hacia dentro es lo que se considera un primer paso importante. De este modo descubrimos que hay un mundo interior y podemos empezar a ver cómo funciona la mente. Comenzamos a reconocer el poder de la mente y cómo lo interior es a menudo la causa de lo exterior, en vez de ser al revés. (2002)

Asimismo, nuestra investigación sugiere que al prestar atención a nuestra mente y nuestro cuerpo se puede hacer que cualquier actividad sea transformadora, y de ese modo vivir más profundamente. Ron Valle, psicólogo transpersonal y escritor, nos habló del valor de la práctica de la meditación para cultivar la conciencia de la *consciencia de testigo:* la capacidad de observarse uno mismo y observar a los demás de una manera no sentenciosa. Valle explicó lo siguiente:

Si deseas cambiar la naturaleza de tu mente de este modo básico y directo, recomiendo la meditación como práctica. Se trata de hacerlo sin más. A menudo digo que es como cepillarse los dientes: se hace porque se hace. No luchamos con el «Bueno, ¿debería cepillarme los dientes esta noche o no?», ni con «¿Debería dedicar un minuto esta noche a cepillarme los dientes o cinco?». Lo hacemos. Inténtalo y mira cómo te sientes. Y luego observa y confía en tu experiencia. La experiencia es lo primordial. No creas nada que diga nadie a menos que lo experimentes tú mismo.

Lo segundo, la parte estar-en-el-mundo, es albergar la intención de ser consciente de ese testigo u observador mientras se transita por la vida, no importa lo que estés haciendo, hablar o lavar la vajilla, el hecho concreto no es lo importante, podría ser cualquier cosa. Es el recordar o la conciencia para observar la mente. Al convertir la meditación en una práctica viva, la vida se convierte en meditación. Está la sesión formal, trabajando con un mantra —o cualquiera que sea la práctica que uses para sosegar tu mente— y luego está llevar eso a la vida. Después de entre veinte y treinta años, el mantra que practico principalmente está ahí todo el tiempo. Mientras hablo contigo, puedo sentirlo. (2002)

En su núcleo, la transformación requiere hacerse más consciente, o como indica Valle, hacerse más consciente de la propia mente. Mediante esta mayor autoconciencia, se desarrolla la capacidad para ver con más claridad las mentes, los sentimientos y las intenciones de los demás, una aptitud que los psicólogos llaman «mindsight» (Siegel, 2001).

Por su parte, Gay Luce, fundadora de la Escuela de Misterio de las Nueve Puertas —una forma más reciente de práctica basada en las antiguas escuelas de misterio de Grecia—, explicó que la práctica ayuda a cambiar la atención al testimonio de uno mismo:

Hay una actividad que es esencial en todos los caminos que he seguido: no dejar de inspeccionar, de ser testigo. Mantenerse alerta, presente; observar lo que está pasando interna y externamente, pero sobre todo internamente. [...] No es solo la práctica diaria. Una práctica diaria ayuda, una práctica de meditación ayuda, pero es más importante el compromiso de ser testigo del propio yo, hacer introspección, examinar lo que se está haciendo, pensar en cómo esos pensamientos comienzan a configurar una vida y afecta a otros: estar consciente. (2002)

Si el lector es como la mayoría de la gente, la transformación puede exigirle que se libere de algunos patrones de pensamiento y comportamiento bastante profundamente arraigados, muchos de los cuales pueden haberse vuelto habituales. Los hábitos, los patrones de pensamiento inconscientes y los supuestos pueden impulsar nuestro comportamiento y causar sufrimiento; también pueden prepararnos para lo que prestaremos y no prestaremos atención en nuestra vida diaria. Como señaló durante nuestra entrevista Shakti Parwha Kaur Khalsa, estadounidense de nacimiento que se ha convertido en sij y en maestra de yoga *kundalini*, «Tenemos patrones de pensamiento y de comportamiento arraigados de los que ni siquiera somos conscientes, pero que se manifiestan en nuestras vidas, acciones y relaciones de todos los días» (2002).

Hay diversos comportamientos sobre los cuales mantenemos tradicionalmente una actitud negativa, como las adicciones, los celos que impulsan interacciones agresivas con otras personas, y narcisismos inconscientes que nos llevan a funcionar únicamente en nuestro propio interés personal a pesar de las consecuencias para otros. Antes de cambiar cualesquiera de estos comportamientos, debemos ser conscientes de ellos; debemos llevarlos a la consciencia. Muchas prácticas de transformación están concebidas para ayudarnos —y, en algunos casos, para *obligarnos*— a ser más conscientes de los hábitos autolimitadores de la mente y el comportamiento. La meditación permite observar el funcionamiento de la mente y el cuerpo. El trabajo del sueño anima a trabajar intencionadamente con mensajes que se transmiten del inconsciente al consciente. La oración ayuda a encontrar las conexiones entre el yo individual y el yo colectivo. Las prácticas orientadas al cuerpo revelan verdades que estaban guardadas en la sabiduría de nuestras células, nuestros músculos y nuestro movimiento.

A medida que ampliamos nuestra conciencia y aprendemos a dirigir nuestra atención, podemos comenzar a escoger en qué nos centramos, en vez de limitarnos a dejar llevar la atención a la sensación más absorbente del momento. Huelga decir que esto no siempre es fácil. Sylvia Boorstein, maestra de meditación *vipassana* y escritora, habló con nosotros del desafío que puede suponer el mantener centrada la atención en lo que es importante frente a las muchas distracciones que compiten por nuestra atención:

> Es muy fácil en estos tiempos dejarse atrapar en el torbellino de la vida y olvidar que la intención es alejarse de él. Nos dejamos atrapar en algo que despierta ira, que despierta furia, que despierta deseo, y no vemos lo que hemos perdido, porque es lo que todos los demás hacen. ¡La vida es tan imperiosa!
>
> La vida está repleta de posibilidades de verse abrumado o angustiado o enfurecido o ser lujurioso con todo lo que tira de nosotros. Pienso que la mayor dificultad o escollo para la integración es que nadamos contracorriente. Esta práctica de despertar y vivir de claridad y amabilidad y compasión es en realidad un tipo

de comportamiento muy contracultural. Es decir, a pesar de cualquier cosa que suceda, hay que mantener una mente de sabiduría y un corazón de amor. Esto es hacer algo muy contracultural. No es lo que hacen todos los que nos rodean. (2005)

Cultivar la atención y la conciencia conscientes es un acto de liberación; es una afirmación autodeterminada de que podemos ser libres para ser quienes decidamos ser, incluso en un mundo lleno de adhesión y crueldad, un mundo que no siempre apoya el despliegue creativo. A este respecto, el maestro de meditación *vipassana* Noah Levine (2003) dice a los jóvenes internos en centros de reclusión para menores y prisiones: «¡Estar despierto y consciente es una de las cosas más radicales y rebeldes que se puede hacer!».

Como hemos visto, la manera más habitual de cambiar la atención es sosegar la mente. Apagar la televisión, escuchar a los pájaros en el barrio, o dar un paseo por la naturaleza pueden ser maneras de cambiar la atención. De este modo, se puede encontrar un lugar de quietud y satisfacción que sirva de refugio interior. Se pueden ver también formas de reabastecernos y alimentar nuestro sentido de totalidad y equilibrio. Las personas que respondieron en nuestros estudios identificaron la contemplación, tanto si se hace a través de una meditación sentada formal como informalmente, sentándose en la naturaleza, como la herramienta más común con diferencia que se utilizaba para cultivar la conciencia y la atención.

Se pueden usar muchos medios para entrenar la atención, desde vigilar la respiración hasta observar diversas sensaciones corporales; desde concentrarse atentamente en una imagen hasta intentar mantener una «conciencia desnuda» amplia y abierta de toda nuestra experiencia, sin evaluación ni juicio. Existe un abanico de técnicas para aprender a disciplinar la mente, y hay muchas maneras de llevar la conciencia a nuestra práctica. Por ejemplo, cuando la reverenda Lauren Artress descubrió que no podía centrar con provecho su atención en una modalidad sentada, adoptó la meditación caminando. Nos explicó así su método:

Para mí, la clave es caminar. Los budistas tienen una meditación caminando. Los musulmanes chiíes tienen una meditación caminando. Mi trabajo consiste en parte en dar a la gente del cristianismo una herramienta que necesita. Mucha gente piensa que ir a la iglesia el domingo por la mañana y sentarse en un banco, rezar durante unos pocos minutos y escuchar un sermón es lo que transforma la consciencia. A veces sucede así; pero casi nunca, casi nunca en comparación con la frecuencia de cuando la gente recorre el laberinto. Así que recorrí el laberinto.

En una ocasión una mujer vino a mí y dijo: «No comprendo el laberinto en absoluto. Pienso que es la metáfora equivocada. No hay un solo camino que lleve al centro, ni un solo camino que lleve a Dios o a lo divino o lo sagrado, o a la transformación». Y, desde luego, estoy de acuerdo con eso. Es tan único como cada persona que lo recorre. Y no supe qué decirle. Así que le pregunté: «¿Ha recorrido ya el laberinto?», y ella dijo «No», y yo le dije: «Bueno, recórralo hoy y después vuelva y en nuestra sesión sobre este proceso hablaremos de nuevo». Así que al final del día volvió y le dije: «De acuerdo, hablemos de ello ahora». Y ella dijo: «No importa, no importa, lo conseguí, lo conseguí». Así que esa sensación del camino único es la de los muchos caminos. El muchos es uno y el uno es muchos. (2003)

LA CIENCIA DE LA ATENCIÓN

Cada vez más, la investigación respalda el valor del silencio y el cultivo de la conciencia, no solo para la paz interior, sino también para la salud de nuestro cuerpo. Numerosos datos en el campo de la medicina cuerpo-mente respaldan el valor de las prácticas basadas en la atención.

Por ejemplo, la meditación ha resultado prometedora en el alivio de dolores de cabeza, insomnio, psoriasis, dolor crónico, problemas cardiacos, síntomas asociados con el cáncer y afecciones psiquiátricas como la depresión y la ansiedad (Astin *et al.*, 2003; NCCAM, 2006). Afroamericanos con arteriosclerosis (endurecimiento de las arterias) que realizaron meditación regularmente durante entre seis y nueve meses mostraron una disminución del grosor de las paredes arteriales, una reducción del riesgo de sufrir un ataque cardiaco y embolia de hasta el 15 por ciento (Castillo-Richmond *et al.*, 2000). La meditación parece reducir también los riesgos de enfermedades cardiacas y embolia en la población en general (Larkin, 2000). En pacientes de cáncer, se descubrió que la meditación mejoraba la calidad de vida, reducía el estrés y mejoraba la función inmune (Carlson *et al.*, 2003). En otro estudio de pacientes de cáncer, la práctica de la meditación durante solo siete semanas mejoró la energía y redujo la depresión, la ansiedad y los problemas cardiacos y gastrointestinales (Speca *et al.*, 2000). Aunque la conciencia —o conciencia de la experiencia interior— y la meditación son muy prometedoras, es preciso seguir investigando para averiguar qué funciona exactamente y para quién. Parece ser, sin embargo, que tomarse tiempo para silenciar la mente no solo estimula la transformación, sino que también tiene beneficios para el bienestar físico y psicológico.

El trabajo de Richard Davidson y sus colaboradores (2003) en la Universidad de Wisconsin-Madison ofrece un ejemplo interesante de las maneras en que la mente y el cuerpo están conectados. El equipo de Davidson ha mostrado que el cerebro de los monjes que han meditado durante miles de horas funciona de manera distinta al de los individuos que no han seguido este nivel de práctica (Lutz *et al.*, 2004). Mientras realizaban una meditación de compasión, los monjes mostraron un aumento espectacular de la actividad en el córtex prefrontal (asociado con las emociones positivas y con una actitud optimista) en comparación con el córtex prefrontal derecho. Desde luego, es posible que antes incluso de que se formaran para la meditación, estos monjes fueran diferentes del grupo de control de no meditadores, como señalan Davidson y sus colaboradores. Pero otros trabajos realizados en el laboratorio de Davidson indican que individuos que habían recibido formación en meditación consciente durante solo ocho semanas mostraron un patrón semejante de mayor activación cerebral de izquierda a derecha, incluso seis meses después de recibir la formación (Davidson *et al.*, 2003). Parece ser un periodo relativamente breve de formación intensiva en meditación puede alterar la función cerebral de forma duradera. Parece ser que el cerebro, como los músculos, puede ser entrenado para que actúe de modo que promueva transformaciones que afirman la vida.

Lo que esto tiene de fascinante es que una práctica que se centra en cambiar la consciencia de manera disciplinada no solo puede cambiar la función del cerebro y el cuerpo, sino también la estructura fisiológica. Una investigación semejante, centrada en meditadores de estilo occidental, de Sarah Lazar y otros colaboradores en Harvard sugiere que la meditación está asociada con el aumento del grosor cortical en el cerebro (Lazar *et al.*, 2005). Estas conclusiones son importantes ya que sugieren que la meditación puede proteger contra el adelgazamiento cortical asociado al envejecimiento. Todo esto quiere decir que se ha demostrado que las prácticas de transformación tienen efectos positivos y potenciadores de la vida en nuestros cuerpos además de en nuestros espíritus. (Para saber más sobre la ciencia de la meditación, véase www.noetic.org.)

El tercer elemento esencial: la repetición

Del mismo modo que el ejercicio físico contribuye a formar el sistema músculo-esqueleto y a mejorar la salud cardiovascular, la práctica de la transformación ayuda a vivir una nueva forma de ser. Y del mismo modo que aprender a tocar el violín requiere repetición, lo mismo sucede con aprender a vivir más profundamente. Parte de la práctica es la construcción de nuevos hábitos; por lo tanto, habrá que participar regularmente en el proceso para reforzarlos. La maestra de transformación Angeles Arrien nos comentó:

> En el proceso de transformación, las herramientas han de usarse diariamente, no solo si hay crisis, o si las cosas funcionan bien o no. Si de verdad voy a maximizar el cambio o el proceso de transformación, tengo que estar trabajando con mis herramientas a diario [...] o con mis prácticas a diario. No creo que haya realmente un cambio sin práctica. (2002)

Como hemos visto, se ha demostrado que la práctica transformadora de la meditación produce cambios en el cerebro de las personas estudiadas. Nuestro cerebro es mucho más adaptable de lo que antes se pensaba. La *neuroplasticidad*, que es la capacidad de las conexiones entre las neuronas del cerebro para cambiar como respuesta a la experiencia y a nuestro entorno, se prolonga hasta bien entrada la vejez (Markham y Greenough, 2004).

Las neuronas y las conexiones neuronales se ajustan como respuesta a nuevas actividades, sobre todo actividades que se repiten. Los comportamientos repetitivos —funcionales o disfuncionales— cambian realmente la manera de trabajar de nuestro cerebro. Repasando lo publicado sobre el tema (2004), Julie Markham y William Greenough señalan algunas conclusiones importantes que podrían tener relevancia para la práctica de transformación; por ejemplo, después de sufrir una lesión, un proceso llamado reorganización sináptica puede ayudar a la gente a recuperar funciones importantes. Los caminos sinápticos que se usan con frecuencia se fortalecen, mientras que los que se usan pocas veces pueden debilitarse. Se pueden formar caminos totalmente nuevos; además, investigaciones recientes muestran que en algunas partes del cerebro (incluido el importantísimo hipocampo), la *neurogénesis*, o formación de nuevas células nerviosas, continúa durante toda la vida. Las funciones se pueden trasladar de una parte del cerebro a otra, y el funcionamiento básico del cerebro también puede verse alterado. Puesto que el cerebro se reorganiza continuamente, la repetición de prácticas de transformación puede permitirnos configurar conscientemente nuestro cerebro y nuestro comportamiento.

El cuarto elemento esencial: la orientación

Naturalmente, del mismo modo que no todos los hábitos merecen ser cultivados, no todas las prácticas son transformadoras. Muchos maestros y encuestados dijeron que la *orientación* de maestros experimentados es útil para aprender correctamente una práctica y no apartarse del camino con el tiempo. Estudiar una forma concreta de meditación, desarrollar la postura correcta en un ejercicio somático, leer los libros adecuados, etcétera, pueden aumentar sustancialmente el potencial de transformación de una práctica.

Para el maestro de transformación George Leonard, la instrucción es esencial para crear una práctica de transformación. Practicamos sin cesar, explicó, pero ¿qué sucede si estamos de verdad practicando ejercicios de la manera equivocada? Adquirir malos hábitos en el golf o el tenis puede permitirnos jugar, pero *no* nos permite jugar nuestro mejor partido. Lo mismo ocurre en la práctica de transformación. En palabras de Leonard, esto significa que: «No estamos alcanzando nuestro potencial. Así que necesitamos instrucción. Aprender a practicar cosas buenas —ser una persona más cariñosa, por ejemplo—, eso merece la pena practicarlo. Practicamos las cosas malas y las cosas buenas todo el tiempo» (2002).

El rabino Omer-Man compartió con nosotros los aspectos esenciales de su propia práctica de transformación del judaísmo, y habló de los muchos tipos distintos de práctica que pueden ser útiles:

> He sido siempre un anarquista espiritual. La lucha por la disciplina ha sido un problema durante toda mi vida. [...] He mantenido siempre una práctica, pero me ha faltado la clase de formalidad y regularidad que incluso algunos de mis estudiantes tienen. Yo diría que uno de los aspectos centrales de mi práctica y uno de los componentes centrales de mi trabajo es mantener, fortalecer y perfeccionar mi integridad. La integridad de ser-en-el-mundo. Me refiero a una transformación perpetua de la consciencia. Me refiero al perfeccionamiento permanente del ser. Uno de los lugares para este trabajo es la meditación.
>
> Otras prácticas en las que he participado están encontrando buenos maestros, cierta dosis de ritual, cierta dosis de estudio sagrado (a diferencia del estudio intelectual), y cierta dosis de oración. Trato de limitar las áreas de autoengaño, de autoengrandecimiento.
>
> El estudio sagrado es el que alimenta el alma y trabaja a través de la imaginación sagrada, a diferencia de la imaginación no sagrada. Perfecciona el alma, abre el corazón de una manera no individualista. El estudio sagrado es aprender de la tradición sagrada. No es personalmente intuitivo. Es recibir desde más allá de nuestro yo.
>
> También es importante formar parte de una comunidad entregada. Cuestionando a la comunidad y cuestionando a las amistades, abrimos un lugar para el gozo en la vida del espíritu. Una enseñanza central de la Torá es el mandamiento de la reprobación, el mandamiento de llamar la atención a nuestro hermano o nuestra

hermana cuando pensamos que se han apartado del camino. Pero tiene que ser una reprobación por amor. […] Les voy a poner un ejemplo. Si alguien dice: «Jonathan, te estás convirtiendo en un hereje» (esto ha sucedido unas cuantas veces en mi vida), podría ser una manera de excluirme, pero también podría estar brillando una luz, ofreciéndome un espejo de mi alma. Esta segunda clase de reprobación no puede tener lugar en una comunidad de conveniencia «optimista». Exige amor y seriedad. (2006)

Al igual que Omer-Man, muchos de los maestros a los que entrevistamos hablaron de la importancia del ritual, la oración, los textos sagrados y la orientación fiable, como la que se encuentra en comunidades de ideas afines y en buenos maestros. Rina Sircar, estudiosa budista birmana, maestra y monja, nos habló de la importancia de la repetición y de tener un buen maestro:

Si solo se hace una práctica durante un retiro, un sábado, y después no se hace durante tres años, ¿dónde se va a terminar? ¡En ninguna parte! Debe haber un esfuerzo, un compromiso y una continuidad adecuados. Si no nos esforzamos por nada que merezca la pena, ¿cómo se puede conseguir?

Otro factor importante es que una vez que se adopta una práctica, para empezar habrá que practicar con un maestro con el que uno se sienta bien. […] Se necesita un buen maestro, un maestro que nos ayude; esto tiene algo que ver con el *dharma* [camino de la vida]. Y el *dharma* debería darse desde el corazón. El maestro debe generar interés en nosotros. Si esta práctica es una cosa muy nueva en nuestra vida, será necesario que el maestro nos ofrezca alguna clase de incentivo. De lo contrario, ¿cómo se puede tener interés?

Entonces, cuando uno se acostumbra a esta práctica, hay que mantener la continuidad; no importa cuál sea o dónde esté el lugar, ni cuántas horas se dediquen. La gente está hoy muy ocupada y a menudo pone la excusa de que no tiene mucho tiempo, ¡pero al menos lo podrán hacer cinco minutos! Si no se tienen cinco minutos, eso quiere decir que se tienen dos minutos. ¡Hazlo! ¡Siéntate! No dejes la práctica. (2003)

Es importante recordar que no toda orientación es externa. La orientación externa debe equilibrarse con nuestra propia sabiduría interna. Parte de esta orientación es simplemente ensayo y error. ¿Tiene la práctica los resultados deseados? ¿Está ayudándonos la manera de realizar la práctica a aprender sobre nosotros? ¿Está dando como resultado nuevas visiones? ¿Nos está ayudando a ser la mejor persona que podemos ser? Aunque nuestro punto de vista puede ser sesgado y un guía externo puede ver nuestros puntos ciegos, también tiene valor nuestra propia evaluación de si una práctica funciona para nosotros o no.

Para muchos, la orientación más profunda no es de orden intelectual o racional. La orientación interior parece hablar el lenguaje del símbolo y la metáfora. Con frecuencia, la orientación puede encontrarse en sueños, estados alterados o actos sincrónicos. Abundan los relatos de hallar soluciones a los dilemas, o de cartografiar una trayectoria no prevista pero fructífera, basándose en el contenido de un sueño.

La orientación para muchas personas y en muchas culturas proviene de entidades que se perciben como deidades, guías espirituales, ayudantes animales, visiones o voces interiores. En algunas tradiciones indígenas, por ejemplo, ver un águila podría indicar la necesidad de ampliar el sentido del yo o de adquirir una perspectiva más expansiva sobre una cuestión. La aparición de una nutria podría señalar la necesidad de una mayor actitud lúdica o crianza. En las tradiciones hindúes, los discípulos a menudo perciben que su gurú se está comunicando con ellos directamente, aun cuando el discípulo no esté en presencia del gurú. Una práctica cristiana actual que ha adquirido suficiente popularidad para ser merecedora de un acrónimo consiste en hacerse esta pregunta: «¿Qué haría Jesús?». Y más gente aún se orienta simplemente por escuchar una voz tranquila desde lo más profundo que habla solo en el contexto del silencio y la soledad. Haciendo uso de la intención, la atención y la repetición, fundamentadas en la orientación de maestros cualificados y en nuestro propio saber interior, se pueden descubrir muchas formas de ser que pueden convertirse en prácticas apreciadas en nuestra vida.

MANTENER LA PERSPECTIVA DE LA PRÁCTICA

Hasta ahora, hemos visto cómo la práctica puede ayudar a mantener el proceso de transformación. Aunque las experiencias espontáneas y potencialmente transformadoras forman parte de la vida diaria, la práctica aumenta las probabilidades de que esas experiencias se integren en nuestra experiencia cotidiana.

Sin embargo, otra paradoja que sacamos a la luz en nuestra investigación es que un énfasis abiertamente fuerte en la práctica puede ser contraproducente: podemos apegarnos en exceso a una práctica espiritual o de transformación, convirtiendo la práctica en el fin en vez del medio. El hermano David Steindl-Rast, monje benedictino, es un hombre que comprende la práctica. Aunque cree que en última instancia la vida se convierte en una forma de práctica, nos recordó que la práctica tiene que ver con la preparación; no es el fin en sí misma:

> Cuando digo práctica, siempre tengo cuidado de hacer hincapié en el hecho de que es práctica. Es como practicar con el violín para poder tocarlo en conciertos. La práctica nos prepara para hacerlo. Si nos sentamos en un cojín y practicamos el abandono de nuestros pensamientos y de estar en el momento presente, no podemos pasar el resto de nuestra vida sentados en un cojín. Tenemos que levantarnos, preparar la comida, comer, caminar o hacer otras cosas. Hay una distancia considerable entre estar sentado en un cojín y usar el ordenador o mantener viva nuestra relación.
>
> Estoy buscando una práctica en la que esta esté estrechamente relacionada con el hacer. Cuando tu madre te enseña a hacer una ensalada envasada, en realidad estás haciendo la ensalada envasada en el proceso de aprender a hacerla. [...] Es una práctica que está muy cerca del hacer real.
>
> En el mismo sentido, ser agradecido, o cultivar la gratitud, es lo más cercano que he encontrado a estar en el momento presente. Practicando la gratitud, estamos haciendo, en cada momento, lo que esperamos hacer después de la práctica. [...]
>
> Se puede distinguir también entre la práctica de vivir agradecido y el verdadero vivir agradecido. La pequeña diferencia aquí

sería que nos recordamos el hecho de vivir agradecidos. Necesitamos recordatorios.

Cuando regresé de África, donde no había agua potable ni luz eléctrica, me abrumaba tener agua. Abría el grifo y el agua potable salía.

Quise recordarme esa gratitud por el agua porque al cabo de un tiempo comenzaba a borrarse. Así que puse esos pequeños adhesivos que vienen con los sellos de correos en el grifo y en el interruptor de la luz. Cada vez que quiero encender las luces, allí está el pequeño adhesivo. ¿Qué es eso? Bueno, es un recordatorio para estar agradecido por tener luces eléctricas. Fue un pequeño mecanismo nemotécnico personal que ideé para mí mismo. La mejor sugerencia es encontrar cada cual su propio recordatorio porque para cada uno de nosotros funcionan cosas distintas. Recordarse a uno mismo es un aspecto muy importante de la práctica. (2006)

Las palabras de Steindl-Rast nos recuerdan que la preparación y el hacer están relacionados pero no son idénticos. Para él, un aspecto importante de la práctica es recordarnos lo que tratamos de obtener como resultado de la práctica. Wink Franklin, ex presidente del IONS, fue aún más lejos y animó a restar énfasis a la práctica formal (un punto de vista compartido por una minoría de las personas que participaron en nuestro estudio):

Gran parte del cambio de la transformación procede de nuestras experiencias vitales. Pienso que probablemente trazamos una distinción demasiado clara entre «práctica» y «experiencia vital». En vez de verlas separadas, podemos verlas como profundamente interrelacionadas. O las prácticas o las experiencias vitales pueden llevar a cambios. Puede ser el 80 por ciento una y el 20 por ciento la otra, o 90/10 o 50/50 o 20/80 o al revés; pero por lo general las dos interactúan y las dos funcionan.

Tengo que decir que pienso que el énfasis en la práctica es en parte exagerado. Es una parte de nuestra mente occidental que desea tener el control y desea trabajar y alcanzar algo (y me considero entre los peores en eso). Si pudiéramos relajarnos un poco, pienso que podría suceder con igual rapidez. Por otra parte, pienso que la disciplina y la práctica son útiles para romper el malestar cultural en el que estamos. Es útil como contrafuerza. Si se pudiera borrar la influencia cultural y las influencias familiares... la forma natural sería probablemente muy fácil, y no requiere práctica per se. (2003)

A modo de contrapunto, Noah Levine afirma que puede ser peligroso evitar la práctica formal:

Parece ser que la gente tiene muchas dificultades para integrar grandes experiencias o visiones espontáneas. Oímos hablar mucho en la comunidad budista de personas que viven en retiro y tienen estas grandes visiones, y después no saben cómo caminar en el mundo, no saben cómo relacionarse. Parece que es algo que constituye un desafío para mucha gente. Un peligro que he visto en maestros y discípulos es tener esa clase de experiencias y confundirlas con iluminación y después salir y hacer toda clase de afirmaciones y cosas y después ver: «Oh, no, esa fue también en realidad una experiencia pasajera. Lo dejé». Mira, fue ese ¡ajá! y todo pareció transformarse, y luego... Se acabó, sigo sufriendo, sigo atado, sigo siendo lujurioso, codicioso [...].

Hay personas que tienen estos despertares espontáneos sin mucha práctica y luego salen y dicen: «La práctica no es necesaria. Solo hay que estar despierto ahora. Yo lo estoy. Si yo puedo estarlo, todo el mundo debería poder estar despierto en el momento. No hace falta entrenamiento». Tengo una gran preocupación personal por este enfoque, y por los daños que se pueden causar a quienes oyen estas enseñanzas y quieren que sean ciertas porque somos muy perezosos. No queremos realmente hacer la práctica de todos modos. Pero en realidad no funciona. [...] Siento que a veces hay un peligro real cuando los maestros no dan a la gente las herramientas para que se entrenen y se transformen gradualmente, sobre todo cuando parece que el 99 por ciento de la gente necesita hacer una práctica de transformación gradual. (2005)

En última instancia, hay que encontrar el equilibrio entre convención e innovación, entre lo contrastado y las formas emergentes de práctica de transformación.

resumen

En este capítulo, hemos examinado el papel de la práctica en el cultivo de la transformación. Aprovechando los recursos interiores que configuran nuestras interpretaciones de los hechos de la vida, podemos comenzar a construir nuevas formas de reaccionar ante nuestras circunstancias diarias. Además, la transformación puede cambiar realmente las circunstancias en las que nos encontramos comprometidos. Cuando nuestra experiencia interior nos invita a crecer y cambiar, podemos encontrarnos modificando nuestras realidades exteriores, construyendo nuevas redes sociales y alejándonos de situaciones que generan estrés. Dejar atrás viejos hábitos implica naturalmente construir otros nuevos. Mediante una disciplina o práctica, podemos entrenar nuestra mente y nuestro cuerpo de diferentes maneras novedosas. Mientras intentamos desarrollar rasgos más adaptables, podemos condicionarnos de manera que se reduzcan las emociones negativas y se promueva nuestra capacidad para florecer, incluso en circunstancias difíciles.

No hay una sola manera de realizar la práctica de transformación. De hecho, diferentes enfoques funcionan para diferentes personas en diferentes momentos y diferentes escenarios. Mediante nuestra investigación, hemos identificado cuatro características esenciales de las prácticas de transformación: la intención, la atención, la repetición y una dosis generosa de orientación para redondear la ecuación de la práctica.

Hemos visto también que la práctica por sí misma no es suficiente: si la práctica se convierte en un fin en vez de en un medio, puede llegar a ser un obstáculo para el proceso de transformación. En el capítulo siguiente examinaremos las maneras en que la práctica lleva la transformación más plenamente a nuestra vida. Por ahora, puede resultarte útil el ejercicio siguiente para explorar tu propia práctica, ya sea formal o informal.

Experimentar la transformación: un camino a la práctica

A los maestros, profesores y estudiosos que participaron en nuestros estudios les preguntamos: «¿Cuáles son los compromisos esenciales de su camino o su práctica, tanto internos como externos?». Tómate un momento para descubrir tu propia respuesta a esta pregunta.

En primer lugar, ¿cuál es tu práctica? Escribe qué incluye exactamente tu práctica de transformación. Sé amplio: incluye tanto las prácticas formales como las informales. ¿Incluye tu práctica reunirse con un grupo de personas de ideas afines en un espacio sagrado, o es solitaria? ¿Implica tiempo para la reflexión en silencio? Tal vez incluye algún método diario de expresar devoción, o mover el cuerpo de una manera determinada. Enumera todos los elementos de tu práctica y la frecuencia con que se realizan.

A continuación, examina tu práctica personal con respecto a las tres cualidades que hemos identificado en este capítulo. ¿Cómo imprimes intención a tu práctica? ¿Tienes maneras de recordarte tu intención? ¿A qué actividades prestas atención en tu vida y cuáles realizas esencialmente con el piloto automático? ¿Realizas suficiente repetición? ¿O esperas —quizá siendo poco realista— que tus visiones generen cambios en tu vida sin ninguna repetición? ¿Hay actividades esenciales para tu práctica para las que resulta difícil encontrar tiempo? ¿Puedes encontrar aunque solo sea unos minutos de cada día para darles prioridad? ¿Pides orientación acerca de tu práctica, consultando de vez en cuando con personas mayores de confianza? ¿Prestas atención a la orientación que pueda venir en forma de símbolos, metáforas, sueños o sincronicidades? ¿Hay tiempo suficiente para el silencio y la soledad en tu vida, de modo que se oiga esa sabiduría callada de dentro?

Por otra parte, ¿has hecho que tu práctica sea más importante que integrar las *visiones* de transformación en tu vida diaria? ¿Practicas actividades que no respaldan tu crecimiento o que no son ya esenciales? Si es así, ¿puedes sustituirlas por actividades que afirmen más la vida? Dedica entre diez y veinte minutos a hacer una reseña sobre estas preguntas. Y si decides explorar prácticas diferentes, existe un DVD sobre este libro, *Living Deeply: Transformative Practices from the World's Wisdom Traditions*, que ofrece ejercicios guiados prácticos de nueve maestros de la transformación.

CAPÍTULO CINCO

¿Por qué practicar?

> *Naturalmente, los antiguos* swamis *y yoguis, rabinos y sacerdotes, monjas y monjes no desarrollaron técnicas cuerpo-mente para bajar el colesterol [...] ni para quedar mejor en las reuniones de la junta directiva. Sus técnicas son herramientas para la transformación y la trascendencia.*
>
> DEAN ORNISH (2005, P. 305)

En el capítulo anterior examinamos los cuatro elementos esenciales de las prácticas de transformación: intención, atención, repetición y orientación. Estos elementos pueden ayudarnos a integrar las actividades de transformación en cambios a largo plazo de nuestra visión del mundo, patrones de pensamiento, comportamientos y, de hecho, nuestra misma forma de ser. Pero la cuestión sigue ahí: ¿qué hace la práctica? ¿Cómo funciona exactamente? ¿Cómo es posible que estar sentado en silencio durante un breve periodo cada día tenga efectos de gran alcance y profundos sobre nuestra vida? ¿Por qué mover el cuerpo todos los días de una manera determinada afecta en gran medida a nuestra salud mental y emocional? De hecho, ¿cómo nos hacen avanzar realmente en el proceso de transformación prácticas contemplativas como la meditación, la oración o caminar en la naturaleza? En este capítulo exploramos cómo parece funcionar la práctica, en los individuos y en las tradiciones.

¿CÓMO FUNCIONA LA PRÁCTICA?

La respuesta a esta pregunta puede resultar sorprendente. A primera vista, es probable que una práctica como la meditación parezca una buena forma de relajarse. Se puede comenzar meditando sobre la esperanza de que mediante el cultivo de un estado de paz interno se tendrá más paz tanto en la mente como en la vida. Asimismo, podemos realizar una práctica de oración con la esperanza de que las respuestas a nuestras oraciones llegarán rápidamente. La práctica de A llevará a B, pensamos, así que saltamos a nuestra nueva forma preferida de práctica con exaltación.

Como hemos dicho, la práctica de transformación *sí* parece guardar alguna semejanza con el aprendizaje de una lengua o un nuevo instrumento musical; por ejemplo, a medida que nos volvemos más flexibles físicamente y relajados por medio de la práctica del yoga, estas cualidades también aparecen en nuestro pensamiento y comportamiento. Pero las prácticas de transformación son algo más que aprender nuevos hábitos o habilidades, y no siempre funcionan de la manera lineal, orientada al objetivo, a la que estamos acostumbrados en nuestras vidas laicas y físicas. Las prácticas de transformación, en muchos aspectos, parecen funcionar indirectamente, mediante la creación de las mejores condiciones para que tengan lugar los procesos naturales de crecimiento y despertar.

Por ejemplo, si intentamos la meditación de visión, es posible que no alcancemos de inmediato una sensación de paz interior y relajación. Generalmente, en esta clase de meditación se nos instruye para observar detenidamente nuestra experiencia, sea lo que sea en lo que consista. Siguiendo estas pautas, se puede obtener una visión cercana y personal de nuestros hábitos mentales. Viendo con claridad estos hábitos de la mente (atención) y estando dispuesto a cambiarlos (intención) es como se comienzan a establecer naturalmente formas de ser que cultivan la paz interior. La maestra de yoga *kundalini* y escritora Shakti Parwha Kaur Khalsa nos dijo:

> Por supuesto se pueden perfeccionar las cosas y volverse más adepto [...] pero como el yoga es una ciencia viva, no es algo que se pueda aprender de memoria o de un libro. De hecho, mi maestro no nos dejaba siquiera poner nada por escrito durante casi tres años. Decía: «La gente necesita realmente estar con un maestro».
>
> Hizo lo que nos enseñó aquel primer año tan factible y tan fácil, que es lo que yo enseño ahora a los principiantes, y luego

pueden progresar a medida que la práctica se vuelve más complicada. Si eres coherente, los cambios tienen lugar sin que lo sepas realmente. [...] Pienso que es de ahí de donde viene la transformación. (2002)

Tal como señala Shakti, muchos de los beneficios de la práctica pueden suceder debajo del umbral de la conciencia consciente. No puede ser causal en ningún sentido literal.

Visión

Así pues, dado que A puede no llevar a B exactamente de la manera en que esperamos, ¿cómo funciona realmente la práctica? Muchas prácticas comienzan cultivando la *visión*, que es la capacidad para discernir o captar la verdadera naturaleza de una situación. Las visiones transformadoras pueden ayudarnos a identificar las raíces de los problemas en nuestro interior, ya sean supuestos incorrectos, comportamientos disfuncionales o creencias que ya no nos sirven. Ver una situación con claridad es el primer paso para determinar qué cambios es preciso hacer; a veces las visiones incluso revelan qué pasos son necesarios para realizar esos cambios.

Rina Sircar, una de las primeras maestras de meditación *vipassana* budista que vino a Estados Unidos, nos habló de cómo la práctica puede llevar a tener visiones, especialmente visiones sobre la identidad y el propósito personales:

Una vez que se encuentre la naturaleza efímera de las cosas —no hay nada sino fugacidad, cambio de un instante a otro—, descubrirás: «¡Oh, todo en el mundo es así!». Y entonces te preguntarás: «¿Por qué estoy anhelando, agarrándome y aferrándome a algo para que se quede conmigo, y dónde estoy yo al fin y al cabo?».

Esto es lo que la práctica nos enseña: ¿quién soy, qué soy, y adónde voy? La práctica nos abre los ojos. Ahora estoy en la oscuridad, mi mente está nublada, oscura, llena de ignorancia. Dicen que un bosque remoto es muy oscuro, que la medianoche es muy oscura, y que también el día nublado es muy oscuro. Pero lo más oscuro de todo [...] es la ignorancia de la mente. Por tanto, para librarnos de esta ignorancia —para librarnos de los anhelos y los agarres y los aferramientos de nuestra vida— practicamos. (2003)

La práctica es, pues, una suerte de linterna cuya luz podemos dirigir intencionadamente sobre nuestro mundo interior; como dice Sircar, sobre quiénes somos, qué somos y adónde vamos. Con la iluminación de la práctica, los obstáculos para la transformación —y en muchos casos las maneras de eliminarlos— pueden esclarecerse.

Dominar el ego

La mayoría de nosotros tenemos un *ego* que lleva la voz cantante. El ego, o sentido de un yo como independiente de otros yos y del mundo, es la parte pensante de nuestra mente, la que evalúa, juzga, hace planes, diseña estrategias, compara y cataloga. Es la parte que navega por el mundo material y nos mantiene en funcionamiento: pagando las facturas, llegando a tiempo al automóvil compartido, llevando comida a la mesa.

Sin embargo, a pesar de ser útil y necesario en muchos aspectos, el ego puede convertirse también en un auténtico tirano. Un ego hiperactivo puede mantenernos fuera de nuestro cuerpo y en nuestra mente, fuera de nuestro corazón y en nuestra cabeza, fuera del momento presente y anclado en el pasado y el futuro, fuera de nuestra intuición y sabiduría profunda y preocupado solo por la tarea siguiente; en una palabra, puede hacer que vivamos superficialmente. Un ego hiperactivo puede llevar al narcisismo y el egocentrismo, obstáculos ambos para la transformación. De hecho, como nos dijo Andrew Cohen, maestro espiritual y director de la revista *What Is Enlightenment?*:

Podemos medir cuánto se ha transformado un individuo por el grado en que es capaz de liberarse del apego a —y la creencia en— los miedos y los deseos del autosentido narcisista que ha sido condicionado tan profundamente por la cultura concreta de la que procedemos. (2003)

Una crítica al movimiento del potencial humano —que llevó muchas de estas prácticas de transformación a Occidente en la década de 1960— es que alienta la autocompasión (pensemos en la Generación Mí). Dejar de lado el trabajo, la familia y otras obligaciones por un retiro para practicar el yoga, un taller de automejora o un círculo de mujeres puede parecer egoísta. De hecho, nuestros amigos y familiares —incluso nuestra mente— pueden insinuar que estas actividades son lujos y solo deberían realizarse, si acaso, una vez satisfechas todas las demás obligaciones.

Paradójicamente, muchas de estas prácticas están concebidas en realidad para deconstruir nuestro egocentrismo. Una de las funciones primordiales de muchas prácticas de transformación es restablecer el equilibrio interno entre el ego y el alma, la mente y el cuerpo, el yo y el otro, el hacer y el ser. Estas prácticas sacan el ego del asiento del conductor durante un rato y dejan que las muchas otras partes de nuestro ser —nuestro yo sensible, nuestro yo creativo, nuestro yo intuitivo— cumplan su turno al volante.

Usando la metáfora del ego como un asno, el imán sufí Yassir Chadly explicó cómo las prácticas diarias de su tradición trabajan para poner el ego en el lugar que le corresponde:

> Toda la forma artística de los rituales islámicos —lavarse las manos tres veces, la boca y la nariz, la cara, el brazo, el pie derecho, el pie izquierdo, y luego rezar, cinco oraciones al día, todo eso es crear tensión dentro de uno. ¿Dentro de qué? Dentro del ego, porque al ego no le gusta hacer esto. «¿Por qué tengo que lavarme y hacer esto y aquello? Puedo sentarme sin más a leer un libro espiritual en mi sofá y puedo volverme espiritual...», porque al ego le gusta ser perezoso. Así que someten al ego a esta formación y le dan un marco, de modo que se puede poner el freno al ego, de modo que seas tú quien domine. Dominar el ego es el primer paso hacia la espiritualidad y para comprender que lo que hace que todos esos seres humanos se odien y se hagan daño unos a otros es porque es su asno el que cabalga sobre ellos.
>
> Si su asno es bravío, si da coces, se puede ver que no tienen ningún dominio. Esto está muy cerca del budismo, donde te dicen que controles ese asno. Con la salvedad de que no convertimos

al asno en nuestro objetivo. Decimos que el asno debe llevarte a algún lugar. El asno es nuestro viaje a Alá. Él te da ese asno para que cabalgues. El islam es para el amor y la paz y el respeto y la dignidad y el honor, para la majestuosidad y la gracia. [...]

El asno es muy listo; a veces te da una coz y hace lo que le place. Cuando esto sucede, hay que retenerlo. Las cinco oraciones ayudan a limitarte, ayudan a impedir que hagas algo malo o perjudicial para nadie. Eso es enjaular el ego. Te damos cinco oraciones para que enjaules a ese animal bravío. Una vez lo hayas enjaulado, puedes comenzar el paso siguiente, que es el sufismo.

Así trabajamos [...] primero para ayudar a sacar a la luz la parte divina de ti mismo, el alma que está más allá del ego. En el sufismo, lo esencial es Alá. Si todo lo que haces es por Alá, eso es bueno. Si todo lo haces por tu ego, entonces el ego es Alá. Las enseñanzas te muestran cómo dominar tu ego, cómo cabalgar sobre un asno.

Tu ego puede llevarte ahí, no dicen que mates a tu ego, dicen que domines tu ego. (2006)

En todas las tradiciones, las prácticas cuerpo-mente incluyen maneras de ayudarnos a aprender a cabalgar sobre el asno, en vez de ser el asno el que cabalgue sobre nosotros. Los rituales, las prácticas contemplativas, el trabajo del sueño, las prácticas devocionales, el baile: estas prácticas sirven para conectarnos con partes de nuestro ser distintas de nuestro ego. Nuestro yo creativo, nuestro yo intuitivo, nuestro yo espiritual, nuestro cuerpo: todos ellos son fuente de inteligencia profunda. Y cuando estas partes de nuestro ser se expresan, nuestras vidas se enriquecen y profundizan.

Como nos dijeron Chadly y muchos de nuestros otros encuestados, este proceso no tiene que ver con *eliminar* el ego. De hecho, muchos han señalado que antes de que se pueda trascender el ego, hay que tener primero un ego sano. En la psicología —una de las grandes tradiciones de sabiduría de Occidente— se pone el énfasis en el fortalecimiento del ego. Asimismo, el proceso de transformación implica cultivar una mayor autoconciencia y un sentido más fuerte de quiénes somos. Sin embargo, en el proceso de transformación llega un momento en que el sentido del yo se redefine, y los límites de la consciencia centrada en el ego se reconocen y trascienden. (Examinaremos este punto con más detalle en el capítulo 7.)

Maestros de muchas tradiciones distintas señalaron que, mediante la práctica, se ponen en duda nuestros supuestos más profundos acerca de quiénes y qué somos. Cuando se comienza a explorar la naturaleza de nuestro yo auténtico, vemos qué elementos de nosotros no están alineados con ese yo. Creencias anticuadas, patrones de pensamiento que no son ya útiles, viejos bagajes cubiertos de polvo que ya no se necesitan: todo esto queda al descubierto mediante la práctica repetitiva, intencional y atencional. Y, por si no se sabía, muchas prácticas llevan incorporadas formas de esclarecer estos obstáculos para vivir profundamente.

La purificación

Las prácticas de purificación existen en muchas tradiciones distintas. Lo que parece una sencilla práctica de lavado, como describía Chadly en su tradición islámica, puede ser profundamente transformador cuando se hace con intención, atención, repetición y orientación. Ya sea a través del bautismo, de tocar el agua bendita al entrar en una iglesia, ser *manchado* con el humo de la salvia (agitar el humo alrededor del cuerpo), realizar *pranayama* (respiración profunda y rápida), limpiar con sal y agua, o simplemente al vaciar la mente de todo estímulo externo, la purificación tiene que ver con eliminar todo aquello que nos impida ser fieles a nuestro yo auténtico. A medida que las ventanas de nuestra alma se limpian, la luz de Cristo, la naturaleza de Buda, la divinidad, la energía universal, o simplemente el amor, comienza a penetrar cada vez más. En muchas tradiciones, se piensa que este elemento no tiene que ser cultivado, solo sacado a la luz, porque es realmente nuestra verdadera naturaleza.

Para Charlie Red Hawk Thom y Tela Star Hawk Lake, la curación derivada de las prácticas de purificación no es solo para nuestro yo individual. Charlie es un anciano indígena americano karuk de pura sangre, hechicero y líder espiritual y ceremonial hereditario del norte de California. Tela es sanadora y maestra indígena nortea-

mericana tradicional y una de las últimas mujeres hechiceras de la
tribu yurok. Tela nos describió la práctica de purificación del pabellón de sudor (una práctica utilizada por muchos pueblos de las
naciones de los primeros pobladores norteamericanos, en la que se
pasan varias horas sudando, cantando y orando en una cabaña ca-
lentada por carbones de un fuego de leña); también nos habló de
las profundas transformaciones que pueden transpirar a través del
sudor del cuerpo y las oraciones de un hechicero:

Cuando congregamos a la gente para ir al pabellón, con un
hechicero, decimos que el pabellón es nuestra madre. Vamos
a nacer de nuevo. Decimos a la gente: «Cuando entres hoy,
tu manera de ver, física, espiritual y emocionalmente, será diferente de cuando salgas. Cuando salgas no vas a ser esa misma persona; algo va a cambiar. Cuando salgas, tus amigos y tu
familia van a ver algo diferente». Es como si perdieras algo.
Es como si mudaras de caparazón. Porque tal vez te estás li-
brando de algo a lo que estabas apegado. Tal vez sea un proceso que acongoje. Tal vez se pase mal al hacer la transición
y se esté luchando.

Cuando entras en el pabellón y rezas, y el hechicero reza
por ti, está rezando por ti física, espiritual y emocionalmente.
Te miramos como una unidad. Cuando el hechicero entra en el
pabellón dice: «Voy a purificarte».

Tienes que purificar tu cuerpo primero. Esto significa li-
brarse de todo el veneno, todas las toxinas, todas las sustancias
químicas; todo lo que le hayamos hecho a nuestro cuerpo que
sea malo. Sudas porque estás arrancando ese veneno y se lo estás
entregando a la Madre Tierra. Cuando sales, te lavas, limpián-
dote con agua.

Cuando sudamos, cambiamos nuestra vida, porque el hechicero trabaja sobre nuestro cerebro izquierdo y nuestro cerebro
derecho: el pensamiento, el espíritu, el corazón. Nos hace mirar espejos, porque somos un reflejo. Nos hace mirarnos a nosotros, porque [...] nos olvidamos de parar y mirar aquí dentro,
adentro. Aquí están las preguntas, aquí está lo que estábamos
buscando. (2006)

El padre Francis Tiso, sacerdote católico, nos dijo que lavarse antes del momento de la oración en las tradiciones islámicas, el pabellón de sudor de la tradición indígena americana, los rituales de lavado en los santuarios budistas y el uso del agua bendita (en el bautismo, al entrar en la iglesia y en el rito de la aspersión al comienzo de la misa) en la tradición católica comparten algunos elementos comunes. En primer lugar, estas prácticas de purificación requieren a menudo paciencia. A veces puede ser necesaria una repetición tras otra antes de que el practicante sea consciente de los beneficios. La gente puede preguntarse: «¿Para qué estoy haciendo esto?», y sin embargo, como señala Tiso, un propósito importante reside en los diversos ritos de limpieza y purificación:

> Estas tradiciones pueden utilizar lenguajes variados de signos y palabras para describirlo, pero lo que sucede está muy claro. La purificación tiene que ver en parte con lavar tu cuerpo. Sin embargo, la purificación en un sentido más amplio tiene que ver con limpiar tu consciencia; teniendo en cuenta que la consciencia no se comprende en profundidad a menos que esté vinculada a la encarnación. La purificación mayor tiene que ver sin duda con limpiar las acciones pecaminosas que hemos cometido de pensamiento, palabra, obra y omisión (de hacer algo bueno que deberíamos haber hecho). Sobre la base de la purificación moral, la práctica puede pasar después al nivel de la conciencia subjetiva para desbloquear nuestra comprensión de quién es Dios y cuál es el verdadero yo, incluido necesariamente el yo encarnado. En una palabra, estamos describiendo la transformación de la persona entera. (2002)

No toda purificación es ritualista. Marion Rosen, pionera del trabajo del cuerpo, nos contó cómo el toque transformador del trabajo del cuerpo del Método Rosen puede tener efectos profundos sobre la eliminación de obstáculos y viejos bagajes:

> Muchas personas que entran en contacto con sus sentimientos pierden su dolor o sus dificultades físicas poniéndose en contacto con lo que había sucedido antes del dolor. Había una señora

que tenía setenta y nueve años cuando vino para el tratamiento. Tenía que someterse a una sustitución de cadera, y yo me limité a ponerle un tratamiento. Le pregunté por su vida. Dijo que todo iba bien: tenía un buen marido, vivían bien, ella era psiquiatra, tenía un buen trabajo, y entonces, de pronto, sucedió algo: se le enrojecieron los ojos y comenzó a llorar. Le dije: «¿Se da cuenta de que está llorando?», y ella dijo bruscamente: «No estoy llorando», y agregó: «Hay algo muy húmedo ahí, así que no sé». Dijo: «Sí, había algo en lo que estaba pensando…». Explicó que tenía un discípulo, un discípulo que le gustaba mucho, que había hecho algo muy poco ético, y cuánto le había dolido, y lo decepcionada que estaba. Todo eso salió y luego se vistió, y cuando salí le dije: «¿Y su bastón?», y ella contestó: «¿Qué pasa con mi bastón?», y el dolor desapareció de su cadera. Ahora tiene noventa y tres años, y nunca se sometió a la sustitución de cadera. En el momento en que siente una punzada, acude en busca de tratamiento, y entonces vuelve a estar bien. Cuando la gente entra en contacto con lo que de verdad le duele, también puede abandonar ese dolor. No sé cómo funciona, pero funciona. (2005)

Naturalmente, no todo dolor físico tiene una base psicológica. Aun así, muchos maestros coinciden en que eliminar obstáculos mediante diversas formas de tacto, movimiento y ritual puede despejar el camino para la curación, a veces de modo decisivo. De hecho, la consciencia puede ser una parte importante de la curación (Schlitz, Amorok y Micozzi, 2005).

Vivir en el momento

Si el lector es como la mayoría de la gente, no estará comenzando una práctica de transformación porque quiere estar más presente. De hecho, puede que quiera escapar de —o al menos mejorar— sus circunstancias actuales. Puede que quiera sentirse más feliz, encontrar un significado más profundo, disfrutar de más éxito. En muchos casos puede parecer que estas metas solo se podrán alcanzar en algún momento de un futuro lejano. Pero, como nos dijo el escritor Peter Russell, la transformación tiene que ver con «despertar» al momento presente:

> Las experiencias que he tenido de despertar no son de entrar de pronto en una consciencia diferente. Ellos tienen exactamente la misma experiencia, pero con un abandono total —y aquí es donde es inevitable que comencemos a perder palabras—; es un contexto diferente para tener esa experiencia. Se experimentan la total libertad interior, el gozo, el amor y la dicha absoluta de la que hablan los místicos. Y es darse cuenta de que eso está ahí siempre, pero nos mantenemos constreñidos y nos contenemos. Por eso pienso que hay algo de verdad en lo que a menudo se dice: «Estás ya iluminado, pero no lo sabes». Salvo que es un viaje largo y difícil ir del no saber a la comprensión. Por eso no me gusta el término «transformación de la consciencia», porque implica que vamos a un lugar diferente, a diferencia de despertar al momento presente y no perderse en toda una serie de pensamientos. (2002)

¿Cómo podemos encontrar esa sensación más profunda de gozo y amor a la que Russell y tantos otros han aludido? La inmensa mayoría de nuestros encuestados nos dijeron que la transformación consiste en parte en reconocer que lo que estamos buscando no se encuentra en otro lugar, en el futuro o en un país lejano. Está a nuestra disposición ahora mismo, en el momento presente. Y, de hecho, muchas prácticas de transformación están urdidas expresamente para llevarnos de manera más plena al presente. De hecho, si se piensa realmente en ello, la conexión, el significado, el propósito, la libertad y la felicidad *solo* pueden experimentarse ahora, en el presente. Una y otra vez, oímos decir que aprender a vivir en el momento es un aspecto esencial de vivir profundamente.

Para David Steindl-Rast —monje benedictino, autor de *Gratefulness, the Heart of Prayer* (1984) y colaborador de Gratefulness.org—, la sorpresa, la gratitud y la salmodia ofrecen métodos poderosos para estar en el presente:

La meta de toda práctica, a mi juicio, es estar en el momento presente. Cualquier cosa que nos ayude en esto: el zen, los giros sufíes, la devoción. Lo que me lleva al presente de manera rápida y fácil es vivir agradecido. Si alguien dice que no se puede comenzar con la gratitud, se puede comenzar con la sorpresa. ¿Alguna vez te has sorprendido por algo? Es bonito que te sorprendan. Deja que todo te sorprenda, tus ojos cuando los abres por la mañana, la idea de que hay algo en vez de nada. Encontrar significados comienza con la sorpresa. Cuando empiezas a sentirse sorprendido, empiezas a estar agradecido por las cosas que dabas por supuestas. Es decir, la sorpresa es el primer paso del bebé.

El paso siguiente se desarrolla orgánicamente a partir de este: es la gratitud. La gratitud nos pone en el momento presente; esto nos saca de la febril competitividad de la vida moderna, del laberinto, de la vorágine. Antes de que lo sepas, has evolucionado, o al menos estás en el camino de evolucionar.

Como monje benedictino, practico mucho el canto. En el monasterio cantamos una vez durante la noche y siete veces durante el día, a menudo durante solo unos cinco minutos. Estos cantos te ponen en trance. [...] Sea cual sea la tradición en la que he tenido el honor de cantar —cantos budistas o cantos con hindúes— [...], si lo haces bien te pone en trance. No es un trance mecánico, es un trance de conciencia, una presencia plena en el momento presente. Eso es lo que siento que los cantos hacen por mí en la tradición benedictina. Cantar es mi actividad devocional preferida en el monasterio. (2006)

En última instancia, la práctica de estar presente nos ayuda a abandonar aquellas cosas en la vida que no podemos controlar ni aferrarnos a ellas. David Parks-Ramage, pastor cristiano y practicante del zen, nos dijo:

Lo que funcionaba ayer no funciona hoy, y lo que funcione mañana puede no funcionar hoy. El mero hecho de estar presente aquí, el mero hecho de estar precisamente aquí, precisamente ahora, significa que se abandona el pasado y se abandona el futuro.

Esto puede ser doloroso. Estando presente, se abandonan

las ideas que se tienen sobre los hijos cuando no son como queremos que sean. La vida misma es una gran preparación para el gran abandono final. Mientras se envejece y mientras se crece, también se ha tenido que abandonar a los padres. Y está también la imagen de uno mismo que se tiene que abandonar, como la capacidad para salir de la cama [...] y estar erguido, sin ese dolor en la zona lumbar. Después, finalmente, tenemos que abandonarlo todo al misterio del que hemos tenido estos atisbos. Está muy claro que nadie sale vivo.

Entonces, ¿qué haces mientras tanto? Te preparas y luego captas esos atisbos en los que te has soltado ya de todo, y luego la muerte misma no da ya tanto miedo. Estando presente, actúas más en consonancia con la espontaneidad del universo, Dios o el yo. (2006)

Parks-Ramage nos recuerda el poder de estar presente, y cómo puede llevar a transformaciones en nuestra perspectiva sobre, y nuestro comportamiento hacia, cuestiones existenciales fundamentales.

Rendirse al misterio

Mediante la repetición de una práctica de transformación se puede cultivar la visión: ver nuestra situación con más claridad y ser más consciente de nuestros límites y fortalezas. Nuestro sentido del yo se hace más fuerte y más auténtico; al mismo tiempo, puede ampliarse y comenzar a ir más allá del egocentrismo. Podemos encontrarnos viviendo más en el momento presente y preocupándonos menos por el pasado o el futuro.

Todo esto requiere una firme intención y disciplina. Cada día, debemos tomar la decisión de actuar alineados con nuestra verdad más elevada, para superar las presiones externas e internas de mantener el statu quo. Luisah Teish, sacerdotisa *yoruba*, nos dijo: «Hace falta valor y compromiso» (2003).

Sin embargo, nuestra investigación durante los últimos diez años sugiere que, en el proceso de transformación, hay otro requisito de igual importancia: la disposición a rendirse al misterio y la gracia de

la propia vida. Como hemos dicho, la transformación no es siempre
—ni siquiera generalmente— un proceso lineal. Por mucho que lo
queramos, A no conduce necesariamente a B. En un sentido, esto
es bueno: si solo conseguimos lo que queríamos al principio, nos
habríamos cambiado radicalmente a corto plazo. Como dijo en una
ocasión el ex presidente del Instituto de Ciencias Noéticas: «Si mi
vida se hubiera desarrollado como lo había planeado, no habría sido tan interesante» (1994).

La transformación tiene tanto que ver con abandonar y con el
intento de liberación como con trabajar duramente y tomar decisiones. Como nos dijo Zenkei Blanche Hartman: «La comprensión
no es algo que podamos *hacer*, solo es algo para lo que podemos estar listos» (2003).

¿Pero qué es rendirse? En parte, rendirse es una *aceptación radical* de nuestras vidas tal como somos. La psicóloga Marsha Linehan, promotora de uno de los únicos tratamientos de éxito para el
suicida crónico, las autolesiones y los trastornos de la personalidad
límite, define la aceptación radical como aceptar nuestra experiencia directa exactamente tal como es (1995). La aceptación radical es
un giro activo de la mente desde la terquedad (resistirse o tratar de
cambiar lo que es) hasta la disposición (cumplir lo que es o aceptar
la vida en los términos de la vida). Esto no implica volverse pasivo
o aprobar una situación inaceptable; en cambio, la aceptación radical es un compromiso activo con todo lo que suceda en el momento. Linehan concluye que, paradójicamente, la aceptación radical de incluso los sentimientos y pensamientos más dolorosos o
difíciles puede reducir su intensidad y aumentar nuestra tolerancia
hacia ellos (1995). Esto, dice Linehan, puede permitirnos la libertad para tomar decisiones desde el lugar de la *mente sabia*: el terreno
intermedio que depende por igual de la racionalidad, la emoción
y la intuición.

Muchos de los maestros de nuestro estudio hablaron con veneración del *misterio*, o los aspectos incognoscibles de la vida que se resisten a explicaciones racionales sencillas. La doctora Rachel Naomi
Remen nos habló de manera elocuente de la importancia de permanecer conectados a las cuestiones o los misterios de la vida, en
vez de limitarnos a buscar respuestas:

Me enseñaron a buscar respuestas; cuantas más respuestas tuviera, más capaz sería de vivir bien. Y lo que he aprendido es que son las preguntas las que dan poder para vivir bien, no las respuestas. Estamos siempre en presencia del misterio. Ser consciente de eso puede darnos una sensación de viveza, una sensación de compromiso con la vida, una sensación de que puede suceder algo que no había sucedido antes. Y no querer perdérselo... querer perdérselo. (2003)

La maestra de la transformación Angeles Arrien nos recordó que a menudo la transformación se desarrolla de manera distinta de como se esperaba, y que la práctica de abandonar puede ayudar a prepararnos a abrirnos al «plan del misterio»:

Hay un bonito dicho inuit que explica que en realidad hay dos planes para cada día: está mi plan y está el plan del misterio. En el proceso de transformación puedo tener todo un plan acerca de cómo me transformaré y haré mi trabajo interior. Este es un plan egoico.

Pero hay un plan más profundo que es mucho más fuerte que cualquier plan egoico. Este plan se revela en silencio, con intención y atención específicas. Lo que a menudo sucede para la gente en silencio y en la naturaleza, en la oración o la afirmación, es que una vez que se abandonan y escuchan realmente, surge algo más que no estaba en la agenda. Y a menudo revela algo más grande de lo que figuraba en su agenda egoica. Los animo a prestar atención a eso.

Confío realmente en el misterio. Confío en lo que viene en silencio, en lo que viene en la naturaleza cuando no hay diversión. La falta de estimulación que nos lleve fuera de nuestra adicción a la intensidad nos permite oír y experimentar un río más profundo, un río constante y tranquilo y vibrante y real. (2002)

Aunque podemos realizar intencionadamente prácticas que ayuden a prepararnos para la transformación de nuestra autoidentidad y visión del mundo, como nos dijo Wink Franklin —ex presidente del Instituto de Ciencias Noéticas y hombre que vivió con un corazón abierto y una fe imperecedera en la gente y en el mundo— durante

167

nuestra entrevista, hay algunas cosas que no podemos saber ni prepararnos para ellas. Para Franklin, por eso es importante confiar y honrar el misterio y nuestro «no saber»:

> A medida que entramos en niveles más profundos de la conciencia y la propia realidad, sabemos cada vez menos sobre la causa y el efecto. Hay una causalidad descendente además de una causalidad ascendente. No creo que podamos saber mucho sobre la causalidad descendente. Ahí es donde están el misterio y el sobrecogimiento, y también es de donde viene la confianza. Es imprescindible que confiemos en que haya un saber más profundo en el universo que nuestro propio saber.
>
> Esto no significa que no sigamos intentando saber. Seguimos intentando saber que hay un saber y una corrección en el mundo que no comprendemos; tenemos que honrar y confiar en el misterio y el sobrecogimiento. Todos los caminos espirituales hablan del hecho de que no se puede describir lo indescriptible. Así pues, la práctica no es solo confiar en el no saber, es realmente honrar y apreciar y amar eso desconocido, y abrazarlo realmente como la fuerza de vida que es la energía última y la fuente última. (2003)

Aunque vivimos en una cultura que valora la incertidumbre, un aspecto importante de la transformación es encontrar consuelo en no saber.

Salirse del camino

Comenzar una práctica de transformación implica que nos hemos formado una intención y emprendemos la acción. Sin embargo, muchas personas a las que entrevistamos pensaban que algo más grande les estaba sucediendo a ellas; no tenían que hacer nada salvo salirse del camino (¡no es tan fácil como parece!). Para muchas, la práctica tenía menos que ver con entrenarse como un atleta para transformarse mediante la fuerza y la voluntad, y más con cultivar las condiciones para que tenga lugar el proceso natural de transformación.

Michael Murphy, cofundador del Instituto Esalen y autor de *The Future of the Body* (1992), lo explicó así:

> No se puede hablar de una práctica sin [hablar de] la relación entre volición y gracia. Todas lo tienen. En el budismo está la doctrina de la no consecución. En el cristianismo, la idea de que la gracia se da. La práctica es como plantar una viña. En la propia meditación, por ejemplo, el acto primordial de estar presente, se haga lo que se haga —*vipassana*, *zazen* [una forma japonesa de meditación en silencio], la oración, o la oración de simple mirada de la tradición contemplativa cristiana—, implica recolección. Si se toma el acto de recolección como en una viña, se está plantando una estaca en la que crecerán las vides. Lo que sucede es que esas vides comienzan a crecer, aparecen las hojas, llegan las uvas y después se puede hacer vino. [...] Pero no hacemos las uvas. Suceden sin más. Lo único que hacemos es plantar la estaca y asegurarnos de que se mantiene en pie contra los elementos. A veces se inclina, y la volvemos a poner de pie, hasta que esas vides están bien afirmadas. Las vides florecen gracias a nuestro proceso de práctica y más práctica. (2002)

Muchas de las personas que respondieron a nuestra encuesta dijeron que uno de los propósitos fundamentales de la práctica es conectarse con alguna forma de verdad que trascienda lo físico. Muchas prácticas de transformación están concebidas para cultivar las condiciones atencionales y fisiológicas que más favorecen la conexión y la expresión de lo que se llama lo numinoso, lo divino, lo sagrado, el misterio o, simplemente, «lo que es».

Desarrollar una práctica regular de transformación deja espacio para que estos momentos numinosos se produzcan de modo más fiable, y de este modo nos mantiene en contacto frecuente con el misterio de la vida. La maestra pagana y escritora Starhawk nos dijo:

> Pienso que es un trabajo a largo plazo que sienta las bases para los momentos de epifanía. Si se hace el trabajo a largo plazo, se tendrán las epifanías; vendrán. Si no se hace el trabajo a largo plazo, a veces seguirán viniendo. El trabajo a largo plazo las

convierte en epifanías, bueno, casi fiables. Si se hace [...] alguna
suerte de práctica personal —alguna suerte de entrenamiento de
la mente— para poder pasar a estados alterados de consciencia y
a la sensación más profunda de conexión que se tiene en el ritual,
se puede aprender a crear estas epifanías. No se puede garanti-
zar necesariamente que todos los rituales vayan a ser una epifanía, porque existe el misterio y las epifanías tienen vida propia.
Pero sin duda se puede esperar que muchos rituales serán epifanías, porque hemos aprendido a abrir esa puerta. Una vez hemos
aprendido a abrir esa puerta, es como un gozne bien engrasado:
abre muy fácilmente. (2006)

Wink Franklin afirmó igualmente que las prácticas de transformación nos abren a una comprensión más profunda del núcleo humano más fundamental:

Pienso que las prácticas y las actividades espirituales funcionan
realmente abriendo continuamente puertas a diferentes niveles
de comprensión que nos llevan a un lugar más profundo. Esa
comprensión es simultáneamente una comprensión más profunda
dentro de nuestro yo y una comprensión del mundo. (2003)

Esta comprensión más profunda es a la que se nos llama en
nuestros esfuerzos por vivir la vida más plena y profundamente.

resumen

En este capítulo, hemos compartido algunas de las maneras en que las prácticas —ya sea la oración, la meditación, el trabajo del sueño, el ritual u otra clase de práctica— pueden apoyar la transformación.

En primer lugar, muchas prácticas de transformación trabajan para ayudarnos a cultivar la visión: ver con claridad nuestra situación y la verdadera naturaleza de las cosas. En segundo lugar, las prácticas de transformación pueden ayudar a devolver el ego a su función adecuada: una herramienta útil para navegar por los pormenores del mundo material, pero solo uno de los muchos aspectos de nuestra vida interna. La práctica puede hacer espacio para que otras facetas de nuestro ser —creatividad, intuición, sorpresa, emoción, aspectos físicos, etcétera— aparezcan y tomen el lugar que les corresponde como fuentes de inspiración, información y motivación. Y mientras se construye una estructura del yo más completa, se puede trascender el sentido limitado, egocéntrico, egoico del yo. Se aprende a dominar el ego; nos sirve a nosotros en vez de servirle nosotros a él. En tercer lugar, a medida que entramos más en contacto con nuestro auténtico yo, comenzamos a eliminar todo lo que no esté alineado con ese yo. Muchas prácticas de transformación incluyen elementos de purificación que nos pueden ayudar a librarnos de creencias y hábitos anticuados que no nos sirven ya. En cuarto lugar, a medida que estos obstáculos se despejan, nos volvemos más capaces de salir del pasado y entrar en el presente, en un lugar de poder y aceptación. Vivir en el momento se convierte en una manera de encontrar la belleza en todos nuestros pensamientos y hechos. Y, finalmente, nuestra investigación sugiere que la transformación requiere un equilibrio entre valor, determinación, disciplina y elección, por una parte, y abandono, aceptación y rendición al misterio de la transformación, por otra. Liberar el control y aprender a abrazar lo desconocido es tan importante para la transformación como mantener una intención y una motivación fuertes de vivir profundamente en cada momento, pues el viaje de transformación puede llevarnos a lugares que nunca habríamos soñado, a través de rutas tortuosas que nunca habríamos previsto. En el capítulo siguiente, veremos cómo la vida puede convertirse en nuestra práctica, y la práctica en nuestra vida.

Por ahora, dediquemos unos momentos a pensar más profundamente en las cualidades de la práctica que buscamos.

Experimentar la transformación: el funcionamiento interior de la práctica

Examina las prácticas que has realizado que te hayan resultado personalmente transformadoras. Ya sea una práctica espiritual formal de oración o meditación, una práctica orientada al cuerpo como el yoga, el tai chi, el qi gong o las artes marciales, o una práctica menos formal como correr, bailar, cantar, cuidar el jardín, navegar o hacer surf, ¿cómo funciona tu práctica para ti?

Busca papel y un utensilio para escribir. Escribe el nombre de tu práctica en un lado de la página, tal vez entre quince y veinte veces. (Si no tienes una práctica regular, escoge algo en lo que disfrutes haciéndolo y que te dé paz.) Después, comenzando por arriba, para cada línea escribe una frase sobre lo que esta práctica aporta a tu vida.

Por ejemplo:

— Recorrer el laberinto hace que me sienta en paz.

— Recorrer el laberinto es a veces aburrido.

— Recorrer el laberinto me acerca a Dios.

— Recorrer el laberinto me hace recordar quién soy.

— Recorrer el laberinto me da una sensación de tristeza.

— Recorrer el laberinto me pone en la tierra.

No corrijas tus frases. Deja que todo quede escrito naturalmente, aunque no lo entiendas de inmediato, aunque no sea políticamente correcto, aunque no sea la respuesta *correcta*. A continuación, repasa tus respuestas y añade las palabras «lo cual me enseña» a cada frase.

Por ejemplo:

— Recorrer el laberinto hace que me sienta en paz, lo cual me enseña que tengo paz dentro de mí.

— Recorrer el laberinto es a veces aburrido, lo cual me enseña que puedo tolerar el aburrimiento y a veces me lleva a ideas creativas.

— Recorrer el laberinto me acerca a Dios, lo cual me enseña que siempre estoy cerca de Dios.

— Recorrer el laberinto me hace recordar quién soy, lo cual me enseña que soy realmente como la persona que soy.

— Recorrer el laberinto me da una sensación de tristeza, lo cual me enseña que tengo sentimientos profundos y necesito algún espacio para llorar.

— Recorrer el laberinto me pone en la tierra, lo cual me enseña que la tierra esta siempre debajo de mí, esté yo donde esté.

Haz lo mismo con cada práctica importante en tu vida. Te puede sorprender lo que descubras. Puedes incluso probarlo con prácticas que te *gustaría* probar. ¿Qué piensas que te aportarían? ¿Qué piensas que podrías aprender? Este proceso puede ayudarte a aclarar qué obtienes de tu propia práctica de transformación y qué necesitas o quieres de las prácticas que estás examinando.

CAPÍTULO SEIS

La vida como práctica, La práctica como vida

Si estás realmente despierto, consciente y sensible, tu vida es una práctica. Entonces todo lo que hagas es una práctica. La mayoría de nosotros no estamos tan conscientes ni despiertos todo el tiempo.

WINK FRANKLIN (2003)

Los cambios en nuestro modo de vernos a nosotros y de ver nuestro mundo afectan obviamente a todos los campos de nuestra experiencia diaria. Las prácticas de transformación, sin embargo, pueden parecer a veces separadas del resto de nuestra vida. Si somos como muchas personas, podemos encontrarnos corriendo todo el día, trabajando duramente para llegar a hacerlo todo para poder dar un paseo en la naturaleza o meternos en una clase de yoga. Podemos trabajar semanas de sesenta horas para conseguir encajar en un retiro de meditación de diez días. Podemos tener una conexión honda y profunda con lo sagrado cuando estamos en nuestra iglesia, templo, *ashram*, mezquita, zendo o jardín, pero en el trabajo, en el coche, e incluso en nuestra casa, tal vez sintamos que lo sagrado está muy lejos, que necesitamos ir a un lugar especial para volver a conectarnos con ello.

La maestra *vipassana* y escritora Sharon Salzberg nos habló de comprender la transformación como una forma de espiritualidad integrada en todos los aspectos de la vida. Salzberg rememoró la perspectiva de un maestro que había viajado desde la India:

175

Cuando comenzamos a enseñar aquí hicimos una gira con uno de nuestros maestros procedentes de la India, para mostrarle todos los grupos de meditación *vipassana* que estaban surgiendo. Estábamos muy entusiasmados y orgullosos. «¿No es estupendo lo que está sucediendo en Estados Unidos?». Y él dijo: «Es maravilloso, pero en ciertos aspectos lo que está sucediendo aquí me recuerda a gente sentada en un bote de remos: reman con gran esfuerzo y sinceridad, pero se niegan a desamarrar el barco del muelle. La gente quiere grandes experiencias trascendentes, pero no presta atención a cómo habla entre sí, ni a cómo se gana el sustento, ni a las cosas de la vida cotidiana».

En Occidente, no hay una comprensión unificada de lo que es la vida espiritual. Es más especializada, como: «Voy a meditar sobre un cojín, y algo grande va a suceder». La comprensión clásica es que una vida espiritual es la manera en que vivimos cada día. Es cómo nos relacionamos con nuestros hijos, cómo nos relacionamos con nuestros padres, cómo nos ganamos el sustento, cómo hablamos entre nosotros, cuán veraces somos. Eso es algo que no se ha trasladado totalmente a nuestra cultura. (2002)

De hecho, muchos maestros dijeron que a menudo las prácticas de transformación se entienden como prescripciones para ser más espiritual, cuando, de hecho, tienen la intención de proporcionar una hoja de ruta para la vida.

En cierto momento del proceso de transformación, reconocemos que no hay ninguna diferencia entre quiénes somos en el banco de la iglesia o en el tatami de *aikido* y quiénes somos en la tienda de comestibles, en la autopista o en la oficina. La misma atención consciente que se dedica a la colocación de las piernas en una postura difícil de yoga puede llevarse a una conversación desafiante con nuestro hijo. La misma paz y el mismo gozo que se llevan a una comunidad querida de compañeros practicantes pueden llevarse a una reunión de la asociación de padres de alumnos. La misma veneración que surge de pasar tres días en la naturaleza salvaje en una búsqueda de visión puede llevarse a las nubes del cielo y a los arbolillos del estacionamiento del centro comercial.

Satish Kumar, maestro ecológico y espiritual y activista, nos dijo:

Uso la meditación como práctica, para centrar, para aprender a ser consciente, a estar presente en el aquí y ahora. Pero para mí la distinción entre meditación y acción debe desvanecerse, debe tocar a su fin. Todas las acciones —ya sea trabajar en el jardín o cocinar o hablar o escribir o charlar con un amigo o estar con mis hijos—, todas las cosas han de hacerse conscientemente, plenamente presentes y atentos y conscientes. La meditación se convierte en una parte del vivir diario. (2005)

En este capítulo, compartiremos con los lectores lo que hemos aprendido mediante nuestra investigación acerca de cómo, en aspectos compartidos en todas las tradiciones, la gente integra sus prácticas y visiones de transformación en la vida diaria. Como Kumar, muchas personas informaron de que vivir la vida al máximo puede llevar a la transformación. Realizar una práctica diaria de la mente, el cuerpo y el espíritu; encontrar una comunidad de ideas afines; distribuir recordatorios sencillos de nuestros valores básicos, propósito e intenciones en todo nuestro entorno; sacar tiempo del ajetreo y el bullicio; manifestar nuestras realizaciones dándoles una forma y un cuerpo en este mundo; y ser serviciales con los demás son maneras de crear una fusión más perfecta entre la vida y la práctica. Identificamos pequeños aspectos en que podemos entrelazar lo que ha significado para nosotros a través de todos y cada uno de los días.

INTEGRAR VIDA Y PRÁCTICA

El venerable Pa Auk Sayadaw, monje budista birmano y portador de una tradición de meditación *vipassana*, o visión, nos dijo que una vez que nos convencemos de los beneficios de la práctica espiritual, comenzamos a integrar los beneficios en nuestro ser (2003). Sayadaw identificó cinco factores espirituales positivos que son importantes para la integración de las comprensiones a corto plazo más habituales en los cambios a largo plazo en la visión del mundo o la manera de ser. El primer factor es el *deseo* de cambiar y la *convicción* de que la práctica tendrá como resultado nuestra transformación. El segundo factor es el *esfuerzo*, sin el cual Sayadaw afirma que nada sucederá. El tercer factor es la *vigilancia*. Una firme determinación puede impedir que retrocedamos o perdamos de vista el camino que lleva al bienestar espiritual. El cuarto factor, fundamental para la práctica *vipassana* de Sayadaw, es la *concentración*, a la que define como «la integridad coherente de la consciencia» (2003). Esto no es, dice, una cualidad innata, sino algo que hay que desarrollar mediante la práctica, algo que se puede aprender. El quinto factor es la *comprensión correcta*: percibir fielmente la naturaleza de la realidad. Sayadaw nos explicó que, una vez que se tienen incluso solo un par de estas cualidades, «estarás seguro de avanzar en el camino. Podrás cambiar las ganancias a corto plazo por beneficios a largo plazo en la vida» (2003).

No importa qué práctica o tradición se realice, se puede tomar la decisión consciente de usar las herramientas siguientes para que nuestra vida y nuestro viaje de transformación sean lo mismo, ¡porque, por supuesto, lo son!

Ir más allá del aprendizaje dependiente del estado

Los psicólogos han descubierto que la gente puede recordar mejor la información cuando se halla en el mismo estado o situación que cuando se aprendió originalmente dicha información (por ejemplo, si se aprende álgebra en una habitación amarilla llena de filas de pupitres, es más probable que se supere un examen de álgebra cuando se celebra en una sala amarilla parecida con filas de pupitres). Este fenómeno cognitivo estudiado desde hace tiempo se conoce con el nombre de *aprendizaje dependiente del estado*.

Para mucha gente, las realizaciones transformadoras parecen estar sujetas a un *aprendizaje dependiente del estado*: es más fácil recordar nuestras verdaderas prioridades o entrar en contacto con nuestra capacidad para la compasión profunda en el mismo escenario en que estas cosas se experimentaron por primera vez. Por ejemplo, la mayoría de las tradiciones de transformación incluyen visitas regulares a un lugar de culto o práctica concreto. Sin embargo, una dependencia excesiva de estos lugares sagrados puede llevar a una búsqueda constante para recuperar los *estados* de nuestras comprensiones —que son temporales— en vez del desarrollo de estas comprensiones en *rasgos* sostenibles. La clave es comenzar a integrar estas comprensiones en todos los escenarios de la vida.

Muchas personas dedican años a perseguir estados de transformación, asistir a un taller tras otro, a un grupo tras otro. A menudo la gente se sentirá eufórica en un taller, pero volverá a casa y tendrá dificultades para integrar la comprensión del momento de euforia apuntado. En consecuencia, pueden limitarse a comenzar a buscar otro taller para reproducir la intensa experiencia. De hecho, este ciclo puede ser especialmente desafiante cuando se vive en una sociedad que no apoya la integración de nuestra práctica en nuestra vida diaria. El padre Francis Tiso, sacerdote católico, nos dijo:

> Recuerden que los grandes yoguis se retiraron a las montañas desde culturas que eran tradicionales, religiosas y favorables al menos a algunas de las metas que los yoguis trataban de alcanzar.
>
> Nosotros vivimos sin retiro, en una sociedad que es hostil [al proceso de transformación]. Intentamos ser yoguis a tiempo parcial. [...] Para obtener alguna clase de resultados de esto, es probable que se requiera algún tiempo, y también podrían ser un poco escasos: muy frágiles, fáciles de romper. Se puede conseguir un atisbo o una visión y, el día después, parecerá que no se ha tenido. Es evanescente. Esto no debe desanimar a nadie. (2002)

Además de ir más allá del aprendizaje dependiente del estado, hay muchas maneras de utilizarlo para ayudar a llevar la transformación a nuestra vida diaria. Por ejemplo, una consiste en hacer que nuestra casa y nuestro lugar de trabajo —incluso nuestro coche— se parezcan más al entorno en el que sea fácil experimentar nuestro yo profundo. Muchos lugares que se cree que son sagrados incorporan elementos de belleza, simplicidad, imágenes, luz o música que facilitan experiencias profundas de lo numinoso. Podemos integrar estos elementos en nuestro propio entorno: encender una vela, poner música reconfortante, etcétera, puede ayudarnos a crear un espacio que alimente la transformación. Otra manera de utilizar el aprendizaje dependiente del estado es hacer que nuestro estado mental y físico sea lo más parecido posible a lo que experimentamos en nuestro entorno de práctica. Muchos escenarios de retiro (aunque no todos) hacen hincapié en elementos como el silencio, la soledad, la expresión creativa y un ritmo pacífico; a menudo también incorporan comida saludable, aire fresco y ejercicio. Llevar estos elementos a nuestra vida diaria puede favorecer mejor el recuerdo de lo que tiene corazón y significado para nosotros.

Encontrar una comunidad de ideas afines

Cuando preguntamos a los maestros cómo integrar las comprensiones de transformación en la vida cotidiana y los cambios a largo plazo en las maneras de ser, la respuesta más habitual que recibimos fue conectar con una comunidad de ideas afines. De hecho, muchos maestros dijeron que encontrar una comunidad de ideas afines con la que se pueda compartir el proceso de transformación es esencial. Tener gente en nuestra vida que apoye nuestra metamorfosis puede ayudar a fortalecer los resultados que el padre Tiso llamaba «frágiles» y «fáciles de romper» (2002). Además, nuestra comunidad puede servir como crisol para nuestra transformación y como santuario para explorar nuevas ideas y visiones.

La psicóloga Frances Vaughan señaló que ser parte de una comunidad es también vital para la parte de la transformación que implica aprender cómo comportarse con otras personas. Sugiere que nos preguntemos:

> ¿Soy más compasivo? ¿Soy más bondadoso? ¿Soy más considerado, o lo soy menos? Estas preguntas se pueden evaluar subjetivamente además de preguntar a otros qué observan. Es esta segunda forma en la que pienso que es importante tener una comunidad con la que trabajar. Podemos creer que tenemos una experiencia de iluminación maravillosa... y la gente puede pensar que somos estrafalarios. Hay que equilibrar lo interior y lo exterior, creo. No es «o/o», es «y». (2002)

Asimismo, Zenkei Blanche Hartman nos contó cómo la práctica del zen, sobre todo en un monasterio, trabaja para realizar la sensación de interdependencia, y cómo, en el proceso, la práctica ayuda a pulir los bordes sin brillo y ásperos de la gente:

> La práctica monástica ayuda a la gente a ver hasta qué punto está conectada con todo el mundo, cómo afecta a los demás y cómo se ve afectada por los demás. Desarrollar cierta compasión —es decir, cierto sentimiento por los demás— forma parte de la manera en que vivimos juntos en el monasterio. En Tassajara, donde tenemos el monasterio, vivimos juntos, comemos juntos, trabajamos juntos y leemos juntos. Muy pronto todo el mundo ve quién eres. También podrías olvidarte de ti mismo.
>
> Para comprender esto, usamos la metáfora de las piedras en un tambor. Se agarran unos guijarros y se ponen en un tambor con un poco de agua y un abrasivo. Luego se ponen en el rodillo. Han visto alguna vez un tambor de piedras? Rueda y rueda. Las piedras no dejan de caer y chocar. Luego está la arenilla, o abrasivo, que pienso que podría ser el implacable programa monástico.
>
> Seguimos un programa muy estricto en el monasterio. Alguien va por ahí con un campana para despertarnos. Nos levantamos y vamos a meditación. Nos sentamos juntos y cantamos juntos. Comemos juntos en una sala de meditación. Trabajamos juntos, etcétera, siempre chocando unos con otros. Llegamos a ver dónde están nuestros bordes ásperos y los bordes ásperos de los demás. Al cabo de algún tiempo de chocar sus bordes con lo nuestro, quedamos pulidos. Tenemos una sensación de cuidarnos unos a otros y cuidar de la comunidad. (2003)

Al igual que Hartman, muchas de las personas con las que nos entrevistamos señalaron que la práctica realizada en sincronía con otros puede reportar grandes beneficios. Esto no exige realmente vivir en un monasterio o en otra comunidad espiritual. Tener un grupo de iguales de ideas afines en los que se confía puede ayudarnos a calibrar nuestras experiencias. Los grupos de apoyo de compañeros de viaje pueden adoptar muchas formas. Por ejemplo, un grupo de apoyo podría ser cualquier grupo organizado o semiorganizado de personas que comparten nuestros objetivos, valores o intereses: un club del libro, una cohorte de viaje, un grupo de corredores, una red de amigos y compañeros de trabajo que apoyan, o una clase o programa de mentalidad espiritual. Más nuevos en el horizonte son los programas basados en Internet y en teleconferencias como Cambio en Acción del IONS (www.noetic.org); estos lugares ofrecen vías para que la gente hable de sus experiencias de transformación con otras personas de ideas afines que son (¡es de esperar!) abiertas y no se erigen en jueces. Encontrar la comunidad correcta para nosotros puede ayudar a apoyarnos en nuestro viaje de transformación.

De hecho, formar parte de una comunidad de ideas afines puede realmente incluso permitirnos aprender más del proceso de transformación. En su teoría del aprendizaje del desarrollo social, el psicólogo Lev Vygotsky postulaba que la interacción social influye profundamente en el desarrollo cognitivo (1934). Vygotsky entiende el desarrollo como un proceso que dura toda la vida y es demasiado complejo para dividirlo en etapas. Se refiere a la distancia que separa nuestro nivel actual de desarrollo (los problemas que podemos resolver nosotros mismos) de nuestro nivel potencial de desarrollo (los problemas que sólo podemos resolver con orientación de individuos más desarrollados o de iguales) como la *zona de desarrollo próximo*. Para Vygotsky, esta zona es el lugar donde tiene lugar el aprendizaje. Observa, además, que son las interacciones sociales que tienen lugar en esta zona —con guías e iguales— lo que define el grado en que alguien puede aprender o internalizar la nueva información.

Así pues, para Vygotsky, el desarrollo tiene lugar en el contexto de la experiencia compartida y las conexiones con otros. Afirma que los niños pueden aprenden mejor en entornos con niños de más edad que pueden proporcionar lo que llama «andamiaje» para las experiencias de aprendizaje: no resolver los problemas de los niños de menos edad, sino proporcionar una estructura de apoyo para que ellos lleguen a las soluciones por sí mismos. Vygotsky recomienda también la *enseñanza recíproca* como método de aprendizaje. En la enseñanza recíproca, se pone a los alumnos la tarea de dirigir pequeños grupos en las mismas materias que ellos están aprendiendo también en ese momento. Finalmente, Vygotsky cree que el entorno óptimo para el aprendizaje es el formado por pequeños grupos de niveles de desarrollo variados, en los que los alumnos más experimentados conocen el nivel de los aprendices del principio y ponen cuidado para no dominar las interacciones.

Todos estos elementos pueden ser grandes criterios para elegir a quien queremos que nos apoye en nuestro viaje de transformación. Hay que buscar una comunidad de ideas afines formada por personas de diversos niveles de desarrollo; una comunidad con guías que no se limiten a repartir soluciones sino que ayuden a descubrirlas por uno mismo, y líderes que no dominen todas las interacciones; una comunidad en la que a quienes están aprendiendo se les brinde también la oportunidad de enseñar. No es de extrañar que muchas tradiciones de transformación de todo el mundo hayan incorporado ya estos entornos óptimos para el aprendizaje de sus formas de práctica.

CULTOS Y COMUNIDADES QUE NO APOYAN

Como nos dijo la maestra zen Zenkei Blanche Hartman con la metáfora de las piedras giratorias, las relaciones dentro de las comunidades de transformación no siempre son fáciles (2003). Aunque formar parte de una comunidad de ideas afines puede ser una auténtica bendición, el mero hecho de que los miembros de la comunidad estén centrados en objetivos comunes no significa que las personalidades, la reactividad y la resolución de conflictos no sean problemáticas. De hecho, en una comunidad de transformación, estos desafíos pueden incluso ser más intensos que en una situación más superficial, como un lugar de trabajo.

Es importante distinguir entre comunidades de práctica de ideas afines que pueden ayudar a nuestra transformación y aquellas que causarán un impacto negativo en nosotros porque son cultos o simplemente porque no apoyan. Los cultos se definen por un conjunto de criterios claves: los cultos desaconsejan cuestionar la doctrina, a los líderes o a los maestros; nos exigen que donemos más de lo que razonablemente podemos costear o que abandonemos nuestras posesiones o residencia; usan tácticas como la humillación o la crítica; nos alientan a mantener en secreto la doctrina o las prácticas del grupo; o nos instan a romper todo contacto con familiares y amigos. Si nos encontramos participando en un grupo que sigue cualquiera de estos preceptos, tenemos motivos para preocuparnos.

La falta de una comunidad que dé apoyo puede ahogar el proceso de transformación. Si los demás rechazan por completo —o simplemente no comprenden— nuestra experiencia, puede resultar más difícil integrar nuestras experiencias y realizaciones en nuestra vida. El psicólogo transcultural Stanley Krippner nos dijo:

> Una de las cosas que inhiben la integración de estas enseñanzas es la presión social. Algunas personas hablarán de una epifanía y sus amigos se reirán de ellas. Otras acudirán a un curandero indígena y tendrán una curación súbita de un problema antiguo, por ejemplo un dolor de garganta o un músculo dolorido, y cuando regresen, sus amigos se reirán de ellas. Después regresa el síntoma. En mi opinión, para que muchos de estos anclajes sirvan realmente, para que realmente arraiguen y tengan lugar, hay que tener apoyo social. (2002)

De hecho, la observación de Krippner es semejante a la observación anterior de Tiso, de que nuestra cultura dominante no siempre apoya la clase de transformación de la consciencia que hace hincapié en el significado por encima de las posesiones materiales (2002). El psicólogo transpersonal James Fadiman coincide en que una comunidad que no apoya puede deshacer una buena parte del trabajo de trasformación. Fadiman nos explicó que un mundo social insensible puede inhibir sustancialmente la integración de las experiencias de transformación y las nuevas formas de ver el mundo:

> Si todo el mundo te dice que estás loco, llega un momento en el que estás fuera de la norma cultural y por definición estás loco. Y, si te encuentras solo y pareces estar loco, es difícil mantener tu cambio de percepción. Hay un pequeño relato sufí titulado «Cuando se cambió el agua». Trata de una ciudad en la que, si bebía el agua, la gente se comportaba de una manera extraña. Todos menos aquel tipo bebían el agua. Él acumulaba el agua antigua, podía ver que todo el mundo se comportaba de aquella

manera extraña. [...] Pero al final aquel tipo dijo: «Abandono, voy a beber el agua». Y todos los demás dijeron: «Oh, está
curado, está sano de nuevo, está cuerdo. Era tan extraño, pero
ahora vuelve a ser uno de nosotros». A menos que haya alguna clase de sistema de apoyo —puede ser incluso un libro—, alguna
forma de verificación y validación externas, puede ser muy difícil
mantener estos cambios. (2003)

Seguir nuestro camino de transformación con la ayuda de una
comunidad tiene muchas ventajas. Tener una cohorte de ideas afines
puede brindarnos la oportunidad de conectar, compartir y celebrar
lo que funciona, y de arreglar lo que no funciona. Recuérdese que
no todo el mundo en nuestra comunidad tiene que estar de acuerdo con todo lo que digamos. A veces una voz de desacuerdo puede ayudarnos a pulir y revisar nuestro sentido de lo que es correcto
y verdadero. Sin embargo, como nos dijo Gangaji, si un grupo de
ideas afines nos impide encontrar nuestro yo auténtico, puede ser
lo peor, en vez de lo mejor (2002).

Recordatorios sencillos

Los recordatorios de lo que queremos para nuestra vida —recordatorios hechos una y otra vez, y de muchas maneras distintas— pueden
ayudarnos a integrar nuestra práctica de transformación en acciones cotidianas. A veces incluso recordatorios muy sencillos pueden
ayudar. Actos tan básicos como leer un libro inspirador, escuchar
una cinta sugerente, asistir a una conferencia instructiva, charlas con
amigos alrededor de una fogata, ver una gran película acurrucados
con nuestros hijos, o incluso tomar un baño sin prisas, puede ayudar a transformar acciones prosaicas en prácticas profundamente
significativas. Y cuando los pasos son sencillos y fáciles, se convierten en un gozo más que en una carga.

Los recordatorios sencillos pueden también incluir objetos, símbolos, música o joyas: cualquier cosa que tenga significado para nosotros. Aunque los objetos tal vez sean banales —como el Buda de
cabeza móvil en el salpicadero del coche—, pueden ser de gran ayuda

para mantenernos dentro de la corriente de nuestro propio crecimiento personal. Es importante alternar los recordatorios para que
sigan llamando nuestra atención, en vez de fundirlos en un fondo
que pase desapercibido. Y es útil recibir los recordatorios en todas
las formas que sea posible, a través de todos los sentidos.

Estos tipos de recordatorio sirven de *pies*, que los psicólogos definen como estímulos que, al ser percibidos consciente o incons-
cientemente, provocan un comportamiento. Incluso algo tan sencillo como una sarta de cuentas —como las que se usan en el budismo
y en las tradiciones de yoga (el mala) y el catolicismo (el rosario)—
puede indicarnos tanto en el nivel consciente como en el inconsciente que nos comportemos de una manera congruente con nuestros valores y compromisos.

Con su mala de muñeca en la mano, el maestro espiritual y escritor Ram Dass nos explicó cómo la práctica de la repetición del
mantra le recuerda ver a todas las personas como almas:

> Uso este método cuando elijo un nombre de Dios y digo para mí
> mismo: «Ram, Ram, Ram». Cuando voy caminando por la ca-
> lle, «Ram, Ram, Ram». Cuando visito el supermercado: «Ram,
> Ram, Ram...».
>
> Es increíble cuántas almas hay en Safeway. Piensan que son
> otra cosa, pero son almas. [...] Es extraordinario, porque si es-
> tás viviendo [...] tú eres el actor, tú eres el público, tú eres el
> escritor. Y, si te olvidas, el gurú te lo recuerda: «Ram, Ram,
> Ram...» (2003)

Los neurocientíficos han descubierto que los pies pueden ser
motivadores del comportamiento extremadamente poderosos, tanto
en el aprendizaje (Dessalegn y Landau, 2005) como en procesos menos saludables, como la adicción (Carter y Tiffany, 1999). Además,
los pies ambientales —como los sonidos, las visiones o los entornos
físicos asociados a la bebida o el consumo de drogas— son capaces
de desencadenar el comportamiento adictivo (Zickler, 2001). La introducción de recordatorios de transformación en nuestro entorno
puede funcionar de manera semejante, pero con un objetivo positivo: desencadenar las cualidades y los rasgos que deseamos llevar

plenamente a nuestra vida. Para el hermano David Steindl-Rast, esto adopta la forma de recordatorios físicos sencillos, como las notas amarillas de pósit que pone por toda su casa para que le recuerden su propia gratitud. Para nosotros, esto podría ser una buena fortuna de una galletita china o una cita especialmente inspiradora pegada en el frigorífico. Incluso cosas muy pequeñas pueden recordarnos quiénes y qué somos en el centro de nuestro ser.

Tiempo de descanso

Otra forma sencilla pero muy importante de integrar las prácticas de transformación y las realizaciones en nuestra vida diaria es programar tiempo tranquilo para estar solo. Dar un paseo por la naturaleza o sentarse en silencio mientras se oye música relajante puede ser de gran ayuda si se hace con intención y atención.

Aunque la ensoñación puede ser un lujo para el que muchos de nosotros pensamos que no tenemos tiempo, lo cierto es que se trata de una manera de integrar la información. Eric Klinger, autor de *Daydreaming* (1990), ha dedicado más de treinta años al estudio de la ensoñación. Klinger escribe: «La ensoñación es una de las maneras en que se puede mantener organizada nuestra vida, una manera de explotar las experiencias para extraer las lecciones que encierran, y una manera de ensayar para el futuro» (1990, p. 3). Disponer de tiempo para el silencio y la soledad no estructurados —para la ensoñación— hace realmente que nuestra vida sea más eficiente, porque nos permite integrar cognitivamente lo que hemos aprendido. La ensoñación puede también ayudarnos a generalizar nuestras realizaciones imaginando cómo podrían aplicarse a otros aspectos de nuestra vida y al futuro.

Tomarse un tiempo de silencio puede resultar muy difícil; tal vez sintamos que no podemos conseguir el espacio que necesitamos, y nos pueden parecer incómodos el silencio o la soledad cuando se ha logrado el tiempo. Estar en silencio y soledad es como la mayoría de las cosas, por cuanto podemos no comprometernos plenamente en el proceso a menos que se pueda encontrar gozo en ello. No debemos preocuparnos si el silencio y la soledad son actualmente extraños para nosotros; hay muchas maneras de cambiar nuestra relación para que lleguemos a ser amigos de confianza.

Don Hanlon Johnson, líder en el campo de la psicología somática y profesor del California Institute of Integral Studies, lleva el silencio a su escenario familiar:

> Me levanto a las seis de la mañana y hago mis quehaceres. Mi hijo tiene que levantarse hacia las ocho menos veinte para prepararse para el colegio. Le pongo el desayuno y mi esposa lo lleva a la escuela de camino a su oficina: ese es más o menos nuestro ritual. Todas las mañanas se levanta. Se sienta en un escalón y yo me siento con él. Desde que era un bebé, ha habido un periodo de unos diez minutos en que está totalmente callado. Es la meditación más profunda, sentado conmigo. No tenemos televisión por cable, así que se ha criado en una especie de silencio. Eso me parece muy profundo. Muchas de nuestras interacciones tienen la misma cualidad. (2002)

Solo diez minutos de silencio al día pueden marcar toda la diferencia. Sentarse en silencio con los seres queridos, comprometerse con la vida y ser consciente de su naturaleza sagrada, puede imbuir de placer y una profunda satisfacción a nuestras experiencias de silencio. Esto puede permitirnos comprometernos con nuestros quehaceres diarios de una manera que los haga conscientes, ayudándonos de este modo a llevar nuestra práctica de transformación a las rutinas diarias.

Actuar

Según muchos de los maestros a los que entrevistamos, una de las mejores maneras de llevar las nuevas perspectivas que hemos adquirido mediante las experiencias de transformación a nuestra vida consiste en ponerlas en acción conscientemente. La acción puede adoptar muchas formas. Puede ser la expresión creativa, poniendo nuestras realizaciones —que en muchos casos pueden resultar difíciles de describir— en la poesía, el dibujo, la pintura, la escultura o la danza. Tal vez crear nuevas maneras de ser y de gastar el tiempo con nuestros seres queridos. O poner en práctica nuevos proyectos en el trabajo —o nuevos elementos de proyectos existentes— que estén más alineados con nuestros valores y sensibilidades emergentes. Puede ser trabajar como voluntario en nuestra comunidad local o en grupos más amplios de acción social o ecológica. Lo primordial aquí es llevar nuestra nueva perspectiva al mundo de alguna forma.

Muchos de los maestros a los que entrevistamos nos dijeron que llevar la práctica a la acción no solo refuerza nuestra práctica, sino que enriquece todas nuestras experiencias de vida. En otras palabras, llevar conscientemente las realizaciones de transformación a la vida hace que las propias experiencias de la vida sean más transformadoras. La maestra pagana Starhawk lo explicó así:

> Si se toman de verdad los ideales y se ponen en práctica mediante la acción, las acciones que emprendemos generan experiencias muy poderosas de las que se aprende. Estas nos abren a otras clases de cambios.
>
> Es probable que la experiencia de transformación más poderosa de mi vida haya sido viajar a Cisjordania y los territorios palestinos ocupados con el Movimiento Internacional de Solidaridad. Me encontré en una situación con personas de quienes me habían enseñado a pensar que eran mis enemigos —de quienes temía que me odiarían y que serían peligrosas— y estuve, en solidaridad con ellas, compartiendo algunos de los riesgos y peligros que ellas afrontaban todos los días. La profunda bienvenida que me dispensaron, la manera en que la gente se ha abierto y nos ha acogido, han sido increíbles. Durante años he conducido a la gente en trances en los que se enfrentaban a su miedo más profundo. Y todo eso estuvo muy bien, pero entrar en Nablus cuando se hallaba cerrado y sometido a asedio, entrar en un campo de refugiados, pasar cerca de tanques que nos estaban disparando, y después entrar en un hogar palestino y sentarnos y estar con aquellas personas, eso fue la transformación en un nivel totalmente distinto.
>
> Cuando me enfrenté a ese miedo, me volví realmente mucho

menos miedoso. N o tengo miedo ya en ningún lugar. Habrá gente que vaya diciendo: «¡Es una zona tan peligrosa!», y yo contestaré algo como: «No creo que lo sea». [...] Aquello me llevó a mirar a la gente y esperar amistad y esperar conexión. El mundo real nos enseña mucho si nos abrimos a sus experiencias. (2006)

Naturalmente, acción puede no ser lo mismo que activismo. De hecho, quizá sea tan sencillo como llevar amabilidad cariñosa a una relación difícil o incluso frenar cuando descubrimos que nuestra vida ajetreada se impone.

ANCLAS EN LA TORMENTA

Como hemos visto en los capítulos 4 y 5, nuestra investigación indica que realizar una práctica diaria de una forma u otra nos ayudará a integrar las experiencias de transformación en nuestra vida diaria. De hecho, realizar una práctica diaria puede ayudarnos de manera fundamental para nuestro sentido del equilibrio y la estabilidad emocional. El psicólogo transpersonal Charles Tart resumió esta idea de manera elocuente, describiendo la práctica de transformación como una forma de espiritualidad: «En general, si se tiene alguna clase de práctica espiritual incluso moderada, esa práctica nos brinda un ancla en épocas turbulentas. Nos da algo para mantenernos más firmes cuando los vientos del cambio nos zarandean» (2003). El padre Francis Tiso, sacerdote católico, nos recordó cómo la práctica puede ayudarnos a mantener la estabilidad durante lo que puede ser un viaje turbulento:

> Comprometerse con el camino espiritual, aunque podamos estar buscando la paz, realmente [...] parece ponernos en enormes fluctuaciones de angustia y éxtasis. Podemos ver que hay paz, que hay absorción mística, que hay toda clase de *samadhis* y estados maravillosos. Pero hay también esa enorme fluctuación de la emoción y el sentimiento y la intensidad.
>
> Muchas prácticas espirituales —como las prácticas penitenciales, la práctica de la humildad, la práctica de la autoabnegación—,

aunque puedan parecer contrarias a una ideología de la autoestima, están concebidas realmente para mantenernos en estabilidad cuando pasamos por esas cosas. Porque vamos a pasar por ellas. Si hacemos yoga, por ejemplo, sensibilizamos todo nuestro complejo mente-cuerpo para que nuestros placeres sean mucho mayores, así como nuestros dolores. Nos volvemos muy apegados, incluso al placer físico del yoga. Por eso hay que aprender a mantener la estabilidad.

Tenemos que ser más valientes a la hora de abrazar el aspecto de sufrimiento del proceso de transformación. La felicidad no se encuentra en eludir los tramos desagradables del viaje, y no se puede identificar con pequeñas subidas de las hormonas de la felicidad en el cerebro. ¡Eso no es felicidad, es adicción!

Thomas Merton [...] habla del hecho de que la liturgia cisterciense-trapense —los cánticos, etcétera— está concebida para no dejarnos llegar demasiado alto ni demasiado bajo, sino para mantenernos en el centro. Nos da la clase de estabilidad psicofísica que necesitamos para hacer frente al hecho de que no vamos a tener altibajos. Podemos quedar atrapados en el cielo o en el infierno; esto [la estabilidad] nos hace volver, nos mantiene humanos.

Hay muchas anécdotas sobre [la importancia de la estabilidad, de permanecer en el centro] y no lo apreciamos lo suficiente quizás, cuando estamos sedientos de paz y sedientos de éxtasis. No apreciamos por qué se nos dijo: «Vuelve a bajar a la Tierra». Pero, de hecho, hay sabiduría en esta práctica y actitud. (2002)

Muchas tradiciones de práctica de transformación tienen incorporadas formas de ayudarnos a mantener una estabilidad relativa durante el proceso de transformación. Prácticas de transformación como la oración, la meditación, el ritual y muchas otras han sido concebidas en parte para ayudarnos a tratar las clases de fluctuaciones que Tiso describe. Tener guías, una comunidad que preste apoyo, una práctica mental o corporal diaria: todo esto está urdido para transformarnos y para ayudarnos a tolerar los desafíos del viaje de transformación.

Asimismo, Stanley Krippner, también psicólogo transpersonal, empleó de este modo la metáfora del ancla:

Me gusta repetir el dicho que reza: «Por sus obras los conoceréis». Si la persona es un trabajador mejor, una persona más cariñosa, feliz y dichosa para estar con ella, eso ya es bueno para mí. Los psicoterapeutas usan el término «anclaje»: tomamos la epifanía y la anclamos a nuestra experiencia diaria. Encontramos maneras de ponerla a trabajar en nuestra vida diaria. Muchas personas van a la iglesia, o al templo, o a la sinagoga, o adonde sea. Van un día a la semana y es un acto totalmente divorciado del flujo de su vida. Convierten en un gran espectáculo su piedad religiosa, pero no está anclado a nada. [...] Esto es algo en lo que tenemos que trabajar. Aceptamos estas visiones de estas epifanías y encontramos algo en nuestra vida diaria a lo que podemos engancharnos y nos aferramos el resto de nuestra vida. (2002)

Tal como sugieren Tart y Krippner, las prácticas de transformación pueden ayudarnos a afianzarnos ante nuevas formas de ser en el mundo. Mientras viajamos por el camino de transformación, a menudo resulta útil tener prácticas que puedan ayudarnos a integrar nuevas formas de ser en nuestra vida diaria.

Como vimos en el capítulo 4, los estudios sobre plasticidad cerebral nos dicen que cuanto más se practica algo, más fuertes se vuelven los nuevos caminos neuronales, y más fácil les resulta ser estimulados. Tanto si nuestra práctica es la meditación diaria, el ayuno periódico, la redacción de diarios, la asistencia a servicios de culto, las afirmaciones positivas, los paseos en la naturaleza o la oración, las prácticas fomentan la integración de las experiencias de transformación. La práctica sirve de recordatorio de un conjunto de posibilidades más amplio de lo que se puede experimentar de forma rutinaria. La práctica nos conecta reiteradamente con lo sagrado, lo numinoso o lo divino. Y la práctica también estimula el crecimiento y la transformación.

La práctica diaria puede proporcionar un andamiaje sólido para el proceso de transformación. Como dijo Michael Murphy (2002), cofundador del Instituto Esalen, la práctica actúa como la estaca en que se apoya la vid cuando crece: ¡tú mismo! Andriette Earl, reverenda de la Iglesia de la Ciencia Religiosa de East, considera la práctica diaria como mantener el pie en el acelerador mientras se sube una cuesta (2006). Así pues, la práctica alimenta nuestro viaje de transformación, apoyándonos mientras intentamos crecer y florecer.

LLEVAR SIGNIFICADO A LA VIDA

A medida que introducimos nuestra práctica de transformación cada vez más en nuestra vida, pasamos a ser actores en vez de reactores. Nos volvemos capaces de usar la intención consciente para impulsarnos hacia delante. La vida es nuestra para darle significado: escogemos el relato que queremos contar. La sacerdotisa *yoruba* Luisah Teish se hizo eco de este sentimiento:

> Una de las cosas que considero fundamentales para la adquisición de poderes personales es pasar de sentimientos como «Soy una víctima de mi vida» a «Estoy trabajando con la naturaleza, la comunidad y el espíritu para diseñar y configurar nuestras vidas». Mire, se pasa del «mí» al «nosotros». Se va de la víctima al actor o el iniciador. Se va de sentirse devaluado a valorar lo que ya está realmente a nuestro alrededor. (2003)

Así pues, la transformación cambia no solo el modo en que se ve el mundo, sino también cómo nos relacionamos con el mundo. En todas las situaciones, debemos preguntarnos: «¿Estoy siendo actor o víctima? ¿Estoy valorando o devaluando? ¿Estoy centrado en mí o en nosotros?». Como humanos, somos seres creadores de significado. Podemos crear cualquier significado que queramos. ¿Por qué no crear un conjunto de posibilidades que potencien la vida, en vez de una interminable cantinela de victimización y sufrimiento?

La vida como servicio

Manifestar nuestra transformación en el mundo es lo que la hace sustancial. Para muchos, las realizaciones de transformación se afianzan a través del servicio a los demás. Este altruismo hacia los demás es una de las piedras angulares de la mayoría de las religiones y de muchos caminos espirituales y de transformación. En inglés, la palabra servicio (*service*) comparte su raíz con el término del inglés antiguo *serfise*, o ceremonia. Hasta la fecha, «servicio» se usa para designar una ceremonia religiosa y un acto de generosidad hacia otra persona. Ofrecer servicio a los demás puede ser un rito que exprese nuestra intención de crecer y transformarnos y que sirva de ancla a nuestras realizaciones en la realidad de todos los días.

La doctora Rachel Naomi Remen, que se ha dedicado al bienestar de los demás durante casi cuarenta años, nos dijo al respecto:

> El servicio es mi práctica. El servicio es una de las prácticas más poderosas. Cuando se ve a alguien afectado sin saberlo por algo como el cáncer, pasa por un proceso de curación. Es un proceso de la evolución del yo hacia la totalidad. El proceso tiene pasos, y la gente pasa por ellos de diferentes maneras. Creo que el último paso es el servicio.
>
> Las personas que son capaces de emplear y experimentar la crisis, el sufrimiento y la pérdida de una manera que evolucione su ser único pondrán, al final, ese ser único al servicio de los demás, porque el servicio se ha convertido en algo natural para ellas. La experiencia que acaban de vivir —de sufrimiento y pérdida— es, en cierto sentido, la experiencia universal. Es la condición humana. Al haberla vivido, no se mantienen separadas del sufrimiento de otras personas. No se protegen del modo en que la mayoría de la gente lo hace.
>
> A menudo se quedan en las vidas en que estaban. Son directores ejecutivos o agentes inmobiliarios, o lo que sea, pero ahora lo hacen desde un lugar diferente y con un fin distinto. Lo hacen desde un lugar de profunda conexión con los demás. Y, para mí, esa es la señal de la verdadera práctica. Pienso que mucha gente habla de la red de información como si fuera una cosa intelectual. Es algo muy distinto de conocerlo en cada célula de nuestro cuerpo como el fundamento del ser. (2003)

Gerald Jampolsky —otro médico cuyo trabajo ha ayudado a miles, tal vez incluso millones, de pacientes enfermos y moribundos y a sus familiares a afrontar las crisis a las que hacen frente— nos ofrece este relato:

> No todo el mundo es llamado a una vida de servicio, al menos no en el sentido más obvio de hacerse trabajador social o trabajar como voluntario en un comedor de beneficencia. De hecho, muchas personas que toman ese camino no tardan en darse cuenta de hasta qué punto incluso esas actividades pueden llegar a divorciarse del resto de su vida. Servicio, definido en términos generales, puede ser cómo interactuamos con cada persona y en cada situación, sin importar cuáles sean las circunstancias. (2002)

Llevar el servicio a nuestra vida puede ser un proceso sencillo. Quizá implique la manera en que interactuamos con nuestros compañeros de trabajo, hablamos con nuestros hijos, compartimos nuestro día con nuestro cónyuge o visitamos al padre o la madre enfermos. Puede ser trabajar como voluntario en una escuela local o correr un maratón para recaudar dinero para ayudar a combatir el cáncer. El servicio como práctica de transformación tiene que ver con el estado de consciencia que llevamos a estos pequeños actos de amabilidad.

Vivir el arte de la transformación

Una cosa interesante sucede cuando comenzamos a manifestar creativamente lo que hemos aprendido a través del proceso de transformación: tiene lugar entonces una suerte de inversión. Allí donde antes nuestras actividades de transformación alimentaban nuestra vida, ahora nuestra vida alimenta nuestra transformación. Anna Halprin, bailarina, coreógrafa y superviviente de cáncer, nos dijo:

> Hay que comprometerse a examinar cualquier cosa que se presente sin saber cuáles van a ser los resultados y abordar esos resultados creativamente. Lo que se presente puede ser muy difícil, constituir un gran desafío, o ser muy oscuro e incómodo. [...]
>
> Siempre he sido artista. Pero nunca había relacionado estrechamente el arte con la experiencia de la vida hasta que me vi aquejada de cáncer en 1972. Aquello supuso un gran cambio pa-

ra mí, porque comencé a hacerme toda clase de preguntas: ¿Qué estoy haciendo? ¿Para quién estoy haciendo esto? ¿Por qué bailo? ¿Qué diferencia hay de todos modos? Hasta ese momento empleé mi vida esencialmente para crear mi arte; y, entonces, al hacerme todas estas diversas preguntas [...] comencé a cambiar, usando el arte para crear mi vida. Ese cambio exigió muchas preguntas distintas y buscar nuevas respuestas. (2002)

Como reconoció igualmente el reverendo David Parks-Ramage, nuestras experiencias personales se convierten en «los *koans* de la vida» (2006). Usado en la práctica budista zen, un *koan* es una pregunta sin respuesta que, cuando se considera detenidamente, puede llevar a realizaciones paradójicas o incluso absolutamente no verbales: verdades inasibles mediante el razonamiento lógico y que no pueden enseñarse por medio de la pedagogía tradicional. Las experiencias de la vida —muchas de las cuales se resisten asimismo a la razón o al entendimiento— pueden tener el mismo efecto cuando se encaran con apertura y curiosidad.

Aunque los momentos cumbre o ¡ajá! que se experimentan durante retiros o la práctica pueden ser muy poderosos, el desafío se convierte en llevar estos momentos a los elementos prosaicos o difíciles de la vida diaria. Parks-Ramage se extendió en esta idea:

[En la práctica de transformación] hay un «¡maldición!» o un «¡ajá!». Muchos de nosotros hemos asistido a retiros para saber que los «¡maldición!» suceden sin cesar y permiten al universo y a Dios dominar y moverse por nuestra vida al tiempo que también nos dejan ver las posibilidades que tenemos a nuestro alcance.

Pero son esos otros 452 *koans* después los que aportan a la experiencia más permanencia. Cualquier persona que haya asistido alguna vez a un retiro y haya olido la dulce fragancia del amor de Dios y después haya vuelto a su casa y haya luchado con su familia o algo así sabe de lo que estoy hablando. (2006)

Como sugiere Parks-Ramage, estos momentos de la vida diaria pueden estimular el proceso de transformación en igual medida que los momentos ¡ajá!

Atreverse a transformarse

Realizar conscientemente la transformación no es para los débiles de corazón. Adyashanti, autor de *La danza del vacío* (2004a), nos dijo durante nuestra entrevista que integrar las grandes realizaciones puede exigir asumir riesgos:

> No pienso que haya que poner en orden todas nuestras cosas interiores e integrarlas totalmente antes de poder ser realmente lo que hemos desarrollado. Vamos a esperar siempre si esperamos eso. Comencemos siendo lo que sabemos ahora. Eso a la gente le da miedo, porque de pronto salimos del escondite, y entonces todo sale del escondite. Incluso a las personas que han tenido un despertar auténtico y han comprendido la verdad, puede darles miedo. Tal vez han tenido una relación en la que no había verdad. Hay muchas cosas que no se han discutido y se guardan en los rincones. Ahora tenemos un despertar y esas cosas que hemos empujado a los rincones nos están fulminando con la mirada. ¿Vamos a seguir empujándolas a los rincones? Si seguimos aparentando que no están ahí las cosas que sabemos que están ahí, saldremos de ese estado de despertar.
>
> Podría dar miedo salir totalmente del escondite, porque ¿quién sabe lo que va a suceder ahora? ¿Voy a mantener mi relación? ¿Voy a conservar mi trabajo? ¿Voy a gustar a mis amigos? Habrá ciertas áreas en las que parece muy arriesgado, que hay mucho en juego. Pero debe haber una disposición absoluta a ser absolutamente sinceros con nosotros y con todo el mundo. (2004b)

De hecho, hace falta valentía, coraje y compromiso para aparecer cada día y ser quien realmente somos. Y al mismo tiempo, como nos recordó el psicólogo transpersonal y maestro sufí Robert Frager, para ser auténtico también hace falta amor:

> Mi viejo maestro sufí, un maestro extraordinario, me dijo: «No sé mucho del sufismo. Lo poco que sé es lo que he vivido y amado durante más de cuarenta años». Y para mí eso capta el interés. En el sufismo, la primera etapa de iniciación es la de un *muhib*, que

se traduce literalmente como «amante». No se puede aprender nada a menos que lo ames, al menos, no puede aprenderse con ninguna profundidad. Así que amar la práctica, amar la disciplina, es de importancia fundamental. Tiene que haber amor, pero esto no quiere decir amor romántico. Quiere decir el amor que alguien siente por su vocación. Cualquier persona que tenga éxito en algo nos dirá que las personas que tienen más éxito aman lo que hacen más que las personas que tienen menos éxito. Y es ese amor lo que les hace ahondar más y ser mejores en ello. Se trata, pues, de amar nuestra práctica y después vivirla. Eso es lo que hace que funcione. (2002)

Amar nuestra práctica y atrevernos a abrazar nuestra vida como un crisol de transformación nos ayudará no solo a integrar las realizaciones en nuestra vida diaria, sino que también contribuirá para que nuestro yo auténtico brille cada día.

La práctica de la encarnación

Muchos de nuestros maestros —y otras personas, como el teórico del desarrollo transpersonal Michael Washburn (2003)— usan la palabra «encarnación» para hablar de cómo las realizaciones que recibimos pueden integrarse en nuestra consciencia cotidiana. Encarnar implica dar una forma concreta a un concepto abstracto (por ejemplo, amor o unidad o pertenencia). Cuando encarnamos algo, tomamos lo que hemos aprendido —las visiones que hemos obtenido a través de nuestra experiencia directa— y le damos forma. Por ejemplo, podemos dar forma a algo mediante la manera en que somos y el espíritu que aportamos a cada encuentro. Así, nuestra práctica y las verdades que son importantes para nosotros se tornan menos lo que hacemos y más lo que somos como seres humanos encarnados. Adyashanti nos dijo:

Algunas personas se despiertan y básicamente lo que está en el fondo abandona y nunca vuelve a ponerse debajo. Pero esto es extraordinariamente raro. Lo que la mayoría de la gente descubre es que tiene esta gran experiencia, este gran despertar, y después al volver de la luna de miel —que puede durar cinco minutos o cinco meses o un par de años— encuentra sus cosas sin resolver, las partes de ellas que no se han despertado, que la luz no ha penetrado. Va a necesitar realmente examinar eso. Y eso, para la mayoría de la gente, es un proceso gradual.

Hay que preguntarse: «En cualquier momento, ¿estoy siendo realmente lo que sé que es cierto?». Es otra de esas cosas que parecen muy sencillas. Donde el temple espiritual se pone en marcha es en la relación: ¿estoy siendo realmente lo que yo mismo sé que soy? Cuando una situación se pone difícil o intensa, ¿estoy realmente expresando y siendo lo que es cierto, o estoy volviendo de la reactividad? Cuando la gente comienza a entender la sencillez de esto, lo que yo llamo encarnación comienza a suceder mucho, mucho más rápido. Toman uno o dos conceptos sencillos y los aplican realmente, los trabajan realmente. (2004b)

Basándose en otra perspectiva, el padre Francis Tiso, sacerdote católico, habla de la encarnación en términos de resurrección:

La espiritualidad cristiana tiene mucho que ver con la encarnación. Una de las críticas de Evagrius [influyente filósofo ascético cristiano del siglo IV], por ejemplo, es que parece estar hablando solo de un arma incorpórea. Pero realmente de lo que debería estar hablando es de toda la persona humana. El cuerpo, el alma, todo participa en esas experiencias y se abrirá a la plena consciencia. Eso es lo que queremos decir con la resurrección del cuerpo, que no es solo que la carne se reconstituya alrededor de los huesos en la tumba; tiene que ver con volver de nuevo a la vida en la totalidad de lo que somos. Nuestro cuerpo, nuestra mente, nuestras virtudes, nuestros actos, todo lo que hemos aprendido, todo lo que hemos tocado: todo eso forma parte de esa resurrección del cuerpo. (2002)

Aunque Adyashanti, Tiso y Frager (en el apartado anterior) proceden de tradiciones muy diferentes, todos hacen hincapié en la importancia de encarnar la transformación. Esto significa vivir de una manera que se integren el cuerpo, la mente, el espíritu, el entorno y la sociedad.

HACER NUESTRA PROPIA PRÁCTICA

Muchos maestros señalaron que su vida se convirtió en su práctica cuando dejaron de buscar lo que funcionaba para otros y encontraron lo que funcionaba para ellos. George Leonard, pionero del movimiento de la práctica de transformación, nos dijo:

> Una de las cosas que solía exigir era la tranquilidad de que, de alguna manera, mi vida era la vida espiritual correcta para vivir. Sé que eso ya no es una cuestión para mí porque tengo que vivir mi vida; no puedo vivir la vida de un maestro. No voy a llegar nunca allí de la manera en que otro lo hizo. Ellos tampoco llegaron allí de la manera en que otros lo hicieron. [...] Me atrevería a decir que lo mejor que me ha pasado es que ahora tengo un respeto fundamental por mi propia manera de hacerlo, y no espero seguir a un maestro y llegar allí del mismo modo. Ahora estoy más seguro y soy menos exigente. (2002)

La esencia de vivir profundamente es llevar conciencia a las maneras sencillas en que podemos hacer que nuestra vida y nuestra práctica sean una asociación más perfecta y digna. Y, como nos dice Leonard, solo siendo fieles a nuestros propios métodos auténticos de autoexploración podremos conseguir que nuestra práctica sea la nuestra.

resumen

En este capítulo, hemos visto que la vida y la práctica son fundamental-
mente un todo sin fisuras. Esta idea es tan revolucionaria como antigua.
Vivir profundamente no exige retirarse a la cima de una montaña o emprender un viaje de héroe, sino que la convergencia de vida y práctica tiene
que ver con el regreso del héroe, cuando traemos los frutos de nuestro
viaje de autodescubrimiento a nuestra casa, a nuestra vida, a nuestra familia y a nuestra comunidad. Encarnar la transformación es un proceso
de exploración continua. Puede ser un sencillo acto de compasión o un
momento en el que nos detuvimos y sentimos gratitud. Al encontrar formas de recordarnos que estamos despiertos, podemos comenzar a vivir la
transformación en cada pensamiento y obra. Tal como nos muestran el
monje benedictino David Steindl-Rast, que busca continuamente formas
de practicar la gratitud, y Anna Halprin, que ha hecho de la danza su
forma de devoción, hay muchas maneras de vivir más plenamente y más
profundamente. Como veremos en el capítulo siguiente, parte de esto
implica un cambio fundamental en nuestro sentido de identidad: pasar
del «yo» a un sentido más atractivo del «nosotros».

Por ahora, nos detendremos a considerar las maneras en que la
práctica toma forma en nuestra vida diaria.

Experimentar la transformación:
práctica viva

Una manera de examinar cómo la práctica se está integrando actualmente en nuestra propia vida es explorar hasta qué punto la práctica ha im-
pregnado los diferentes campos de nuestra experiencia diaria (podríamos
descubrir que un campo incluso se ha convertido en práctica, sin que
nos hayamos dado cuenta).

Haz un cuadro con tres columnas. A la izquierda, enumera los
campos de tu vida; en el centro, enumera las maneras en que actualmente estás integrando la práctica en esos campos individuales; a la derecha, enumera las maneras en que te gustaría integrar la práctica más
plenamente en un campo concreto, o reconocer más explícitamente

un campo como práctica. Ejemplos de campos podrían ser el trabajo, la familia, lo social, la salud, la economía, etcétera. He aquí un modelo de cuadro:

Campo	Integración de la práctica	Cómo quiero crecer
Mi trabajo como profesor	He comenzado a tocar una pequeña campana al comienzo y al final de cada periodo de clase, no solo para expresar el principio y el final, sino también para recordarme mi práctica consciente como maestro.	He comenzado a dar las gracias por los alimentos que como.
Mis hábitos alimenticios	Me gustaría llevar a mi trabajo más de mi práctica física. Incorporaré cinco minutos de estiramientos suaves con mis alumnos. Trabajar con un niño que tiene dificultades con una tarea es realmente una práctica de entrañable amabilidad para mí; me gustaría reconocerla más conscientemente como tal.	Quiero comer más conscientemente y cocinar más para otros.

CAPÍTULO SIETE

DEL «YO» AL «NOSOTROS»

Sea lo que fuere lo que nos puso aquí —a mí, al océano, a la arena—,
somos todos uno. Decimos «yo» o «tú» para poder comunicarnos,
pero [...] no existe ningún yo, no hay ninguna diferencia entre yo y tú.
Yo soy tú, tú eres yo; eso es lo único que hay.

SHAYKH YASSIR CHADLY (2006)

Cuando era joven, Yassir Chadly —que hoy es un carismático maestro sufí— era miembro del equipo nacional de natación de Marruecos. Un día fue al mar para practicar *bodysurfing*. Era un día especialmente tranquilo, por lo que en vez de dejarse llevar por las olas del océano Atlántico, decidió flotar en su superficie plana. Fue entonces cuando vino a él una sensación mística de unidad:

> Tenía los ojos cerrados. Estaba boca arriba y sentía las pequeñas olas, tan pequeñas, bajo mi cuerpo. [...] Involuntariamente, de pronto, pude sentir que mi cuerpo crecía fuera de sus límites. No podía detenerlo. Era como levadura subiendo: crecía y crecía y crecía. No podía recuperarlo. No podía hacerlo pequeño. Sólo crecía y crecía, hasta que el océano y yo fuimos uno. Podía sentir el océano moviéndose sobre la Tierra, y yo dentro de él. Era uno con el océano entero. Podía oír dentro de mi cabeza el versículo del Corán que dice: «Di que Dios es uno». Y comprendí lo que significa, porque experimenté esa unidad. Dije: «Sí, todo es uno». (2006)

Durante nuestro programa de investigación de diez años, hemos descubierto que uno de los elementos más habituales de la transformación de la consciencia es la experiencia de lo *transpersonal*: una experiencia, como la de Chadly, en la que la consciencia o autoconciencia se extiende más allá de las fronteras de la personalidad individual. Como vimos en el capítulo 2, esta clase de experiencia puede tener como resultado un cambio de consciencia, y estimular un viaje de toda la vida para comprenderla. Pero «transpersonal» no se refiere solo a experiencias aisladas. Se refiere también a una visión del mundo en la que nos vemos no solo como un ego independiente, individual, sino como parte de un todo más grande.

Durante nuestras vidas, pasamos por muchas etapas distintas de desarrollo. El *desarrollo transpersonal* se refiere a quienes van más allá de las etapas típicas del adulto. Ken Wilber, uno de los principales teóricos del desarrollo transpersonal, postula diez etapas comunes de desarrollo, seis de las cuales son etapas con las que la mayoría de nosotros estamos familiarizados: el desarrollo desde la inmadurez de la primera infancia hasta la edad adulta madura (2000). Sin embargo, Wilber y otros —como Abraham Maslow, Carl Jung, Stan Grof, Michael Washburn y Sri Aurobindo— han propuesto que más allá de estas seis etapas hay etapas superiores de desarrollo que son transpersonales, en las que las personas se perciben no sólo conectadas con los demás dentro y fuera de su tribu, sino conectadas con todo lo que es.

En opinión de Wilber, durante cualquiera de las diez etapas se puede tener una experiencia de una etapa superior. Sin embargo, «las maneras en que estos estados alterados serán (y pueden ser) *experimentados* dependen ante todo de las *estructuras* (etapas) de la consciencia que se han desarrollado en el individuo» (2000, p. 1). Wilber dice: «El *desarrollo integral* o general es, pues, un proceso continuo de conversión de los estados temporales en rasgos permanentes o estructuras y, en ese desarrollo integral, no se puede eludir ninguna estructura o nivel, o el desarrollo no será, por definición, integral» (p. 3).

En todas las tradiciones, muchas de las personas que participaron en nuestra investigación informaron de que habían experimentado una sensación siempre presente de unidad y conexión, con los demás y con el mundo en general, una sensación de conexión, además, que se hace cada vez más fuerte cuanto más se dedican a la práctica de transformación. A medida que esta sensación de conexión se hace más fuerte y fiable, se convierte en una parte más permanente del sentido del yo de cada persona, en vez de un hecho aislado o una experiencia cumbre.

Los participantes en nuestros estudios articularon de muchas maneras esta experiencia de una conexión profunda, transpersonal. Oímos frases como «una realización de la interrelación de todos los seres», «una disolución de la frontera entre yo y otro», «una relación personal perdurable con Dios, el mismo Dios en todo el mundo», «una sensación de comunidad en un nivel global» y «una realización gradual de que no hay ninguna separación». Aunque la gente no siempre usó las mismas palabras para describir esta experiencia, entre las descripciones habituales en todas las personas y tradiciones figuraban una sensación creciente de unidad, identidad compartida y pertenencia, y una conciencia de una divinidad universal para todas las personas y todas las vidas (Vieten, Cohen y Schlitz, 2008; Vieten, Amorok y Schlitz, 2006).

Pedimos a los participantes en nuestro estudio que nos ayudaran a comprender qué cambios se derivaban de esas experiencias. ¿Cómo repercuten estas experiencias de conexión profunda en quiénes somos y cómo vemos el mundo, en un nivel básico?

NO SOLO YO

Los debates sobre el cambio del «yo» al «nosotros» pueden hacer que algunos de nosotros nos sintamos un tanto incómodos, sobre todo quienes nos hemos criado en el Occidente individualista. El miedo al socialismo, al comunismo y a la mentalidad Borg (para todos los lectores adictos a *Star Trek*) forman parte de nuestra herencia cultural y pueden sentirse incorporados al tejido mismo de nuestro ser. Podemos rehuir instintivamente la mera idea de unidad o interconexión. Además, algunos de nosotros hemos pasado años intentando construir un yo sólido; puede parecer que ahora pedimos que se abandone todo.

Como se examinó brevemente en el capítulo 5, en la sociedad occidental, el desarrollo psicológico saludable se ha centrado en la separación-individuación, la creación de una percepción sólida del yo, la formación de fronteras saludables y la construcción de un ego fuerte. Aquí sugerimos un modelo de transformación que incluye la trascendencia del ego, la disolución de las fronteras y menos apego a una percepción sólida separada del yo. ¿Qué hay?

Curiosamente, parece ser que ambos modelos son válidos, y no necesariamente contradictorios. Nuestra investigación sugiere que a medida que abandonamos el interés personal y comenzamos a sentir una sensación mayor de pertenencia e interdependencia, experimentamos simultáneamente una sensación más fuerte y profunda de nuestro propio yo auténtico. Como nos explicó el estudioso de las religiones Jeff Kripal, este movimiento del «yo» al «nosotros» va acompañado generalmente —y paradójicamente— de un movimiento correspondiente del «nosotros» al «yo» (2006). Cuanto más sentimos nuestra conexión con otros, más capaces somos de ser auténticos y de apreciar nuestro papel único en cada conjunto de circunstancias.

Hemos oído expresar esto de muchas maneras. Una de las personas que respondieron a la encuesta señaló que los individuos que experimentan la transformación «comprenden de inmediato que son un corazón conectado a muchos corazones» (Vieten, Cohen y Schlitz, 2008). Otro encuestado lo describió así: «Nos fortalecemos y ahondamos cuando nuestro relato personal se funde con el relato más amplio». Está claro que la transformación no sucede en el vacío. Los participantes en la investigación nos dijeron cosas como: «Uno de mis mayores despertares fue descubrir que *mi* transformación no es realmente *mía* en absoluto, sino que tiene que ver más con nuestra transformación colectiva». Gangaji, una de las maestras que representa una tradición no dual, lo explicó cuando nos dijo:

> Lo que facilita la integración de una experiencia de transformación es reconocer que no te está sucediendo a ti. Lo que dificulta la integración son los pensamientos, «Esta es mi transformación, soy yo quien se ilumina». En las profundidades del ser, nadie es iluminado. Nadie se transforma. Una experiencia de transformación es simplemente el reconocimiento de lo que es in-

herente, lo cual significa «siempre aquí» o natural para todos:
la paz de ser. Si nos limitamos a indagar, si dirigimos nuestra
atención a la palabra «yo» —«yo» hago esto, «yo» sufro, «yo»
soy feliz—, veremos que no hay nada ahí. En la autoindagación
hay una visión natural, una clase de sabiduría natural, inherente a la inteligencia de cada ser. Detente. Quédate quieto. Dirige
la atención a quién se ha detenido, quién está quieto, quién soy
en realidad. (2002)

Muchos de los maestros a los que entrevistamos expresaron este
tema de varias maneras distintas. No todos articularon una orientación «no yo» tan clara. Pero la mayoría coincidió en que la transformación de la que hablamos no es solo «mi» o «tu» transformación, es «nuestra» transformación. Gangaji continuó:

> Al aceptar la invitación a detenerte, lo que detienes realmente en
> ese momento es tu preocupación individual, y esto abre la puer-
> ta a descubrir la presencia ilimitada de ti mismo como todas las
> cosas, como todo ser. Cuando rezas para que «todos los seres
> se despierten» o «todos los seres sean felices», estás hablando
> de ti mismo más allá del individuo, pero no excluyendo al in-
> dividuo. Estás incluyendo a todos los seres, lo cual es para mí lo
> fundamental. De otro modo, es solo otro ejercicio narcisista para
> sentirse bien. La oración tiene que ver con todos los seres: que
> todos los seres se despierten a sí mismos; que todos los seres se
> conozcan, en verdad, como todos los seres. (2002)

Por las descripciones de muchos de nuestros maestros está claro que lo que percibimos como el «yo» personal y separado resulta
menos fundamental cuando la consciencia se transforma. Mediante
experiencias directas de interconexión podemos dejar de ser el único
protagonista de todos los relatos y tener un nuevo sentido de pertenencia. Esto puede presentarse como una simple realización —«¡Eh,
estamos todos juntos en esto y todo el mundo está haciendo lo que
puede!»— que lleve a un sentimiento de camaradería. O quizás como una sensación de carecer literalmente de toda separación de los
demás, una percepción de nuestro yo como un ser ya no separado.

O se puede experimentar como una capacidad para ver más allá de las percepciones normales la luz de Cristo, la naturaleza de Buda, Alá, el yo verdadero o la chispa divina que existe en todos los seres y en toda la creación.

UNA CLASE DIFERENTE DE AMOR

Nuestra investigación sugiere que el movimiento del «yo» al « nosotros» lleva al amor. Pero no a cualquier amor: a una clase diferente de amor, que se extiende de nosotros mismos a nuestra comunidad más amplia y más allá. Y es en este amor, como nos dijeron tantas de las personas que participaron en nuestra investigación o respondieron a nuestra encuesta, en el que nos podemos apoyar con satisfacción profunda y propósito claro y comenzar a vivir de verdad profundamente. Vladimir Solovyov, el filósofo ruso del amor, afirma a este respecto:

> El significado y el valor del amor, como sentimiento, es que nos obliga realmente, con todo nuestro ser, a reconocer en otro la misma significación central absoluta de la que, debido al poder de nuestro egoísmo, solo somos conscientes en nuestro propio yo. El amor es importante no como uno de nuestros sentimientos, sino como la transferencia de todo nuestro interés en la vida de nosotros a otro, como el cambio del centro mismo de nuestras vidas personales. (1894, p. 43)

Como hemos dicho, paradójicamente, al mismo tiempo que la gente se siente conectada a una humanidad más amplia, también suele experimentar una apreciación reforzada por sus propios dones y talentos únicos. Como parte de un todo más grande podemos comenzar a comprender nuestra propia significación como individuos, y nos sentimos impulsados a usar nuestros talentos, aptitudes y dones individuales en beneficio del todo. Hacer este cambio interno comienza por dar pasos, por vacilantes que sean, para salirse del centro del escenario y entrar en el río de la identidad compartida. Cuando nos vemos como miembros de una comunidad en transformación y no como un solo individuo nadando contra corriente, nos preocuparemos menos de las amenazas a nuestro sentido del yo, y nos descubriremos siendo naturalmente más amables y compasivos con nosotros y con los demás.

Como vimos en el capítulo 2, las experiencias transpersonales pueden ser profundamente transformadoras en un nivel básico. Cuando la gente experimenta una visión ampliada de la realidad y su lugar en ella, a menudo (aunque no siempre) llegan a una mayor intimidad e interrelación con la gente en sus vidas, e incluso con extraños. Una mujer que respondió a la encuesta nos dijo que como consecuencia de sus experiencias de transformación ahora puede mirar a los ojos a los extraños y hablar desde una posición de apertura y autenticidad con todas las personas con las que interactúa a lo largo del día, desde el empleado de la cabina de peaje hasta su esposo. Otro encuestado respondió: «Esta práctica ha abierto mi corazón para que pueda tratar con las personas, con cualquier persona» (Vieten, Cohen y Schlitz, 2008). La psicóloga Frances Vaughan afirmó igualmente que: «Cuanto más nos conocemos, más nos amamos. Este es el terreno común de nuestra humanidad» (2002).

Para el actual presidente del IONS, James O'Dea, ex ejecutivo de Amnistía Internacional: «El camino de transformación no es una serie de pasos. [...] El camino es el camino del amor» (2003). O'Dea continuó:

> Pienso que en mi vida los temas de transformación giran en torno al amor, la esencia y la belleza. [...] En mi experiencia, el camino de servicio señala hacia la belleza, señala hacia el mundo manifiesto, la posibilidad de que el propósito de la existencia sea que expresemos alguna forma de belleza y amor entre nosotros y en el planeta Tierra.

Las experiencias transpersonales tienen como resultado una sensación de interrelación que derriba los muros que se alzan entre nosotros y los demás. A partir de una rica valoración de diferentes tradiciones espirituales y religiosas, el reverendo protestante David Parks-Ramage describió su interpretación de lo que se revela a través de las experiencias de transformación:

La transformación es apertura de corazón, intimidad. Es la unión de una pieza zen y una pieza cristiana. La transformación es «Santo Dios, Señor del amor y la majestad, lleno está todo el universo de tu gloria». Esta es una paráfrasis de Isaías en la que nos dice que el universo entero está lleno de la gloria de Dios: está aquí mientras estamos sentados en esta habitación, está en el banco, está en la ventana, está en la luz, todo está lleno de la gloria de Dios. No siempre lo vemos.

Mientras nos familiarizamos más con las cosas tal como son, mientras nos familiarizamos más con las personas que nos rodean, comenzamos a advertir la gloria de Dios en cada una. Es el *námaste*: el Dios que hay en mí saluda al Dios que hay en ti.

En mi propia vida, el único momento en que esto estuvo más cercano a mí fue cuando nació mi hija y miré sus ojos recién nacidos —tenía unos grandes ojos castaños— y pude ver a través del universo. Allí no había nada; lo único que allí había era amor, solo amor.

A medida que abrimos más nuestro corazón unos a otros —y a medida que vemos la imagen de Dios y el amor que está presente ahí en cada uno—, descubrimos que las fronteras entre nosotros son un poco más difusas. Y no es solo entre nosotros, es entre los árboles y la hierba y todo ello. Y entonces supongo que vuestra consciencia se ha transformado de verdad, ¿no es así? (2006)

Esta disolución de las fronteras entre nosotros y los otros —un ser querido, un maestro o incluso alguien a quien se percibe como adversario—, fronteras que algunas tradiciones dicen que son ilusorias, es un sello distintivo de muchas experiencias de transformación. Zenkei Blanche Hartman nos contó la historia del momento más transformador de su vida. Tuvo lugar durante unos disturbios en 1968, y en última instancia llevó a Hartman a convertirse en monje en la tradición zen de Suzuki Roshi:

Durante la guerra de Vietnam, yo era activista político. Luchaba por la paz. Había cierta contradicción: no había paz alguna en mí. Odiaba a la gente que no estaba de acuerdo conmigo. Había como una guerra dentro de mí. En 1968, estaba empezando a examinar la manera en que me aferraba tenazmente a mis opiniones sobre las cosas y menospreciaba a otras personas que tenían opiniones distintas, cuando hubo una huelga en la Universidad Estatal de San Francisco. [...]

Llegó la policía con sus máscaras y sus porras, comenzó a pegar a la gente. Y, sin pensarlo, me metí bajo las manos de la gente para ponerme entre la policía y los estudiantes. Me encontré cara a cara con aquel policía de la brigada antidisturbios, con su máscara puesta y todo lo demás. Estaba lo bastante cerca para tocarlo. Me encontré con los ojos de aquel policía directamente, y tuve esa experiencia abrumadora de identificación, de identidad compartida.

Aquel fue el momento más transformador de mi vida: tener aquella experiencia de identidad compartida con el policía de la brigada antidisturbios. Fue un regalo. Nada me había preparado para ello. No tenía ninguna base conceptual para comprenderlo. La experiencia total fue real e incontrovertible.

Mi vida como activista político terminó con aquel encuentro, porque no había ya nada contra lo que luchar. La manera en que se lo describí a mis amigos fue que el policía intentaba proteger lo que pensaba que era correcto y bueno de todas las demás personas que intentaban destruirlo, y yo estaba haciendo lo mismo.

Como no tenía base alguna para comprender la experiencia de la identidad compartida con alguien a quien consideraba completamente «otro» (es decir, el policía de la brigada antidisturbios), y como la experiencia había sido tan real y tan poderosa, comencé a buscar a alguien que lo comprendiera. ¿Cómo podíamos un policía antidisturbios y yo ser idénticos? En mi búsqueda, conocí a Suzuki Roshi. Por la manera en que me miró, supe que lo comprendía. Así fue como llegué aquí. (2003)

Al igual que Hartman, encuestados de casi todas las tradiciones nos dijeron que sus experiencias transpersonales les llevaron naturalmente a un menor conflicto con los demás. Muchos maestros hablaron también de un aumento de la sensibilidad hacia sufrimiento de los demás. Esta sensibilidad adopta diferentes formas, incluidos el amor compasivo, la empatía, la amabilidad y una mayor tendencia a ayudar a quienes lo necesitan.

Amor compasivo

Las experiencias de unidad e interconexión desempeñan un papel en el cultivo de una clase concreta de amor, una que no se limite a los amigos cercanos y familiares, sino que incluya a quienes son diferentes de nosotros, incluso a quienes no conocemos. Para muchas de las personas de nuestros estudios, este sentido de pertenencia y conexión se percibía en todas las situaciones y para personas de todas las profesiones y condiciones sociales.

La mayoría de las tradiciones religiosas y espirituales —y también la mayoría de los movimientos modernos de práctica de transformación— incluyen prescripciones para vivir que implican el cultivo de la compasión y el altruismo. En las tradiciones de origen sij e hindú, el sánscrito *seva* hace referencia a dar servicio desinteresado a los demás. En la tradición cristiana y otras tradiciones espirituales de Occidente, el término grieto *agape* (en latín, *caritas*) se refiere a la manifestación humana del amor puro de Dios, o al amor intencional e incondicional hacia los demás, incluidos nuestros enemigos. En las tradiciones budistas, *metta* en pali y *maitri* en sánscrito se usan para designar la cualidad y la práctica de la amabilidad afectuosa incondicional y sin ataduras, o la intención firme de la felicidad de todos los seres. En la práctica budista tibetana, *tonglen* designa la práctica de recibir sufrimiento y dar amor o bendiciones. Como puede verse, los métodos para cultivar el amor compasivo abundan.

Stephen Post, bioético y fundador del Institute for Unlimited Love en Case Western Reserve, señala en su libro *Unlimited Love* (2003) que se pueden encontrar equivalentes aproximados del ideal de amor divino en todas las grandes tradiciones espirituales y religiosas. Su análisis señala la importancia de las experiencias transpersonales. Post escribe: «Es posible que el altruismo más ejemplar se asocie a menudo con la personal experiencia del agente en la absoluta enormidad de lo Trascendente, incluida la sensación de un sobrecogimiento abrumador. Intimidado, el yo profundamente humillado se transforma mediante algo así como una muerte del ego a un nuevo yo de profunda humildad, empatía y consideración por toda vida humana y otras» (p. 63). Asimismo, el estudioso Gregory Fricchione observa: «La experiencia religiosa [...] de sobrecogimiento y unidad y percepción realzada de lo espiritual puede ser uno de los motivadores más poderosos del amor extraordinario» (2002, p. 31). Naturalmente, no todas las experiencias de transformación adoptan una forma religiosa, pero parecen llevar a territorios semejantes.

La perspectiva altruista

Kristin R. Monroe, socióloga y autora de *The Heart of Altruism: Percepcions of a Common Humanity* (1996), estudia las motivaciones de quienes dedican su vida a servir a los demás sin recompensa alguna para ellos. Monroe propone que la explicación psicológica de este altruismo es tener una *perspectiva altruista*. En otras palabras, en situaciones en que otras personas podrían ver a un extraño, estos individuos ven a otro ser humano. Las personas que participaron en su investigación «se veían fuertemente vinculadas a los demás mediante una humanidad compartida» (2002, p. 109), y esta perspectiva conducía naturalmente a actos altruistas espontáneos. Los participantes comunicaron, además, una sensación de *no tener otra elección* sino reaccionar de modo altruista. Monroe sugiere que estos individuos actúan desde este sentido conectado del yo y no por una obligación religiosa.

Asimismo, nuestros encuestados entendieron que la compasión y el altruismo surgían naturalmente de su nuevo sentido del yo en relación con los demás. Este nuevo sentido del yo —que es el resultado de estas experiencias transpersonales de interconexión, interdependencia y reconocimiento del carácter sagrado o divinidad inherente a todas las cosas— es generalmente expansivo e inclusivo.

¿Qué motiva a algunas personas a practicar el altruismo pero no a otras? El psicólogo Daniel Batson, de la Universidad de Kansas, ha investigado el comportamiento altruista durante decenios (1991,

2002). En particular, ha estudiado los efectos de la religión y la espiritualidad sobre el desarrollo de la empatía y el altruismo. Su investigación sugiere que las diferencias en nuestra capacidad para la empatía están relacionadas con cuatro factores clave. El primero es si hemos experimentado o no personalmente la misma situación que el individuo que está afectado. El segundo es nuestra percepción de la *proximidad* de la situación, o hasta qué punto la situación parece cercana a nosotros. El tercero es nuestra percepción de nuestra relación con la persona cuyo bienestar está en cuestión. Por último, el cuarto factor es nuestra tendencia a sentir emoción, y en particular empatía (1991, 2002).

Aunque tener una experiencia transpersonal no nos coloca en las mismas situaciones que las que experimentan los individuos afectados que podamos encontrar, desarrollar una visión del mundo de interrelación o divinidad compartida puede ayudar a comprender la situación. Tener una visión del mundo ampliada puede hacernos sentir una afinidad con la persona necesitada, a pesar de nuestras diferencias. Además, con la continuidad de la práctica, nuestra tendencia general a la compasión y la empatía parece aumentar.

Amor con dientes

Muchos de nuestros encuestados nos dijeron que a medida que se desarrolla una visión del mundo más transpersonal, nos volvemos más sensibles al sobrecogimiento, la belleza y el asombro del mundo. Al mismo tiempo, sin embargo, podemos volvernos también más sensibles al sufrimiento y la injusticia. A medida que nuestro sentido de la conexión con el sufrimiento de los demás aumenta, puede resultar muy difícil ocuparse de ese sufrimiento sin sentirse abrumado. Puede ser difícil no sentirse inmovilizado e impotente para actuar. O, también, podemos caer en una suerte de piedad o caridad —hacer *por* los demás en vez de ayudarlos a hacerlo por sí mismos— que al final puede no ser la forma de acción más acertada.

Starhawk, líder de la tradición pagana, nos habló de manera elocuente del desafío que entraña apoyar y otorgar poder al mismo tiempo:

Mira, tenemos valores auténticos —cuidar a las personas que están deprimidas, sanar, aliviar el sufrimiento—, pero a veces pueden llevar a [...] parcialidad hacia la víctima. Lo único que una persona tiene que hacer es definirse como víctima y la gente la colmará de atenciones. Pero esto no es siempre lo más eficaz para curar, ni lo más eficaz para construir una comunidad que otorgue auténtico poder. Aprender a capacitar a la gente para que cree y haga y ejerza liderazgo, para que asuma riesgos y haga frente a los obstáculos, es un verdadero desafío. [Es importante] ponderar la fuerza, no solo capacitar a la gente para que se queje. (2006)

El psicólogo Stanley Krippner describió esta clase de compasión como «amor con dientes» (2002). Se trata de compasión activa, una clase de amor que nos pide que actuemos para ayudar a poner remedio al sufrimiento, en todas sus diversas formas. Aunque podemos sentirnos todavía afligidos por el sufrimiento que encontramos, también sentimos deseo y la intención de aliviar ese sufrimiento. Para Krippner, la compasión activa requiere «un amor que realmente dé a las personas algo que comer, ropa para vestir, un lugar para vivir, autoestima, autocapacitación» (2002). Asimismo, las investigadoras Jocelyn Sze y Margaret Kemeny definen la compasión como: «Un estado *más allá* de la tristeza o la simpatía, en el que no solo se siente pena o preocupación por el sufrimiento de otro sino que, y más importante, nos sentimos vigorizados y habilitados para luchar contra ese sufrimiento» (2004, p. 14).

De nuevo, por eso el compromiso asiduo en alguna forma de comunidad, la práctica diaria cuerpo-mente, el silencio, la soledad y la renovación acompañan a menudo a las tradiciones de transformación y pueden incorporarse a nuestro viaje de transformación. Realizar prácticas de transformación como la oración periódica, la meditación, el movimiento, el ritual, la consulta con un guía de confianza y el estudio permanente —por no hablar de la jardinería, el paseo por la naturaleza o una conversación profunda con un amigo de confianza— puede proporcionarnos las aptitudes internas necesarias para controlar la angustia que puede acompañar al aumento de la conciencia. Una práctica diaria cuerpo-mente, una comunidad de apoyo y la percepción de una fuente más profunda de consciencia compartida pueden ayudar a impedir que nos abrume e inmovilice nuestra angustia personal, o que caigamos en la postura más fácil de la piedad; pueden ayudarnos también a manifestar compasión en la acción.

Comportamiento prosocial

A medida que somos más capaces de manejar la angustia del sufrimiento de otro, también nos volvemos más capaces de actuar. Nancy Eisenberg, psicóloga del desarrollo, ha estudiado las raíces del *comportamiento prosocial* —acciones voluntarias destinadas a ayudar a otro— durante más de veinticinco años. La investigación de Eisenberg explora el papel de la regulación de la emoción en el comportamiento social y las motivaciones que subyacen a la empatía y los comportamientos de ayuda. Mediante una evaluación minuciosa de las expresiones faciales y la vigilancia autónoma de individuos expuestos a imágenes impactantes de otros en situación de angustia (por ejemplo, una niña atrapada en su habitación durante un incendio doméstico), Eisenberg ha intentado desentrañar las líneas divisorias entre la angustia, la simpatía, la empatía y las motivaciones altruistas. Sus conclusiones (2002) sugieren que cuanto más capaces seamos de regular nuestra propia angustia personal, más capaces seremos de mostrar verdadera empatía y altruismo.

Exploremos esto con algo más de detenimiento. Cuando nos encontramos con el sufrimiento de otra persona, podemos sentirnos tan afectados personalmente por este que nuestra motivación primordial para actuar sea aliviar *nuestra propia* angustia. Aunque esto puede estimular el comportamiento de ayuda, porque este comportamiento se realiza con el fin de eliminar el problema y de ese modo aliviar *nuestra propia* angustia, puede que no sea tan útil como podría serlo. Podemos apegarnos bastante a los resultados, porque nos jugamos algo personal en ello.

Otra manera habitual de aliviar esta angustia personal es ignorar o ahuyentar el sufrimiento, una respuesta que probablemente todos hemos experimentado en un momento u otro o hemos visto en otras personas. El encuentro con el sufrimiento puede paralizarnos, sobre todo cuando el sufrimiento parece tan fuera de nuestro control que nos sentimos incapaces de hacer nada al respecto.

De modo un tanto paradójico, es realmente a través de nuestra capacidad para experimentar plenamente —pero también para contener y regular— la angustia que sentimos al encontrarnos con el sufrimiento de otra persona como adquirimos la libertad de ayudar. De hecho, el trabajo de Eisenberg ha mostrado que la angustia personal lleva a niveles bajos de ayuda, mientras que las reacciones comprensivas —que pueden incluir emoción no abrumadora *unida* a preocupación cognitiva— lleva a comportamiento altruista.

Ampliar la tribu

Muchos estudios señalan el hecho de que, un tanto en contra de la creencia popular, estamos tan integrados para la compasión y el altruismo como para la supervivencia de los más aptos, la lucha o el vuelo, o el interés personal (Post *et al.*, 2002; Fehr y Fischbacher, 2003; Lewis, Amini y Lannon, 2000). Es evidente que poseemos impulsos inherentes para la cooperación y la afiliación que van más allá del simple interés personal (hacer cosas porque nos beneficiarán), o incluso el interés personal ilustrado (hacer cosas que son buenas para otros porque sabemos que hacer el bien a otros también nos beneficiará).

Este fenómeno de amar a quienes no pertenecen a nuestra tribu está empezando a ser explorado por los científicos. A estas alturas del libro, el lector no se sorprenderá al saber que las tradiciones de práctica de transformación incorporan desde hace tiempo muchos de los factores que la ciencia está comenzando ahora a sacar a la luz, factores que alimentan la compasión, no solo por las personas a las que amamos, sino incluso por aquellas a las que consideramos diferentes de nosotros.

Los investigadores Phil Shaver, en la Universidad de California en Davis, y Mario Mikulincer, en Israel, estudian cómo nos relacionamos con las personas a las que conocemos y amamos a diferencia de los extraños a los que percibimos como ajenos a nuestro círculo de parentesco (Mikulincer y Shaver, 2005). Su trabajo se basa en la *teoría del apego*. Desarrollada principalmente por el psiquiatra John Bowlby, la teoría del apego propone que nuestras relaciones con las personas que nos cuidaron principalmente en nuestros primeros años determinan nuestro *estilo de apego*, o patrón de relación con nosotros y con los demás, un patrón que llega hasta nuestra edad adulta (1988). La investigación empírica sobre la teoría del apego realizada por Mary Ainsworth y colaboradores (1978) y Mary Main (1996) reveló, además, que a menudo los *estilos de apego* se transmiten de una generación a otra, y el *estilo de apego* de la madre predice el *estilo de apego* del hijo.

Generalmente, una persona con dificultades de apego debido a deficiencias de sintonía o falta de receptividad de las personas que la cuidaban mostrará patrones de inseguridad, evitación o ansiedad en sus relaciones en su vida posterior. La reciente investigación de Mikulincer y Shaver (2005) ha revelado que los individuos con inseguridad de apego crónica obtienen puntuaciones inferiores en las medidas de muchos valores autotrascendentes —como el amor, la compasión y la generosidad— que hemos descrito en este libro. Es más probable que se sientan amenazados por miembros ajenos al grupo (personas que parecen diferentes) y más probable que reaccionen ante ellas con hostilidad. En cambio, los individuos con estilos de apego seguros tienden a mostrar más amabilidad y apertura hacia otras personas.

Aun cuando nuestro patrón de apego sea inseguro o ansioso, este no está necesariamente tallado en piedra. Como estamos aprendiendo, la consciencia es maleable y la transformación es siempre posible. Cuando la seguridad de apego es manipulada en el laboratorio —por ejemplo, pidiendo a una persona que haga algo tan sencillo como pensar en un ser querido afectuoso, o incluso solo exponiendo subliminalmente (fuera de la conciencia consciente) a un individuo al nombre de un ser querido entrañable—, las reacciones ante otros, incluso ante miembros ajenos al grupo, son considerablemente más positivas. Se comprobó que presentar el recuerdo de una figura segura y afectuosa realmente aumenta la compasión, incluso hacia extraños (Mikulincer *et al.*, 2005). También en este caso, vemos que a menudo es nuestra perspectiva en vez de la situación que se vive lo que determina nuestros pensamientos, sentimientos y comportamiento.

Shaver y Mikulincer plantean la hipótesis de que implantar en la consciencia de una persona el recuerdo de una persona afectuosa y segura activa temporalmente el *esquema de base segura* de la persona, o sus pensamientos y sentimientos de estar confortada, segura y tranquila. También hace aumentar sus resultados en los valores autotrascendentes mencionados más arriba, en este caso la benevolencia y el *universalismo* (una medida de los valores de justicia e igualitarismo). Esta clase de investigación podría ayudarnos en gran medida a comprender las condiciones internas y externas necesarias para alimentar un amor altruista y compasivo que trascienda los círculos de parentesco. Muchos elementos de la práctica de transformación pueden promover el desarrollo de un estilo de apego adulto más seguro. Para muchos, una congregación, sinagoga, *sangha* u otra comunidad de práctica de transformación es una base segura. Para algunos, un gurú se convierte en una figura de apego segura. Para otros, Dios o una percepción de un motivo de ser tan inalterable o la energía universal es un punto de partida seguro para explorar el mundo.

resumen

En todos nuestros estudios con grupos de discusión, entrevistas y encuestas, hemos oído una y otra vez que las experiencias transpersonales profundas de unidad o interconexión pueden llevar a cambios importantes en nuestra perspectiva. En consecuencia, nuestras ideas sobre nosotros, nuestro lugar en el universo y nuestra relación con los demás pueden cambiar. Las prácticas de transformación pueden ayudarnos a integrar estos cambios en nuestra vida diaria y nuestra forma de ser.

En este capítulo, nos hemos centrado en cómo estas experiencias y prácticas pueden llevarnos a cambios profundos y duraderos, y hacernos pasar a etapas de desarrollo transpersonales. En vez de tener simplemente experiencias de conexión ocasionales, comenzamos a tener una visión del mundo permanente que da por sentadas interconexiones entre nosotros, los demás y el mundo. Para mucha gente, esto desencadena la aparición natural de la compasión y el altruismo. Como dijo el monje trapense Thomas Merton: «Toda la idea de compasión se basa en una aguda conciencia de la interdependencia de todos esos seres vivos, cada uno de los cuales es parte del otro y está implicado en el otro» (Fox, 1983, p. 25). Piensa que esto es darse cuenta de nosotros y nuestra verdadera naturaleza. Albert Einstein dijo al respecto:

> Un ser humano es parte de un todo, al que llamamos «universo», una parte limitada en el tiempo y el espacio. Se experimenta a sí mismo, sus pensamientos y sentimientos como algo separado del resto [...] una suerte de ilusión óptica de su consciencia. Esta ilusión es una suerte de prisión para nosotros, que nos restringe a nuestros deseos personales y al afecto por unas pocas personas más cercanas a nosotros. Nuestra tarea debe ser liberarnos de esta prisión ampliando nuestro círculo de compasión para abrazar a todos los seres vivos y a toda la naturaleza en su belleza. (1977, p. 60)

En el capítulo siguiente, exploraremos con más detenimiento esta idea cuando examinemos otro tema que surgió en nuestra investigación: en el curso de la transformación positiva de la consciencia, la vida se llena de significado y todo se vuelve sagrado, desde la tierra a nuestras almas.

Por ahora, tómate unos momentos para pensar en el arte y la ciencia de la compasión.

Experimentar la transformación: cultivar la compasión

En este ejercicio nos guiamos por el método *tonglen*, una práctica de compasión que tuvo su origen en el budismo tibetano pero que ahora se practica en todo el mundo. *Tonglen* tiene como objetivo despertar la compasión que es inherente a todos nosotros, sin importar lo aislados o desapegados que pueda parecer que estamos. Es una inclinación natural a evitar lo que es doloroso o desagradable, a darnos la vuelta y decir: «Yo no», o «Ahora no». *Tonglen* puede ayudarnos a ver desde una nueva perspectiva, en la que el sufrimiento y el gozo no están en oposición, sino que son partes de un único todo. Desde la perspectiva del budismo tibetano, la enfermedad y el sufrimiento pueden transformarse si se experimentan desde un lugar sagrado dentro de nosotros.

Instrucciones tonglen

Para tener compasión por los demás, hay que tener compasión por uno mismo. Por eso comenzamos con nuestro propio dolor, tanto en el cuerpo como en la mente.

Colócate en una postura cómoda. Imagina algo que te haga sufrir. Deja que cada inspiración lleve ese algo al centro de tu pecho. Sigue respirando con inspiraciones profundas y suaves. Siente la incomodidad en la zona de tu corazón. No te retires de ella ni la hagas a un lado. Agárrala con suavidad. Cuando dejes de luchar contra los nudos del sufrimiento, repara en que comienzan a perder sus aristas, en que el dolor comienza a desvanecerse. Siente compasión por ti mismo, sabiendo que cada ser humano merece aceptación, perdón y amor.

Imagina que un sentimiento de gran paz recorre tu cuerpo, una suave luz dorada. Con facilidad y compasión interminable esta luz alumbra las partes más oscuras de ti, tocando incluso las piedras más ásperas o los guijarros que escondes dentro. Siente que esas piedras comienzan a disolverse con el calor de la luz. Del mismo modo que tu cuerpo calienta el aliento, así calienta tu corazón esas viejas penas. Con su belleza interior ahora desvelada, déjalas salir con el aliento, curadas y enteras, un regalo al mundo.

Esta meditación compasiva puede extenderse a otros: primero, has de verte aprovechando una gran energía o esencia no limitada a tu yo personal. Ahora, imagina a alguien que siente dolor o está enfermo. Visualízalo o siente de otro modo su presencia mediante los sentidos que mejor funcionen para ti. Imagina su sufrimiento como una pesadez, una oscuridad densa, tangible. Con intención tranquila, clara y compasiva aspira esta oscuridad.

Continúa respirando con calma y lentamente. Comienza a llevar este sufrimiento a tu corazón. Esta oscuridad no puede hacerte daño, está aquí, a petición tuya, para ser transformada. Deja que la energía personal y la universal de la compasión llenen la cámara de tu corazón con una luz suave pero poderosa.

A continuación, extiende esta práctica a todos los que sufren y gritan pidiendo ayuda o consuelo. Aspira las penas del mundo entero y luego espíralas, una sola respiración, una sencilla respiración amorosa. Y si una respiración amorosa parece demasiado pequeña ante las penas del mundo, recuerda que dentro de ti guardas el mismo ser esencial, la misma esencia que alimenta los soles y hace girar los planetas. Es suficiente.

Cuando estés listo, vuelve tu atención a ti mismo y tu respiración. Deja que lentamente seas consciente del espacio que te rodea: la temperatura del aire, los sonidos que se oyen a tu alrededor, la presencia de la ropa sobre tu cuerpo. Cuando estés listo, abre los ojos. Dedica algún tiempo a poner por escrito lo que has experimentado.

CAPÍTULO OCHO

TODO es sagrado

Esta transformación integral, la transformación de todas las cosas, es la próxima gran frontera humana. San Pablo dijo: «Hay tesoros en el cielo. Cosas que el ojo no ha visto y el oído no ha oído». Estos éxtasis están más allá de nuestra capacidad presente para comprender. Sin embargo, vemos pequeños atisbos. Yo digo: ¡está mirando en todas partes!

MICHAEL MURPHY (2002)

Ver los patrones que se conectan es una parte del proceso de transformación. En el caso de la sacerdotisa pagana Starhawk, esto sucedió cuando su vida y su práctica se fundieron. Al principio, su práctica era en su totalidad la meditación, el trance y la atención a las imágenes internas que se producían con los ojos cerrados. Con el tiempo, esto comenzó a cambiar. Se encontró sentada con más determinación en la naturaleza, con los ojos abiertos, observando el mundo que la rodeaba. En este proceso, consiguió una comprensión más profunda de las conexiones sagradas inherentes a todas las cosas de la vida. «Trato de acallar el diálogo interior y las imágenes internas para poder realmente escuchar a los pájaros y reparar y estar presente en mi entorno natural», explica.

Ha sido un cambio de transformación muy profundo en comprensión, apreciación y vinculación con todos los otros seres que están en el planeta y el mundo natural. Si se sigue una práctica de pasar tiempo en la naturaleza, sentarse, escuchar y abrirse, con el paso del tiempo se comienza a advertir y a ver y a oír y a sentir más. Se adquiere conciencia de los patrones. Por ejemplo, el patrón del

223

sonido cambia a lo largo del día y a lo largo del año y con el tiempo. Se comienza a recibir información a través de estos patrones. El mundo realmente cobra vida y empieza a hablarnos. (2006)

Una y otra vez, en todas las tradiciones y los relatos individuales de transformación, las personas que respondieron a la encuesta hablaron de pasar de captar atisbos ocasionales de lo divino, lo numinoso o lo transpersonal para percibir de modo más constante lo sagrado subyacente en todas las cosas. Los encuestados describieron un cambio de experimentar momentos de epifanía o trascendencia a comprender que lo que estaban buscando estaba ya ahí, y siempre había estado. Todas las grandes metáforas de la transformación —la oruga que se convierte en mariposa, la oscuridad que cambia a luz, el sueño profundo que termina en un nuevo despertar— lo atestiguan claramente. Arraigada en todas ellas está la idea de que el gran cambio al que llamamos transformación no es realmente un cambio, sino un desvelamiento, una reorganización, un profundizar en quiénes somos y lo que ya es. Por eso a la transformación se la califica a menudo de *integral*: está arraigada en —y afecta a— todos los aspectos de nuestra vida.

Casi siempre, los maestros a los que entrevistamos nos dijeron que lo que buscamos lo somos ya implícitamente. Lo que anhelamos es inmanente en el mundo que nos rodea, y solo espera el reconocimiento. Aquí hay una hermosa paradoja: la transformación lo cambia todo y no cambia nada.

En este capítulo examinaremos este sencillo pero profundo cambio de atención —y el momento ¡ajá! con cambio de paradigma que lleva consigo— mientras consideramos la posibilidad de que *todo es sagrado*. Examinaremos asimismo los informes de muchas personas que han pasado por el proceso de transformación, informes no solo de ser capaces de ver atisbos de numinosidad brillando incluso en las circunstancias más prosaicas, sino también de experimentarse como parte de esa luz, parte de la red de la vida que las rodea. Y, por último, exploraremos la conexión profunda con el mundo natural con el que está vinculada esta experiencia de que todo es sagrado, y el compromiso profundo con la protección y conservación de la Tierra para las generaciones futuras de todas las especies por parte de muchas de las personas que nos respondieron.

UNA LUZ Y UN AMOR QUE LLENAN EL MUNDO

¿Qué queremos decir exactamente con que todo es «sagrado»? Muchos maestros describieron la experiencia de lo sagrado como reconocer que el mundo está literalmente lleno de luz, gracia, presencia de los divino, Dios o el misterio de ser, y que estamos sostenidos en esta luz y este amor todo el tiempo, lo sepamos o no. En general, los maestros con los que hablamos coincidieron en que las transformaciones humanas más grandes, más extraordinarias —al margen de edades, culturas, tradiciones o países de origen— vienen de ser receptivos al esplendor de cada día en su presencia más sencilla, espectacular.

Gay Luce, fundadora de la Escuela de Misterio de las Nueve Puertas, nos dijo que su transformación suponía ver y sentir que la sustancia básica del universo «parece luz y se percibe como amor» (2002). El psiquiatra Gerald Jampolsky señaló: «Si cambiamos nuestro concepto de Dios por el de energía [...] nadie está al margen [...] puede entrar en esa luz y ese amor y ser parte de ellos, o puedo analizarlos» (2002). El anciano y hombre santo lakota Gilbert Walking Bull describió el carácter sagrado de todas las cosas con pragmática claridad. Nos habló de cómo el Abuelo o el Gran Espíritu da a los seres humanos la capacidad de ver y honrar la energía sagrada inherente a toda la creación. He aquí sus palabras:

> Todo es sagrado. El Gran Espíritu nos da nuestros ojos para que veamos la creación. El Gran Espíritu dijo que la Tierra está ardiendo, está llena de una energía que resplandece. La ciencia conoce esto ahora. Los lakotas siempre lo han sabido. El Abuelo dio poderes a la humanidad. Cuando se respeta todo lo que él creó, es amor sagrado. Saber quiénes somos nos da la responsabilidad de caminar de manera sagrada sobre la Tierra.
>
> El desequilibrio proviene de vivir en una sociedad que valora el oro, el dinero, el petróleo, la energía nuclear por encima de todas las otras cosas sagradas. El Gran Espíritu dice que vendrá un tiempo en el que detendrán esta explotación y estos abusos. Cuando se viven los principios sagrados, el Gran Espíritu puede descender y tocarnos, usarnos para curar a otros. A nosotros nos corresponde mantener el equilibrio. (2006)

Para Gilbert Walking Bull, reconocer que todo es sagrado viene con la responsabilidad de vivir en equilibrio con la naturaleza. Al mismo tiempo, reconocer que todo es sagrado no significa que de pronto habitemos en un reino de magia y misterio, muy lejos de la vida cotidiana. ¡Todo lo contrario! El psicólogo Jon Kabat-Zinn, pionero de la integración de la meditación consciente en la medicina convencional, nos recordó lo siguiente:

> [Estamos aquí para] ver realmente lo que hay que ver. Oír lo que hay que oír. Degustar lo que hay que degustar. Oler lo que hay que oler. Tocar lo que hay que tocar. Y conocer lo que hay que conocer, lo cual es una formulación clásica del propio Buda acerca de lo que es realmente la conciencia. No hay ningún misterio. No tiene nada de mágico ni de misterioso ni de poco realista ni siquiera de espiritual la manera en que la gente suele usar la palabra «espiritual», salvo todas las cosas. (2004)

Muchas de las personas que nos respondieron señalaron que la práctica de transformación no es más que una manera de estar despierto y consciente. Y cuando estamos despiertos y conscientes, podemos estar en sintonía con la presencia divina en todas las cosas. Algunas dijeron que el encuentro con lo sagrado de la vida era levantarse los velos para dejar al descubierto lo que siempre estuvo debajo y en el centro de las cosas.

Muchos explicaron que el cambio de transformación era pasar de buscar a encontrar, de tratar de conocer mediante el intelecto a conocer directamente mediante el corazón. Otros señalaron que era una fusión de lo que está dentro y fuera de nosotros que vuelve transparentes fronteras que eran opacas. Se nos dijo que cuando nos damos cuenta de quiénes somos en lo más profundo, esta nueva conciencia se refleja en todas las personas y todas las cosas. Se libera una sensación intimísima de amor por la creación; esto puede cambiar todos los detalles de nuestra vida. Cuando se experimenta lo sagrado de todas las cosas, este mundo que compartimos se vuelve digno de ser tratado con veneración, y toda la vida se convierte en algo que hay que valorar y conservar.

NO HAY SEPARACIÓN

Las personas que participaron en nuestra investigación no solo describieron una capacidad cada vez mayor para percibir este carácter sagrado en la vida diaria, sino que también nos dijeron que se sentían parte de ese carácter sagrado. Adyashanti, maestro de la tradición no dual, compartió con nosotros su cita preferida del santo indio del siglo XX Nisargadatta Maharaj: «Cuando veo que soy todas las cosas, eso es amor» (2004b). El padre Francis Tiso, sacerdote católico, nos dijo: «La meta de la transformación es vivir en unión permanente, consciente y amorosa con Dios, y cada momento es una revelación del amor divino» (2002).

Cuando se añade más profundidad a la vida, lo que se percibe como dentro y fuera de nosotros se funde. Los límites entre nosotros, los demás, los animales, la naturaleza y el mundo se vuelven ahora permeables. De hecho, como vimos en el capítulo 7, mantener una visión de interrelación puede llegar a ser una piedra angular de nuestra práctica y nuestra manera de estar en el mundo. Thich Nhat Hanh, monje budista vietnamita y paladín del budismo comprometido, escribe sobre percibir el *inter-ser*: las relaciones multidimensionales literalmente inherentes a todas las cosas, de tal manera que una hoja de papel es también el árbol del que procede; la tierra, el agua y el son que hicieron el árbol; y los seres humanos que transformaron el árbol en papel. Thich Nhat Hanh señaló: «El sentimiento de respeto por todas las especies nos ayudará a reconocer la naturaleza más noble que hay en nosotros» (1999, p. 85).

De igual modo, Ram Dass nos habló de que las realidades interior y exterior de una persona son una y la misma. Ram Dass llevó un paso más allá esta idea de «no hay separación», y describió cómo una vez que una persona encuentra la paz interior, esa persona será capaz también de descubrir y crear la paz en el mundo exterior. Nos dijo así: «Lo mejor es ir dentro y encontrar la paz de la mente. Eso es lo mejor que se puede hacer por todos nosotros. Ese es el borde donde el mundo interior y el mundo exterior se unen» (2003). Asimismo, la bailarina Anna Halprin señaló:

> Para mí no es suficiente ya con limitarme a tratar el paisaje interior, mi llamada «consciencia interior», porque eso está muy afectado por el paisaje exterior. He dedicado treinta años a explorar el entorno natural y, simultáneamente, a explorar la comunidad. Y los dos, para mí, van juntos en muchos aspectos porque, en ambos casos, la comunidad y la naturaleza me llevan a un lugar mucho más grande que cuando estoy sola. (2002)

Esta experiencia sentida de interrelación de lo interior y lo exterior es profundamente subjetiva. Sin embargo, un corpus creciente de teorías y datos en el campo de la física, la psicología y la biología está sacando a la luz manifestaciones físicas de la interrelación que es posible predecir y observar científicamente.

Dean Radin ha dedicado más de veinte años al estudio de fenómenos notables pero bastante comunes como la capacidad psíquica, la precognición y lo que Einstein llamaba «acción fantasmal a distancia» (Einstein, Podolsky y Rosen, 1935). La teoría de Radin sobre lo que subyace a estos fenómenos se expone en *Entangled Minds: Extrasensory Experiences in a Quantum Reality* (2006). En este libro, Radin escribe: «La idea del universo como un todo interrelacionado no es nueva; desde hace milenios es uno de los supuestos básicos de las filosofías orientales. Lo nuevo es que la ciencia occidental comienza lentamente a comprender que algunos elementos de esa antigua sabiduría podrían ser correctos» (p. 3). El acercamiento entre ciencia y espiritualidad se vuelve aún más firme cuando se estudia a través de este prisma.

DESPERTAR

Algunos de los momentos más intensamente dulces de nuestros grupos de discusión —y de las 150 horas de entrevistas que pasamos con nuestros muchos maestros— se produjeron cuando la gente hablaba, a veces con lágrimas en los ojos, de los sentimientos de enorme ternura que surgían de sus propias experiencias de transformación. El reverendo protestante David Parks-Ramage nos dijo:

[La práctica de transformación] nos ayuda a comenzar a contar la historia de nuestra vida. [...] A medida que nos familiarizamos con las cosas tal como son, comenzamos a advertir la gloria de Dios en cada una. La meditación solo hace más fácil recordar qué es Dios, uno mismo y toda la vida. Ama al Señor tu Dios, tu corazón, mente y alma y a tu vecino como a ti mismo. Está bien así, en realidad no hay nada más. Por eso estamos aquí. Por eso hacemos esta práctica. Cristianos, budistas, hindúes, musulmanes o lo que sean, por eso la gente se reúne para rendir culto y practicar: ¡la vida desbordante quiere ser conocida! Es la manera en que necesitamos vivir juntos, tejer un tapiz de vida que permita al universo expresarse.

Huston Smith me dijo que todos estamos iluminados, pero que no necesariamente lo sabemos. No hay nada misterioso que vayas a darme o que yo vaya a dar a otra persona. Todo está ya ahí y todo se ha dado y hemos trabajado durante toda nuestra vida para verlo pero es así como los seres humanos tienen que hacerlo. Está en las flores, en la gente, en la alfombra, en la silla. Está en todas partes. (2006)

Como nos dijeron Parks-Ramage y muchos otros participantes, cuando por fin se encuentra la divinidad, lo sagrado, la numinosidad (o la palabra que funcione para cada uno) que estábamos buscando, es casi como cuando nos damos cuenta de que siempre ha estado aquí, esperando que se reparase en ella. Shaykh Yassir Chadly compartió muy sucintamente con nosotros un sentimiento parecido: «Dios nos busca igual que nosotros buscamos a Dios» (2006). Michael Murphy coincidió, y afirmó alegremente: «Mi postura metafísica es que lo divino está latente en todas las cosas [...] ¡y Dios se está despertando!» (2002). Por último, Adyashanti nos explicó: «El estado de despertar es muy ordinario. Es enamorarse de lo ordinario. No tiene por qué ser especial. Lo ordinario es lo divino» (2004b). Entendidos espirituales de todas las épocas han llamado a esta ironía «la gran broma cósmica».

Andriette Earl, reverenda de la Iglesia de la Ciencia Religiosa de East Bayde, nos habló de cómo su propia experiencia había ratificado esta verdad para ella:

> Mira, me despierto por la mañana con la epifanía del conocimiento divino y sé que he llegado a casa para mí misma. En estos tiempos, dejo que entre más luz y tengo una mayor conciencia de quién soy y de qué es posible. Ver la presencia de Dios en cada situación, sin tener en cuenta cómo se siente; esto, para mí, es percibir a Dios en todas las cosas. (2006)

Puede resultar fácil ver lo sagrado destellar en todas las cosas cuando encontramos una belleza estéticamente agradable, como la grandeza de una puesta de sol, el brillo de los ojos de un niño, los reflejos de la luz en el agua. Puede que sea más difícil cuando las circunstancias no son tan agradables, o incluso horribles. Sin embargo, las personas que respondieron en nuestra investigación nos dijeron que todos los hechos vitales transformadores, ya sean agradables o angustiosos, tienen la capacidad de poner al descubierto lo sagrado. El presidente del IONS, James O'Dea, nos habló de personas a las que había conocido gracias a su trabajo anterior en Amnistía Internacional, individuos que habían sido torturados, pero que lograban mantener su conciencia de la belleza sagrada que impregna el mundo.

> ¡Qué profundidades del espíritu humano quedan al descubierto en estos lugares de oscuridad! Y lo que parece sugerir que la belleza es lo que dura. Y de alguna manera, incluso en el más burdo de los lugares, la belleza se desvela a la humanidad, y si podemos adaptarnos a esa belleza, podemos encontrar nuestro camino. (2003)

Los maestros a los que entrevistamos informaron de que cuando nos adaptamos a la presencia sagrada —la belleza que reside dentro del ser humano y en el mundo—, podemos permanecer despiertos incluso en el más triste de los lugares.

Sue Miller, una de las profesoras del curso avanzado de Avatar de Harry Palmer, nos habló de la importancia de decidir despertar. El Avatar es un programa de formación experiencial basado en la idea de que la creencia precede a la experiencia, por lo que nuestras creencias actúan, a sabiendas o sin que nos demos cuenta, como filtro de cómo percibimos la vida. Miller añadió:

Me encanta la película *Matrix*. Puedes tomar la píldora roja o la píldora azul. Tienes esa elección. Pero cuando eliges, eliges para siempre. La gente encuentra alguna manera de comenzar a despertar a una consciencia más alta. Está ese momento de comenzar a despertar y comenzar a cuestionar algo, mirando un cuadro más general.

La capacidad para asumir otros puntos de vista permite a la gente apreciar las diferencias y tener compasión por ellas. Todas las personas que se despiertan se benefician, como el efecto del mono número cien. Lo que yo creo es que hay algún punto indicador, y en la misma medida en que deambula, señala hacia un mundo más iluminado, más consciente. Para mí lo imperioso es que de alguna manera la gente agarre las herramientas. No importa si es el Avatar u otra práctica, se remontan a un mundo más tolerante de puntos de vista divergentes y son más capaces de integrar los sistemas de creencias. Pueden contribuir en cierto modo a hacer que este mundo sea un lugar más cuerdo y más pacífico. Harry [Palmer], el innovador del Avatar, dijo: «Amor es la disposición a crear el espacio en el que se permita que algo cambie». (2002)

Como nos dijo Miller, cambiar nuestra perspectiva es una elección que podemos hacer en todo momento. Tanto si nos relacionamos con un camino espiritual o uno más laico, aprender a apreciar la naturaleza compleja de las diferentes culturas y tradiciones es una aptitud de vital importancia, que puede abrirnos a la riqueza de la vida en todas sus diversas formas.

LA PRÁCTICA COMO PUERTA HACIA LO SAGRADO

Las prácticas de transformación tienen muchos propósitos. Hasta ahora nos hemos centrado ante todo en el papel de la práctica en la formación de nuestra mente y nuestro cuerpo (algo muy parecido a ir a un gimnasio de transformación), la curación de viejas heridas, la muda de falsas pieles, el cultivo de la intención y la atención, la promoción de la visión y la ampliación de nuestras capacidades. Sin embargo, el corazón de las prácticas de transformación —ya sean ceremonias, rituales, reflexiones contemplativas, inducciones de estados alterados o artes marciales— es su capacidad para ponernos en contacto directo con lo numinoso, para despertarnos a la santidad de la vida. Las prácticas de transformación se han desarrollado a lo largo de milenios (y siguen desarrollándose) para convertirse en métodos precisos para abrirnos al abundante, siempre presente y sorprendentemente accesible significado profundo que está presente en todos los momentos de todos los días. De este modo, como hemos dicho, ¡la práctica de transformación puede ofrecer mucho más de lo que al principio esperábamos de ella!

Para la sacerdotisa episcopaliana Lauren Artress, el antiguo símbolo del laberinto es una puerta a lo sagrado. Artress nos citó a William Blake —«Para la imaginación, lo sagrado no es evidente»— y continuó:

> La evidencia de lo sagrado para la imaginación es algo que queremos alimentar. El laberinto es un lugar estupendo para hacerlo porque es un símbolo enorme. Ilumina el misterio. [...] Otra forma de describir la experiencia es que el velo es muy fino en el laberinto: la gente puede ver entre los mundos donde los dos mundos coinciden.
>
> No hay que ser cristiano para recorrer el laberinto. Y realmente, en sentido amplio, es una herramienta interreligiosa o interconfesional, abierta a todo el mundo. Se usa en la tradición cristiana como camino —el camino de la peregrinación a la Nueva Jerusalén— que se llama centro. Se convirtió en sustituto de la peregrinación a Jerusalén cuando las cruzadas hicieron que fuera peligroso viajar.
>
> Dentro del laberinto, porque tiene medida sagrada [...] y [...] ritmos cósmicos, la consciencia se transforma realmente. A menudo la gente tiene un destello que abre la imaginación divina y da una visión clara y personificada. Estamos sedientos de belleza sagrada, de ritmo y de patrón. Y el hecho de que estemos sedientos de belleza nos prepara para la transformación. Cuando encontramos belleza y ritmo y patrón y color, estamos tan hambrientos que nuestra consciencia se transforma. (2003)

Al final, muchos maestros afirmaron que la transformación se reduce a plasmar virtudes, vivir una buena vida y, sabiendo cuáles son nuestras preocupaciones, ocuparnos de ellas. O, como dijo Gilbert Walking Bull, convertirnos en un ser humano sagrado y vivir una vida sagrada (2006). Para ello tenemos una práctica que nos ayude. Por ejemplo, la maestra *vipassana* budista y profesora birmana Rina Sircar nos precisó: «Mi práctica me enseña quién soy, qué soy y adónde voy» (2003). Los sanadores *johrei* Lawrence Ammar y Paulo Santos, que practican el arte japonés de la curación mediante energía intencional por imposición de manos, nos dijeron: «El *johrei* no es sólo una técnica de curación, es un medio de elevar la consciencia desde el egocentrismo al amor por los demás» (2003).

VIVIR LA ECOLOGÍA DE DENTRO AFUERA

Cuando vemos lo sagrado de toda vida, queremos naturalmente atenderlo. Parece ser que no se puede experimentar una conexión con todas las cosas o adquirir conciencia del carácter sagrado inherente de todas las cosas sin dirigir automáticamente la atención a las experiencias del mundo más amplio, no solo el sufrimiento de otros seres humanos, sino el de todos los seres. El déficit actual de esta conciencia es evidente en la crisis ecológica que se avecina. El anciano indígena americano y sanador Charlie Red Hawk Thom y la hechicera Tela Star Hawk Lake expresaron su preocupación por la situación de peligro de su pueblo y de la Tierra, y la necesidad de que la gente realice antiguas prácticas de curación para restablecer el «bucle sagrado» de la creación. Tela nos explicó:

> Desde el principio del tiempo todas las culturas han tenido ceremonias. Nuestras ceremonias siguen existiendo como siempre lo han hecho; nunca las hemos cambiado. Por eso tanta gente viene a ver a Charlie, como hechicero de las tribus karuk, kiowa y hoopa, en busca de equilibrio. Buscan porque tienen esa misma filosofía de hacerse uno con la Tierra, y eso los lleva de nuevo a ese círculo que todos comenzamos. Nuestro pueblo sigue teniendo ese gran círculo; formamos el bucle sagrado, como lo llamamos. (2006)

Para muchas de las personas que nos respondieron, el abrazo entusiasta de la comprensión de que todo es sagrado condujo a la inevitable conclusión de que la sostenibilidad de nuestras vidas y las vidas de las personas a las que amamos de verdad está inextricablemente entrelazada con la sostenibilidad de *todas* las vidas, de *toda* vida.

Nuestra investigación muestra que mediante el proceso de transformación nuestra identidad personal y nuestro círculo de preocupación se amplían para incluir a otras personas, a las generaciones futuras y en última instancia a toda la naturaleza. En consecuencia, podemos sentir más preocupación por vivir de una manera sostenible, para que podamos crear colectivamente un futuro cuerdo y saludable. Sin embargo, realmente *vivir* una práctica de sostenibilidad ecológica puede ser muy exigente, sobre todo cuando hay resistencia. Tela Star Hawk Lake nos describió lo difícil que este desafío puede ser a veces:

Creo que el gran desafío al seguir este camino de la medicina es que el pueblo indio tiene que luchar en todo momento por sus tierras sagradas. Tenemos que luchar para salvar el monte Shasta. Tenemos que luchar para salvar las tierras altas. Y no es solo luchar; es ir contra el gobierno, el servicio forestal, las empresas madereras, todas esas cosas.

Nada se nos da nunca sin más. Es una batalla constante, no del espíritu, pero aun así una batalla, porque esas montañas están donde adquirimos nuestros conocimientos para que podamos llevar esos conocimientos a la gente. Nuestras enseñanzas vienen de ahí. Salvamos un obstáculo y creemos que todo está bien, pero luego viene otra lucha para salvar nuestros lugares sagrados, para salvar nuestros conocimientos sagrados.

Es una batalla porque tenemos que mantener todo en equilibrio. Todas las cosas tienen que estar en armonía. No solo para los seres humanos, sino para los animales, para los pájaros, para las plantas, para los peces, para las rocas, para todo. Así que no solo mantenemos en equilibrio a los seres humanos, sino que también tenemos que ayudar a que nuestros parientes en la naturaleza permanezcan en equilibrio.

La gente no se da cuenta cuando cambia algo en el entorno de que cambia nuestra vida. Nos hace daño. Luchamos para salvar estos lugares sagrados por sus conocimientos, para que la gente pueda despertar de verdad. (2006)

La cosmología de los indios norteamericanos incluye el compromiso básico de ayudar a la humanidad a pasar de una forma de vida profana en la que degradamos nuestro entorno a una forma de vida sagrada en la que lo honremos y conservemos. Huston Smith habla de ello en su último libro, *A Seat at the Table* (2006). Durante nuestra entrevista nos dijo:

> Aun a riesgo de generalizar, la contribución de los pueblos indígenas del mundo —de los cuales los indígenas norteamericanos son los más cercanos y por tanto los más esenciales para que nosotros en América del Norte los comprendamos— es concretamente que todas las líneas divisorias que los occidentales hemos atribuido en toda la creación se están realmente impregnando o atenuando. [...] esto está muy bien porque estas divisiones [...] nos distinguen y alimentan nuestra sensación de separación, alienación y egoísmo. Pienso que la cosmología de los indígenas norteamericanos no es perfecta, pero sin duda es acertada en cuanto a la naturaleza de la interrelación, y esta sabiduría es esencial para llevarnos al futuro. (2006)

Por si esta llamada a respetar y conservar el mundo comienza a abrumar al lector, a convertirse en otra cosa más que agregar a las muchas tareas que debemos hacer, recuerde que mediante las experiencias y prácticas de transformación, la motivación y el compromiso de vivir ecológicamente llega con toda naturalidad, de dentro afuera. Surge de nuestra visión del mundo. El psiquiatra transpersonal Stan Grof señala:

> En esta visión del mundo, lo divino expresa su interminable creatividad pasando del estado indiferenciado original de unidad a la pluralidad, a los mundos de inmensa diversidad. En la autoexploración profunda, podemos adquirir conciencia de la unidad que subyace a toda la creación. Esto conlleva compasión por todos los seres sensibles y un aumento de la tolerancia. Vemos el planeta

como un todo orgánico y adquirimos el compromiso de trabajar por la ciudadanía planetaria y la consciencia global, rechazando la violencia como forma aceptable de resolver los problemas en el mundo. Comenzamos a ver los problemas del mundo como problemas nuestros. Y con ello viene una sensación de responsabilidad global. No nos conformamos ya con sentirnos cómodos mientras hay graves problemas en Irak, Afganistán, África, India y otros lugares del mundo.

Nos damos cuenta de que las raíces de los problemas globales están incorporadas a la estructura misma de la personalidad humana, y de que para resolver los problemas del mundo tenemos que partir de nosotros mismos, sufrir una profunda transformación psicoespiritual. No podemos seguir diciendo: «No hay nada malo en nosotros, estamos bien, pero hay algunos chicos malos por ahí que son la causa de todos los problemas y nos lo están echando a perder».

Otra dimensión importante, que surge de las experiencias transpersonales, es la conciencia y sensibilidad ecológicas profundas. No es preciso enseñar a la gente la ecología cuando ha tenido experiencias de identificación con lo que les sucede a otras especies: cómo es ser pez en el río Elba, recibiendo todos los residuos tóxicos de la industria alemana. Aprendemos por experiencia cómo es ser una criatura biológica expuesta a la contaminación industrial. Desarrollamos una sed tremenda por tener agua limpia, aire limpio, tierra limpia, naturaleza no deteriorada y la rica diversidad de especies. (2003)

Como expresan las conmovedoras palabras de Grof, las experiencias transpersonales pueden llevarnos a conectar con algo más grande que incluso el reino humano. Todo el mundo vivo, incluidos los animales y las plantas —incluso las rocas y los minerales—, puede experimentarse como parte de nuestra familia. Con esta interpretación noética, podemos ahondar en nuestro cuidado y preocupación por otros seres, siendo, por tanto, más probable que, de forma natural, actuemos produciendo el menor daño posible.

Cuando nuestro pequeño ego-yo trasciende, muchos maestros informan de que podemos conectar con el mundo más allá de nuestros límites personales. Los desafíos de esta conexión pueden oírse con claridad en la voz apenada de la pionera del movimiento de la transformación Anna Halprin. Mientras nos hablaba de la degradación de nuestro entorno, dijo: «Es como si nos estuviéramos destruyendo a nosotros mismos». Y continuó:

> Destruir parte de la Tierra es una profanación para nuestros hijos. Se convierte realmente en algo muy real y muy personal. Va más allá de la política. [...] Llega hasta el punto de que nos sentimos tan identificados que es como si se estuviera destruyendo a un miembro de nuestra familia ante nuestros ojos. Así, el ahondamiento de nuestra relación con el entorno asume también una consciencia social. (2002)

Nuestra investigación indica que cuando se pasa de manera más completa a una visión de la vida integral e interrelacionada, toma forma un modelo de vida más holístico y dinámico. Para la sacerdotisa *yoruba* Luisah Teish, la transformación lleva directamente a una conexión más rica con la naturaleza. El efecto es parecido al de un gigantesco estanque de ondas, que llegan desde el centro de nuestro ser a una relación profundamente arraigada con el mundo. Luisah Teish añade:

> Se llega a comprender realmente que somos parte de la naturaleza. Se llega a comprender que cada vez que nos sentamos para comer, cada vez que nos ponemos una prenda, algo ha sacrificado su vida por nosotros. Debemos tener más gratitud por lo que tenemos y lo que conseguimos. Debemos tener un sentimiento de muerte como parte natural del ciclo vital. Es algo muy difícil de hacer cuando tantos de nosotros morimos porque el entorno está contaminado y porque hay mucha violencia.
>
> Tener una consciencia que nos conecte con la naturaleza nos da propósito. Si ha habido un accidente en la esquina, en vez de alejarnos, vamos y ponemos flores. Prestamos atención a lo que ha sucedido ahí. Pasamos de ese acto simbólico a emprender alguna acción para mejorar la situación. Es una espiritualidad comprometida. [...] No es sentarse en la iglesia y buscar la

salvación individual. Esto es realmente importante si queremos sobrevivir en el planeta. (2003)

Para Wink Franklin, un hombre que dedicó decenios al estudio del cambio de mentalidad individual y global, tales realizaciones son de hecho el fundamento de los movimientos sociales y políticos progresistas a lo largo de la historia. Franklin nos explicó poco antes de su muerte:

Reconocer que estamos profundamente conectados con toda la vida es la base [...] de un verdadero movimiento ecológico, una verdadera valoración de la diversidad y un sentido de la comunidad a nivel global. Estrechamente relacionado con eso está hacer honor a diferentes formas de saber que complementan y ahondan la comprensión intelectual. El corazón del camino de la transformación es esta profundización en nosotros mismos, profundizando al mismo tiempo en el universo. Es en esa indagación donde encontramos puntos en común con todo el género humano, con toda la naturaleza, con toda la vida. Es fuera de esos puntos en común donde [comenzamos a] transformarnos y a transformar nuestra sociedad.

Si experimentamos todo como uno, también nos sentimos heridos cada vez que otro ser vivo resulta herido. Lo cambia todo. Reconocemos también que podemos aprender de todas las vidas. No se trata solo de que haya conocimientos y sabiduría que adquirir de las plantas y los animales. [...] A medida que ahondamos en el camino de la transformación, comprendemos que el conocimiento y la sabiduría pueden venir de toda clase de lugares. No somos, en cuanto seres humanos, la cumbre de la sabiduría en el universo. Hay una humildad y una apertura que vienen de esto.

Todos los grandes movimientos durante mi vida —desde el movimiento por los derechos civiles, y contando con el movimiento feminista, el movimiento ecologista, el movimiento de defensa de los derechos humanos, el movimiento alternativo de atención para la salud y el renacimiento espiritual en Occidente—, todos ellos se basan en el núcleo común que está en el centro de la indagación

y la práctica de la transformación. Sin eso estamos siempre frag-
mentados, separados y reñidos. Es ni más ni menos que respeto
y apreciación plena de toda vida; es básicamente comprender que
somos uno. […] es cómo construiremos una sociedad global, y es
cómo aceptaremos vivir una vida sostenible con nuestro entorno.
Es fuera de este pozo profundo de entendimiento donde encontraremos nuestros puntos en común. (2003)

Starhawk, maestra inspiradora e importante líder del movimiento pagano estadounidense, compartió sus esperanzas y temores sobre
el futuro del planeta:

> La tierra también es santa y sagrada. Sin ella no estaríamos vivos.
> Lo sagrado está en el mundo inmanente. Esta es mi esperanza, y
> una de las razones por las que he dedicado tanto de mi vida a es-
> te camino. Si cambiamos colectivamente nuestra consciencia para
> comprender el carácter sagrado de la Tierra; si podemos curar de
> alguna manera la separación cuerpo/mente, luz/materia y espíritu/
> Tierra; y si podemos abrazar de alguna manera la inmanencia de
> lo sagrado, también aprenderemos realmente a curar físicamen-
> te a la Tierra. Dejaremos de destrozarla. Aprenderemos a hacer
> el cambio desde esta cultura realmente insensata, desconectada,
> destructiva en la que vivimos. No basta con sentarse y meditar,
> ni con orar por los problemas del mundo de nuestros días. El
> mundo exige realmente hoy nuestra acción y nuestro compro-
> miso. Si podemos realmente hacerlo en el tiempo que nos que-
> da, antes de que hayamos dañado irrevocablemente los sistemas
> de vida de la Tierra, antes del punto en que no hay vuelta atrás,
> no lo sé. Es posible que hayamos superado ya el punto en que no
> hay vuelta atrás, mucha gente así lo cree. (2006)

Como señala Starhawk, lo sagrado está en todas las cosas, incluso en la tierra. Y no hay razón alguna para buscar lo divino
como una abstracción fuera de nosotros. Lo sagrado somos nosotros y nosotros somos lo sagrado. Oímos un mensaje parecido
a Lawrence Ammar y Paulo Santos, cuya práctica *johrei* incluye la
agricultura natural:

El principio fundamental de la agricultura natural es comprender que la tierra también está viva, que la tierra también tiene consciencia: es una entidad viva, y como todas las entidades vivas, responde a nuestro amor. Se puede llegar a comprender el hilo común de la energía de la fuerza de vida y la consciencia que ensarta todas las cosas vivas, y todo tiene su lugar. Cada brizna de hierba, cada árbol, cada insecto, cada piedra tiene su lugar en la armonía superior. Y cuando cada uno está creciendo en su propio lugar, se crea una armonía. Y cuando uno se sale de su lugar, como a menudo hacen los seres humanos, entonces es cuando se crea el caos. Ahora el mundo está en una situación muy difícil. Queremos realmente animar al mayor número de personas a compartir cuanta luz sea posible para ayudar a aliviar la oscuridad. (2003)

Nuestra investigación ha dejado claro que cada uno es su propio creador de significado. Podemos decidir permanecer al margen, o elegir comprometernos plenamente con la vida. Para cualquier práctica de transformación es fundamental convertirse en el practicante más poderoso y creativo que se pueda ser, en todos y cada uno de los momentos. Podemos infundir propósito y posibilidad a cada segundo y a cada aliento, si elegimos comprometernos profundamente con nuestra vida.

ACEPTAR LA PENA Y LA ALEGRÍA

Comprender que todo es sagrado no solo transmite una intimidad, un amor y una preocupación apasionados por la vida, sino que también nos hace sentir todo de manera más profunda y plena. Una y otra vez se nos dice que esta comprensión conlleva no solo un feliz reconocimiento sino también un profundo pesar por el sufrimiento del mundo. La transformación nos acerca a la verdad de quiénes somos, pero esta verdad implica el reconocimiento sincero del sufrimiento y de la alegría de ser.

El pastor universalista unitario Jeremy Taylor no habló con absoluta sinceridad sobre la dificultad de sentir el dolor inherente a nuestra interrelación:

Una de las cosas que el trabajo del sueño tiende a hacer es culti-var la compasión y una conciencia de las múltiples realidades: las realidades de otras personas, otras formas de ver la realidad com-partida. Cuanto más reconozca las realidades alternativas, más se abren las puertas al desaliento y la desesperación. Este es uno de los motivos por los que a veces la gente se ve obligada a abando-nar la compañía de otros seres humanos en el curso de su desa-rrollo espiritual: es doloroso estar alrededor de personas que se hacen daño unas a otras y a sí mismas.

Irónicamente, mi sensación es que, salvo para una muy pequeña minoría de personas, esto no funciona, porque la naturaleza tiene los dientes y las garras afilados dondequiera que vayamos, aunque nos retiremos al bosque y no veamos a otro ser humano desde un fin de año hasta el siguiente. […] Si estamos en sintonía suficiente con las voces de la naturaleza, oiremos los gritos de dolor. Es muy difícil no oír a los árboles quejarse de la lluvia ácida. Es muy difí-cil no oír a los pájaros quejarse del aire contaminado.

Cuanto más abiertos permanezcamos a la conciencia del su-frimiento, mayores serán la posibilidad y la probabilidad de tras-cendencia. En medio de todo el sufrimiento, la niebla se abrirá y de pronto habrá una conciencia de que todo esto no importa, todo este dolor no tiene importancia en comparación con el sig-nificado más amplio de todo ello: la interrelación de toda vida.

Es como estar bajo un aguacero: no hay que lamentar que las gotas de lluvia golpeen en el suelo; no hay que lamentar que a los árboles se les desgajen las ramas. Sobreviven; forma parte de su vida. Hace que sean lo que son. Lo mismo ocurre con el resto de nosotros, pero es mucho más difícil conectar con esa acepta-ción empática del dolor aparentemente innecesario de mí mismo y de otros seres.

Un huracán es una cosa, y las balas y las bombas y los re-siduos industriales venenosos son otra, pero en último término creo que son lo mismo: fuerzas que configuran nuestra evolución, individual y colectivamente. Es el crisol arquetípico del cambio. Y en la medida en que seamos conscientes, debemos participar en este proceso de cambio con la máxima consciencia y respon-sabilidad que sea posible. (2006)

El psicólogo Ralph Metzner hizo hincapié en el proceso de poner «cuanta consciencia se pueda en todas las cosas». Entra en tu desesperación, nos dice, pues tu poder está ahí. «Todo el mundo encuentra una forma de ser que le resulta apropiada» (2002). La maestra de Avatar Sue Miller señaló acertadamente que ocuparse del sufrimiento en el mundo nos permite estar abiertos y avanzar en nuestro camino de transformación:

> Hay una pieza en Avatar que supone el cambio a comprender que tú eres quien puede crear deliberadamente tu vida. Pero entonces miras a tu alrededor y ves el sufrimiento en el mundo en general. Si no tienes una forma de contribuir a aliviar ese sufrimiento, puede ser tan doloroso que cabe la posibilidad de que te limites a cerrarte de nuevo. Cuando la gente descubre una manera de aliviar ese sufrimiento, continúa abriéndose y está dispuesta a adquirir más conciencia. [...] Una de las cosas principales que suceden es que en un momento determinado la gente piensa: «Ya está bien de mí, de mi vida y de todas mis historias y mis dramas y mis lo que sea». Esto no es nuevo. Puedes preguntarte, ¿qué más hay? Para mí, el «¿qué más hay?» es poder ser útil, y el gozo que la gente obtiene de esa interacción. (2002)

La trasformación es un camino de profundización en *todo* lo que la vida nos ofrece. Por eso el subtítulo de este libro habla de *vivir profundamente*. Una y otra vez, aprendemos que no hay rodeos espirituales. No se puede asumir la belleza de la vida sin asumir todo lo que es. Y cuando así lo hacemos, el corazón efectivamente se abre y el mundo entra apresuradamente. En consecuencia, podemos sentirnos motivados por un nuevo imperativo moral, generado internamente, para marcar la diferencia y ser útil a los demás, y para proteger la Tierra para las generaciones futuras.

PEQUEÑOS INDICIOS POR TODAS PARTES

Este capítulo comenzaba con una cita de Michael Murphy, cofundador de Esalen, que afirmaba que la transformación integral —la que afecta a todos los aspectos de nuestras vidas— «¡está despertando o mirando en todas partes!» (2002). De hecho, esta transformación integral «es la próxima gran frontera humana».

En todo este libro hemos examinado cómo, mediante la gracia de los momentos de transformación, podemos atisbar lo que es cierto sin ninguna duda y lo que es posible. Mediante esfuerzos sinceros y resueltos, podemos cuidar el jardín, abonar la tierra, arrancar las malas hierbas, arrodrigar los plantones y ofrecer las condiciones para que tenga lugar el proceso de transformación natural e interminable. Podemos restañar viejas heridas, reparar y restaurar y, como dijo tan atinadamente Aldous Huxley, «limpiar las puertas de la percepción» (1954, p. 5).

Cuando reanudemos nuestro camino, nos habremos convertido en un recipiente aún mejor para que el amor, la luz y la buena voluntad brillen a través de él. Cuando la vida y la práctica converjan, como nos dijeron tantas personas durante nuestra investigación, descansaremos aún más profundamente en nuestro yo auténtico. En consecuencia, nuestra visión del mundo puede cambiar de lo personal a lo transpersonal. Y, cuando lleguemos a comprender el carácter sagrado inherente a todas las cosas, podremos pasar del egocentrismo a trabajar por el bien de todos.

Swami Nityananda compartió con nosotros parte de la sabiduría que había aprendido de su propio gurú, y señaló que la experiencia interior determina nuestra visión del mundo y de todos los que están en él:

> Cuando la gente preguntaba a Swami Muktananda cuál era el núcleo de su enseñanza, él respondía: «Meditar sobre ti mismo, honrarte, rendirte culto. Dios vive dentro de ti como tú». Este es realmente el quid del camino: enseñarnos sobre qué debemos meditar. A menos que me conozca a mí mismo, a mí mismo por completo, a menos que me rinda culto a mí mismo y vea a Dios dentro de mí, no tiene sentido ir a ninguna parte, porque lo que tengo aquí dentro de mí es lo que voy a ver en todos los demás. Si soy capaz de honrarme, respetarme y rendirme culto a mí, veré lo divino aquí y en todas partes, porque vaya donde vaya, voy. Así que si llevo esa experiencia de satisfacción conmigo, en mi men-

te, en mi ser, eso es lo que voy a ver, lo que voy a experimentar, y eso es lo que voy a dar a todo el mundo. (2006)

De hecho, mediante la práctica podemos cultivar la capacidad de ver la belleza en todas las cosas.

Demostrando la valentía inherente a la esperanza, la bailarina de artes expresivas y maestra Anna Halprin compartió con nosotros una cita que atribuye a Martin Luther King: «Aunque fuera verdad que la Tierra se acaba mañana, plantaría un árbol hoy». Anna, con los ojos brillantes, añadió después: «Es una cita apropiada para nuestra época, ¿no creen?» (2002).

Cada uno de nosotros podemos abrir los ojos y encontrarnos con el mundo con valentía. Si la mente está abierta, la atención entrenada, la percepción clara y amplia y la intención pura y fuerte, podemos seguir los destellos de inspiración que se nos aparecen cada día. Cuando nos encontremos con lo sagrado, lo místico o lo numinoso en la vida, la psicóloga transpersonal Frances Vaughan nos recomienda no olvidar que:

> Lo que sucede con las experiencias místicas es que son siempre temporales y transitorias, pero también son un regalo y una inspiración. Cuando volvemos a nuestra vida cotidiana ordinaria, nos damos cuenta de que es posible ver el mundo de manera distinta. Pero ¿cómo se aprende a cambiar nuestra percepción? No funciona tratar de aferrarse a esas experiencias místicas, y tampoco funciona tratar de recrearlas. Hay que aceptar lo que se da y alinear nuestra vida con lo que hemos aprendido de la experiencia. Ahora sabemos que es posible ver el mundo con una luz distinta. Una vez que sabemos esto, no podemos aparentar que no ha sucedido. Una vez que nos despertamos, no podemos volver a dormir. Si lo intentamos, si negamos nuestra experiencia o la descartamos, esto generalmente crea dificultades y contribuye a la confusión interior. (2002)

La meta no son los fuegos artificiales ni las emociones del 4 de julio. Es una apreciación profunda de los pequeños atisbos de esperanza que se nos aparecen, incluso en medio del caos de la vida diaria: contemplar la mirada franca de un niño recién nacido, experimentar un momento sorprendente de risa con un compañero de trabajo con el que nunca nos hemos llevado bien, disfrutar de la luz bailarina de un día de invierno radiante o las nubes oscuras de una lluvia de primavera. Como nos dijo el maestro espiritual Ram Dass,

> La mayor parte de nuestro trabajo tiene que ver con redefinirnos como ser espiritual, como alma. Y un alma solo tiene un móvil: ir al Uno. Cuando comenzamos a vernos solo con ese móvil, ¡ah!, se vuelve muy sencillo. Y eso es el trabajo espiritual. El trabajo espiritual desde el punto de vista del alma es solo acercarse cada vez más al Amado. (2003)

resumen

En este capítulo hemos escuchado muchas voces con un relato común. Es un relato de esperanza y posibilidad, cimentado en la reflexión consciente. El proceso de transformación puede llevarnos a una conexión más íntima con la plenitud de la vida. No exige que nos apartemos de nuestros amigos y familiares, nuestro trabajo o juego (aunque podríamos hacerlo). Exige que seamos conscientes de la belleza en todos los momentos y todos los intercambios, incluso cuando sean intercambios difíciles. En última instancia, el proceso de transformación es muy sencillo. Al comprometernos con una intención, una atención y un compromiso claros, encontraremos nuevas aberturas para nosotros, la gente y el mundo por los que nos preocupamos profundamente. En el último capítulo, ofrecemos un modelo de transformación que pueda ayudar a cimentar las diversas visiones que hemos identificado en todo el libro. Por ahora, podemos dedicar unos minutos a explorar nuestro sentido de la interconexión.

Experimentar la transformación: el arte de la interdependencia

Esta práctica pide que permitamos a la mente situarse en el corazón y, con todos los sentidos, dejemos entrar el mundo mientras contemplamos el carácter sagrado de todas las cosas.

En primer lugar, busca un lugar para sentarte cómodamente al aire libre. Podría ser el patio trasero de tu casa o tu parque preferido o una playa, una montaña o la orilla de un río. Siéntate, relájate y déjate fundirte con lo que te rodea.

Estás ahí, y ese es tu sitio. Tu cuerpo hecho de tierra está tocando la Tierra, del mismo modo que la Tierra toca tu cuerpo. Esta es la conexión más importante que tienes: esto es interdependencia. Reflexiona sobre la interrelación entre todo lo que ves. Con los ojos afectuosos de tu corazón, observa lo que está delante de ti, debajo de ti, encima de ti, a tu derecha, a tu izquierda, todo lo que te rodea, y dentro de ti. Repara en los patrones inherentes a las cosas que miras.

Repara en los patrones insertados dentro de los patrones. Aspira con tu respiración esta realidad, aspira esta tranquilidad dinámica. Siéntela en los latidos de tu corazón, el flujo de tu sangre, la atención de tu mente, la mirada de tus ojos, tu consciencia como parte de la consciencia universal.

Respira y deja que esta vida vibrante, dinámica y relacional te respire. ¿Qué ves? ¿Nubes? ¿Pájaros? ¿Olas? ¿Insectos? ¿Flores? ¿Tus manos? ¿La lluvia? Ahora ve más atrás. Haz que tu perspectiva sea aún más amplia relajándote más, centrando tu visión en tu corazón y dejando que tu aliento se expanda y envuelva todo lo que te rodea. Aparenta por un momento que todo es posible. Limítate a ser. Limítate a observar. Deja que entre. Sé parte de ello.

Ahora, dedica algún tiempo a poner por escrito esta experiencia y cómo te sientes en este estado de consciencia.

Capítulo nueve

NO más nubes flotantes

Los navajos tienen un término maravilloso para designar una gran realización o visión no sostenida: dicen que es una nube flotante. Está ahí sin más. Es hermosa en su forma y la describimos y hablamos de ella, y entonces se disipa porque no ha sido movilizada o cimentada o sostenida. [...] Generamos muchas nubes flotantes. Tenemos que cimentar nuestras ideas para que puedan cambiar el mundo. [...] Nada cambia si no se cimenta y se manifiesta.

ANGELES ARRIEN (2002)

Durante toda nuestra investigación, nuestra meta ha sido aprender más sobre el fenómeno de la transformación, por el cual las vidas de las personas cambian para mejor en aspectos profundos y duraderos. Queríamos averiguar cómo, mediante experiencias y prácticas de transformación, la gente puede cambiar radicalmente su visión del mundo, sus valores y prioridades. Pero también queríamos descubrir cómo es posible que muchos caminos lleven a una sola montaña: cómo tradiciones y prácticas en apariencia divergentes pueden guiarnos para ser más abiertos, afectuosos, equilibrados, auténticos, amables y generosos: para vivir más profundamente.

Al hablar con muchos exploradores y con viajeros informados, hemos buscado elementos comunes coincidentes que nos ayuden a construir un mapa del terreno de la transformación de la consciencia. Hemos tratado también de aprender más sobre las vistas que se pueden contemplar *fuera* del camino trillado, como nos contaron algunos pioneros que dieron pasos poco usuales —desde viajes a la Luna hasta vivir trece años en una cueva— para transformar sus vidas. Hemos compartido con el lector los temas importantes que han surgido de nuestra investigación, temas que están entrelazados en el tapiz de la transformación: se separe el tejido por donde se separe, se verán los mismos hilos.

Ahora tratamos de unir los diversos hilos. No queremos que la información que el lector obtenga de este libro no sea más que otra nube flotante en su vida, una colección de ideas interesantes cuya consideración resulta fascinante pero que nunca encuentran un lugar para aterrizar. Puede que resulte demasiado fácil olvidar las visiones que vienen de experiencias de transformación. Ralph Metzner, psicólogo transpersonal y pionero de la transformación, nos dijo:

> El potencial para despertar la iluminación está dentro de nosotros porque todos somos seres cósmicos de la luz cósmica. Pero la intención no es inherente. Tenemos libre albedrío. Por eso podemos elegir tener intención.
>
> Está siempre la tendencia inherente al olvido: esta es la posición por defecto: la inconsciencia. Una vez que nos encarnamos en este mundo de multiplicidad, de tiempo, espacio y materia, podemos perdernos por completo. Nuestros sentidos están construidos para darnos estimulación, para darnos toda esa información sobre el mundo externo. El precio es que podemos quedarnos enganchados porque encontremos los estímulos sensoriales tan fascinantes. Tenemos que aprender a desengancharnos.
>
> Tenemos la historia del hijo pródigo —que en realidad debería llamarse del alma pródiga— que abandona el mundo celestial o el palacio real de la madre y el padre y emprende ese viaje. Se supone que el hijo pródigo encuentra la preciada perla que estaba custodiada por un dragón. Y entonces el hijo abandona el palacio real, abandona el mundo celestial de la madre y el padre y sale al mundo y se hace adicto. Viaja a Egipto y se queda enganchado de su bebida y su comida; se vuelve adicto hasta verse humillado con los cerdos en el campo, olvidándose por completo de todo.
>
> Y entonces recuerda. Alguien viene y le lleva una carta. «Ah, sí. Ahora lo recuerdo. Se supone que debía estar haciendo algo aquí en este planeta. No solo vivir con los cerdos.» (¡No es mi intención faltar al respeto a los cerdos, que en esencia son animales nobles! Pero es uno de esos relatos que la gente recuerda de pronto.)

A veces he oído nombrarlo como «el regreso», el viaje místico en el que se vuelve de la aventura heroica en el mundo. Se vuelve a la comunidad a la que se pertenece. Esto también forma del viaje místico: se vuelve a Dios del que se partió. Una vez que el alma pródiga reconoce que él ha emprendido el camino de regreso, hará cuanto pueda para ayudarlo a recordar: colaborar con otros, encontrar maestros, leer libros, hacer prácticas [...].

Y así es como pienso que ocurre para la mayoría de nosotros. Recordamos, nos lo pasamos bien y volvemos a olvidar. Nos caemos del carro. Podemos tener periodos más largos o más cortos en los que estamos totalmente perdidos y confusos y no podemos discernir si vamos o venimos, ni qué camino es el correcto. Si tenemos suerte y las cosas funcionan, encontramos maneras de ayudarnos en el camino, agradecidos a la gracia, la asombrosa gracia. (2002)

Para la mayoría de la gente, el viaje de transformación incluye algunos recovecos; a veces resulta difícil saber si estamos todavía en camino. Aunque la transformación puede ser muy desorientadora, también puede brindar la oportunidad de una reorientación radical de nuestra vida: cambiar el lugar donde se está en relación con uno mismo y con el mundo, y *para* qué se está. En este libro hemos intentado presentar de forma responsable las grandes paradojas del viaje de transformación. Hemos querido transmitir la simplicidad y universalidad de las enseñanzas sin recurrir a respuestas fáciles y excesivamente simplificadas. Hemos procurado también señalar los posibles escollos y peligros que hay en el camino. Obviamente, la transformación no siempre es fácil o placentera; hemos intentado dar con el justo medio entre reconocer el trastorno y el dolor que pueden acompañar a los cambios en la visión del mundo y compartir la liberación y la alegría derivadas del proceso de transformación.

TRAZAR EL RUMBO

Hemos descubierto que disponer de una cosmología (historia del universo) puede ayudar a dar significado y lenguaje a nuestro proceso de transformación. Puede ser un sistema concreto de creencias religiosas, un conjunto de principios espirituales con arreglo a los cuales se vive, o una filosofía orientadora propia. Hoy, cuando la ciencia y la religión convergen por primera vez en casi cuatrocientos años, podemos trazar nuestro propio rumbo, guiados por el poder del discernimiento y nuestra propia sabiduría interior. Nuestra principal meta en este libro ha sido elaborar un mapa del proceso de transformación que ayude a hacer precisamente eso. Ofrecemos al lector un relato de cómo se produce la transformación que es aplicable sin importar qué filosofía espiritual, religiosa o incluso atea tenga de antemano. A continuación ofrecemos un resumen del proceso de transformación que hemos desvelado en nuestra investigación.

El proceso de transformación

Como hemos visto una y otra vez, la transformación es, en su esencia, un cambio de perspectiva sobre nuestro yo, nuestra vida y el mundo en que vivimos. Estimulado por diversos catalizadores potenciales, este cambio de visión del mundo comienza a menudo con un atisbo —un momento ¡ajá!, o epifanía— que altera la situación constante o el statu quo. Estos momentos pueden tener su origen en experiencias de sobrecogimiento, asombro o gran belleza. También pueden ser el resultado de un gran dolor, pérdida o sufrimiento.

No todos los caminos de transformación comienzan con una experiencia cumbre espectacular, pero la mayoría se inician con alguna clase de experiencia noética o realización interna sentida profundamente e inquebrantable. Este cambio puede haber sido desencadenado por algo tan sutil como la lectura de un libro que trate de una idea nueva para el lector o por algo tan dramático como una experiencia de proximidad de la muerte o la súbita conciencia de un fenómeno físico o perceptivo totalmente inexplicable en nuestro sistema de creencias vigente. Generalmente, estos momentos se caracterizan por el reconocimiento de alguna verdad innegable que hace caso omiso de —o desmiente— alguna creencia fundamental que se tenía, posiblemente sin saberlo siquiera.

Como vimos en el capítulo 3, en este punto del proceso de transformación se nos plantea una elección: podemos integrar la nueva realización en nuestra visión del mundo actual, explicándola en función de cómo seguimos viendo el mundo, o podemos cambiar nuestra visión del mundo para dar cabida a la nueva realización. Es una encrucijada muy importante. El hecho de no cambiar la visión del mundo ante datos convincentes en sentido contrario no solo puede llevar a un retorno al statu quo anterior, sino que también puede reforzar y volver más rígida nuestra visión del mundo en un intento de impermeabilizarla frente a factores desestabilizadores. En casos extremos, esta visión del mundo reforzada puede convertirse en una suerte de muralla de un castillo fortificado, impenetrable a cualquier información que pueda contradecirla; esto quizás lleve al fundamentalismo y el fanatismo. También, se puede elegir —o sentir que no tenemos otra opción— cambiar nuestra visión del mundo en respuesta a esta nueva experiencia o realización. ¿Qué hace más probable el cambio de una visión del mundo? Ser vulnerable y abierto —como cuando estamos en periodos de desplazamiento, transición y pérdida— puede catalizar la transformación. Estos periodos crean grietas en nuestra armadura en las que nuevas experiencias pueden meterse a modo de cuñas, abriendo de este modo el caparazón.

El cambio en la visión del mundo es también más probable si la experiencia es dramática, profunda, trascendental, o si conlleva tal autoridad que sencillamente sea innegable. Pensemos, por ejemplo, en los carteles del «ojo mágico» que fueron tan populares en la década de 1990. Se trata de carteles que a primera vista parecen solo un revoltijo de líneas y colores, un dibujo de bellos colores, como cuando hay interferencias en una televisión. Si una persona, o muchas personas, no nos dicen que hay algo que ver en el cartel, no lo miraremos por segunda vez. Pero si hacemos caso del consejo de los demás y miramos el cartel de una manera determinada (ampliando el enfoque, de modo muy parecido a la ampliación del enfoque que se produce en muchas experiencias de transformación), algo que antes no se veía saltará a nuestro campo de visión. Cuando finalmente cambiamos nuestro enfoque y lo tratamos de una manera distinta, ¡ajá!, un avión, un delfín o un barco aparecen. Una vez que hemos visto la imagen, mil personas pueden decir que no está ahí, que seguiremos teniendo la certeza de que está, debido a la veracidad de nuestra experiencia subjetiva directa: sabemos lo que hemos visto y no podemos no verlo. Hemos ampliado nuestra visión del mundo para incluir la posibilidad de que, dentro de estímulos visuales en apariencia aleatorios, se pueda percibir realmente un objeto cohesivo. Asimismo, lo que hace que una experiencia extraordinaria sea transformadora es cuando nuestra visión del mundo se ve obligada a ampliarse para dejar espacio a la nueva información que hemos encontrado en nuestra experiencia directa.

¿Qué otras cosas fomenta la transformación? Además de las experiencias directas de momentos profundos o sorprendentes, es más probable que confiemos en la fiabilidad de nuestras visiones cuando se repiten. La repetición añade peso: en un momento dado las experiencias llegan a un umbral en el no pueden ser ya ignoradas o negadas. Todos hemos tenido la experiencia del universo presentándonos algo importante una y otra vez, hasta que por fin nos damos cuenta. Por otra parte, dependiendo del estado de nuestra mente, incluso un solo acontecimiento puede ser suficiente.

Como vimos en el capítulo 2, tener un sistema de significados que ofrezca un marco conceptual para comprender nuevas experiencias o nuevas piezas de información hace que sea menos probable que despachemos una experiencia potencialmente transformadora como una simple anomalía inexplicable. Es algo muy parecido al hecho de tener un lenguaje y un contexto que dan a la nueva experiencia o información espacio para tomar tierra y arraigar. Recordemos la anécdota de Darwin en el capítulo I y cómo, hasta que tuvo conocimiento de la teoría de los grandes glaciares que cortaban la piedra para crear rasgos geológicos, *ni siquiera reparó* en la evidencia que estaba por todas partes a su alrededor. Cuando tuvo conocimiento de las posibilidades de los glaciares, de pronto esa evidencia incontrovertible se hizo evidente para él.

Antes de que podamos tener experiencias que cambien nuestra visión del mundo, es útil saber que tales cambios son posibles. Tener un conjunto de enseñanzas o un grupo de personas que puedan asegurarnos que un cambio de la visión del mundo *es* posible porque les ha ocurrido a ellas aumenta esta probabilidad. Lo contrario —negarse a aceptar que un cambio es posible, a pesar de la evidencia de que sí lo es— puede ser un enorme inhibidor del crecimiento. Nos viene a la memoria un alto funcionario del Instituto Nacional de la Salud que asistió a un simposio en el que se presentaron las conclusiones de una investigación sobre la curación a distancia. Este funcionario comentó que no creía en nada de eso. Cuando le preguntaron qué le convencería, respondió: «No hay ninguna evidencia que pueda convencerme». Esta clase de cerrazón mental impide nuevas visiones y nuevos descubrimientos.

Es también más probable que podamos comprender lo que nos sucede cuando avanzamos por el camino de transformación si tenemos personas con las que podamos hablar de nuestras experiencias, personas que puedan guiarnos por las zonas más extrañas de la transición. Como hemos dicho, la transformación no es un paseo por el parque. Nuestros maestros nos dijeron que las cosas más importantes que se pueden llevar a la mesa de la transformación son el sentido de la aventura, una mente abierta, curiosidad y la intención de atender a los momentos potencialmente transformadores, incluso para descartarlos. La práctica habitual y la participación en una comunidad de apoyo pueden ayudar a que el crecimiento siga produciéndose y a mantenernos con los pies en la tierra en medio del cambio.

Para mucha gente, una o unas pocas experiencias no serán suficientes para que tengan un efecto duradero, sin importar lo poderosas que estas experiencias sean. Como vimos en el capítulo 4, un posible escollo en este punto puede ser buscar experiencias de transformación que sean cada vez más intensas sin realizar el trabajo más prosaico que es necesario para integrarlas en la vida diaria. Como nos recordó George Leonard, escritor y cofundador de la escuela Práctica Integral de Transformación, hay que «aprender a amar la meseta» (2002).

La transformación es algo en lo que uno se convierte. A medida que nuestro camino se ahonda con el paso del tiempo, tiene lugar una interacción recíproca entre nuestras experiencias subjetivas interiores de contemplación y autoindagación y nuestras prácticas y acciones más externas. Lo interior y lo exterior se refuerzan mutuamente, ayudándonos a integrar las realizaciones de transformación en la vida diaria. Entrenando la atención, mediante prácticas como el estudio contemplativo, las relaciones afectuosas, la lectura de libros sagrados, las afirmaciones, los rituales, las ceremonias, la meditación, el contacto con la naturaleza, y muchas cosas más, podemos poner literalmente nuevos caminos neuronales en nuestro cerebro. Lo subjetivo y lo objetivo quedan vinculados. Stan Grof, psiquiatra y cofundador de la práctica de transformación de la escuela de Respiración Holotrópica, nos explicó sucintamente cómo nuestras realidades subjetivas y objetivas tienen influencias entre sí y en última instancia se determinan unas a otras y a nuestra experiencia vital. Stan Grof nos citó una frase del célebre sacerdote jesuita, paleontólogo y filósofo francés Pierre Teilhard de Chardin: «No somos seres humanos que tenemos una experiencia espiritual. Somos seres espirituales que tenemos una experiencia humana». Pero, «si eso es cierto», prosiguió Grof:

> [...] ¿cómo vamos a conformarnos con algo menos? Alan Watts habló y escribió sobre «el tabú contra saber quiénes somos». Nuestro paradigma cultural materialista no respalda nuestro despertar espiritual. De hecho lo ridiculiza y lo declara patológico. Pero lo único que puede hacer frente al paradigma científico dominante y transformarlo, así como a los dogmas de las religiones institucionalizadas, es la experiencia espiritual directa.
>
> La espiritualidad es algo experiencial; refleja nuestra experiencia directa de dimensiones de la realidad normalmente ocultas. Mediante nuestras experiencias personales descubrimos nuestra propia divinidad y la numinosidad del cosmos. Para eso no necesitamos un lugar especial ni funcionarios designados. Nuestro cuerpo y la naturaleza se convierten en nuestro templo. (2003)

Como sugiere Grof, la transformación implica dejar que la experiencia directa haga cambios significativos y duraderos en nuestras actitudes, prioridades, motivaciones, patrones de pensamiento y comportamientos. ¿Por qué conformarse con menos?, nos pregunta. En efecto, ¿por qué?

A medida que nos convertimos en participantes activos en el proceso de transformación y de nuestra propia evolución, la separación entre nuestra práctica y el resto de nuestra vida comienza a desvanecerse. Empezamos a ver nuestro propio viaje de transformación en el contexto de la transformación de nuestra comunidad, y del mundo. Así nos lo explicaron Lawrence Ammar y Paulo Santos, dos maestros del arte de la curación del *johrei*:

> Si tuviera que resumirlo en este lenguaje del *johrei*, juntos, cada uno de nosotros nos está transformando, transformando nuestras familias, nuestros hogares, nuestros barrios, nuestras comunidades, nuestras ciudades y nuestros estados, y después la sociedad en general. Como si fueran círculos en continua expansión, como cuando se deja caer una piedra en el estanque. [...] Así que mientras cada uno de nosotros se transforma y empezamos a conectar con las otras personas cercanas a las que amamos, podemos comenzar realmente a hacer un verdadero paraíso en la Tierra. Un mundo real de salud y paz y prosperidad. (2003)

Podemos experimentar una sensación mayor de pertenencia y una mayor capacidad para la compasión. También es posible que experimentemos una llamada al servicio. Y, cada vez con más frecuencia, podemos tener la sensación de amor profundo, de lo sagrado, del misterio y la belleza que impregnan hasta los momentos más sencillos. Si este modelo es válido, finalmente estas nuevas formas de pensar y comportarse —esta nueva forma de *ser*— serán la norma para nosotros. Con todo, es necesario vigilar para impedir que incluso esta nueva visión del mundo mejorada se vuelva rígida y cerrada a nuevas informaciones. Es útil cultivar constantemente un afán de curiosidad que no solo nos mantenga abiertos a la nueva información, sino que nos anime a buscarla constantemente fuera. Manteniendo la curiosidad y prestando atención intencionalmente a lo que hay fuera de nuestras expectativas podemos convertirnos en exploradores dinámicos y coautores de nuestra vida.

CAMBIAR DE VISIÓN DEL MUNDO

No tenemos más que observar los cambios extraordinarios de los últimos decenios en las áreas de los derechos civiles, la justicia social y ecológica, los avances médicos y psicológicos, la salud y la curación,

y la paz y la reconciliación, para comprobar que cada día aprendemos más acerca de cómo transformar positivamente nuestras cons-
ciencias personales y colectivas. Y solo necesitamos una ojeada a las
noticias de la mañana o la primera página del periódico para ver lo
mucho que tenemos que avanzar todavía.

Se nos ha preguntado: ¿no es el trabajo de transformación ante
todo filosófico, una actividad afortunada de personas privilegiadas
que pueden permitirse el lujo de contemplar los tramos más lejanos
del potencial humano? Pensamos que no. Nuestra firme convicción
es que la mayor parte del sufrimiento innecesario en este planeta —y
buena parte de nuestro deterioro medioambiental y de la tasa ace-
lerada de extinción de especies— encuentra su causa fundamental en
la consciencia limitada de una cultura totalmente materialista que
acepta el mundo objetivo fuera de nosotros como la única realidad
útil. De hecho, los mayores logros de la estancia relativamente breve de nuestra especie en la Tierra han tenido lugar como consecuencia
de saltos enormes en la consciencia, grandes cambios que comenza-
ron cuando uno o unos pocos individuos cambiaron su perspectiva
e hicieron las cosas de manera distinta.

Aprender cómo la gente puede cambiar su consciencia para ser más
equilibrada, compasiva, altruista, tolerante con la diferencia, capaz de
abarcar la complejidad y motivada para promover la paz y la sostenibilidad es una de las tareas más fundamentales que tenemos planteadas.

Una cita que a menudo se atribuye a Albert Einstein afirma:
«Ningún problema puede resolverse desde el mismo nivel de consciencia que lo ha creado». George Leonard, cuyos escritos sobre
la transformación de la consciencia desde la década de 1960 hasta
nuestros días han preparado el terreno para el movimiento del potencial humano y la psicología positiva, nos habló de la importancia
de desarrollar una metafísica con los pies en la tierra que reconozca
las oportunidades y los desafíos que tenemos planteados. Cuando
aceptamos nuestra esencia divina, señala Leonard, somos incapaces
de implicarnos en la violencia, el odio o la injusticia:

> Creo que no desarrollar nuestro potencial es una de las tendencias
> más peligrosas en el planeta. La delincuencia y la guerra pueden
> atribuirse a no haber desarrollado el potencial de la inmensa ma-

yoría de la gente. El principal objetivo, diremos, de todo este trabajo es hacer posible el desarrollo de nuestro potencial universal
y divino, concedido por Dios. No tenemos tiempo para estudiar
la guerra si estamos desarrollando nuestro potencial. Estaremos
demasiado ocupados para meternos en esa clase de problemas.

Si tenemos un camino de práctica, no estaremos tan inseguros.
Para algunos, esta inseguridad les inclina a decir: que salte por los aires
el mundo. Eso es un problema. Si estamos en un camino de práctica,
nos veremos como parte de toda la vida. Comprenderemos lo espiritual en todas sus partes. Y no necesitaremos dominar a otros.

En última instancia siento que todo es espiritual. Lo que
llamamos materia no es más que una manifestación del espíritu.
Pienso que en el núcleo del átomo refulge el espíritu. El núcleo
de cada átomo y de cada partícula subatómica es espiritual. No
veo una división mente/cuerpo ni una división cuerpo/espíritu.
Mucho mal ha ocurrido porque no vemos esto. (2002)

El optimismo ciego y el reduccionismo de la nueva era —en que se
buscan soluciones demasiado sencillas para problemas complejos— no
son lo que se necesita. Con optimismo pragmático, vemos el potencial
de lo que el escritor Malcolm Gladwell llama «punto clave». Como
señala Gladwell en *La clave del éxito* (2002), las ideas pueden ser conta-
giosas, igual que los virus. Si examinamos la historia de la humanidad
podemos encontrar muchos ejemplos de cambios importantes y rápidos
en la manera en que vemos colectivamente la realidad. Las epidemias
de ideas pueden propagarse. Las visiones del mundo colectivas pueden
cambiar en un instante, cuando una masa crítica de personas comience
a compartir una forma de pensar semejante. Tal vez sea el momento
de una epidemia de transformación de la consciencia. Cada uno de
nosotros puede ser un catalizador de esta epidemia positiva.

Muchos de los maestros con los que hablamos manifestaron la
necesidad de tal cambio en nuestra visión del mundo colectiva. Huston Smith, estudioso de las religiones del mundo, nos dijo:

La transformación positiva, afirmativa no está solo autocontenida
o centrada en el yo. Mejora al individuo pero también mejora
todas las relaciones del individuo, incluida la comunidad en su

conjunto. Alguien preguntó en una ocasión a Mahatma Gandhi: «¿No sería maravilloso si la bondad fuera tan contagiosa como el resfriado común?», y Gandhi contestó: «¿Cuándo aprenderemos que la bondad es tan contagiosa como el resfriado común?». Toda transformación personal es contagiosa para los demás.

Para resumir la importancia de la transformación personal y global, hay un cuarteto muy conocido en la canción *Swinging on a Star*: «¿Te gustaría columpiarte en una estrella, llevar rayos de luna en una jarra, estar mejor de lo que estás, o te gustaría ser una mula?». Creo que pone el dedo en el señuelo de la transformación. La práctica de la transformación es para superar nuestro ego estrecho, para que se expanda hasta el Yo universal. Hay un sueño mejor que la pesadilla colectiva de separación, dominación y destrucción que vivimos ahora; es la libertad y la igualdad para todos. No solo para los estadounidenses, sino para todas las personas, para todos los seres. Debemos seguir nuestra propia consciencia; seguir la luz a donde nos lleve. Es verdad: «Busca y encontrarás». (2006)

La transformación de la consciencia tiene potencial para corregir el curso de los errores sociales y ecológicos creados por el pensamiento a corto plazo de la humanidad. Como nos dijo en tono aleccionador el anciano indígena norteamericano Charlie Red Hawk Thom: «Es hora de que despertemos a la gente. Ha habido tiempos difíciles durante los últimos cientos de años. La gente de Norteamérica ha desperdiciado una buena cantidad de energía» (2006).

En una reunión de la Alianza Pachamama celebrada en 2006, la fundadora Lynne Twist transmitió un mensaje de los ancianos indígenas con los que esta organización colabora en América del Sur en un intento de preservar el bosque tropical y la cultura indígena. Lynne Twist contó: «El año pasado, cuando nos conocimos, los ancianos nos dijeron que contásemos a la gente del norte que es la undécima hora. Ahora nos dicen que transmitamos a nuestros hermanos y hermanas del norte el mensaje de que esta *es* la hora». Es hora de que usemos *todas* nuestras inteligencias —incluidas las dimensiones intelectual, social, emocional, intuitiva, espiritual y ecológica— para despertar y descubrir quiénes somos y qué somos capaces de llegar a ser.

UNA NUEVA HISTORIA

Los cosmólogos Brian Swimme y Thomas Berry han sugerido que somos una cultura que está actualmente entre dos historias (1992), entre dos visiones del mundo. La ciencia y la espiritualidad tienen algo que decir en la historia que se está creando. Cada una por sí sola tiene solo respuestas parciales a las preguntas relativas a quiénes somos y qué somos capaces de llegar a ser. De hecho, a medida que la vida del siglo XXI se desarrolla, está cada vez más claro que cada uno de nosotros tiene voz en las respuestas a estas preguntas. Mediante las transformaciones de la consciencia, cada uno de nosotros está capacitado para ayudar a forjar una nueva historia, una historia que sea más justa, compasiva y sostenible, ahora y para las generaciones futuras.

Hemos compartido con los lectores lo que consideramos los elementos más importantes que hemos aprendido sobre la transformación, y hemos sugerido algunas vías para aplicar estos elementos a nuestra propia vida. Invitamos al lector a convertirse en el practicante, el científico y el guardián de la sabiduría mientras ilumina su propio sendero para vivir profundamente.

Mensajes para llevar a casa

- *Repara* en los catalizadores, las ventanas de oportunidad y los momentos cargados de potencial de transformación, grandes y pequeños.
- *Reconoce* lo que puedes llevar —y lo que llevas— a la mesa.
- *Distingue* lo que es correcto y verdadero para ti, basándote en tu experiencia subjetiva y en tus observaciones.
- *Practica:* mantener la intención, cultivar la atención, repetir acciones que potencian la vida y buscar orientación interna y externa.
- *Integra* tu práctica de transformación en tu vida.
- *Extiende* tu práctica y tu transformación más allá de lo personal.
- *Conecta* con el misterio, el terreno sagrado de todo ser.
- Vive profundamente, de todas las maneras que puedas.

maestros De La transformación

ENTREVISTADOS PARA LA INVESTIGACIÓN

Adyashanti. Maestro espiritual, escritor y fundador de Open Gate Sangha. Imparte enseñanzas no duales por radio a través de Internet y retiros en silencio para la meditación y la autoindagación. www.adyashanti.org

Lawrence Ammar. Maestro y practicante de *johrei* avanzado. El *johrei* es una práctica espiritual desarrollada en Japón por Mokichi Okada, contemporáneo de Mikao Usui. newyork@izunome.org

Angeles Arrien. Maestra, escritora, antropóloga cultural y orientadora. Es la fundadora del Programa Vía Cuádruple (Four-Fold Way Program), y fundadora y presidenta de la Fundación para la Educación y la Investigación Transcultural. www.angelesarrien.com

Lauren Artress. Sacerdotisa episcopaliana y psicoterapeuta. Autora de *Walking a Sacred Path*, es actualmente canóniga para ministerios especiales de la catedral de la Gracia de San Francisco. Es también la creadora del Proyecto Laberinto; en 1996 fundó Veriditas: la Voz del Movimiento del Laberinto. www.veriditas.net y www.LaurenArtress.com

Sylvia Boorstein. Psicóloga y escritora. Es también maestra cofundadora del Spirit Rock Meditation Center.www.spiritrock.org

Shaykh Yassir Chadly. Profesor, maestro y músico; desde 1993 es el imán de Masjid-Al Iman (una mezquita multicultural) en Oakland. En la actualidad es profesor asociado de la Graduate Theological Union de Berkeley. www.yassirchadly.com.

Andrew Cohen. Maestro espiritual y fundador de la organización internacional EnlightenNext. www.andrewcohen.org

Andriette Earl. Reverenda y maestra de principios espirituales de transformación, así como pastora auxiliar de la Iglesia de la Ciencia Religiosa de East Bay. Es autora de *Embracing Wholeness: Living in Spiritual Congruence*. www.ebcrs.org

James Fadiman. Profesor, orientador y maestro de la tradición sufí, así como fundador del Instituto de Psicología Transpersonal (ITP). www.jamesfadiman.com

Robert Frager. Psicólogo transpersonal, profesor, maestro sufí, maestro de *aikido* y escritor. Fundador y ex presidente del Instituto de Psicología Transpersonal (ITP), actualmente es director del Programa de Orientación Espiritual del ITP. www.itp.edu/academics/faculty/frager.cfm

Winston *Wink* Franklin. Fue presidente del Instituto de Ciencias Noéticas (IONS) y miembro de la junta directiva del Instituto Fetzer. Wink falleció en el otoño de 2004. www.noetic.org

Gangaji. Maestra espiritual en la línea de H. W. L. Poonja y Sri Ramana Maharshi, y escritora. Es también la fundadora de la Fundación Gangaji. www.gangaji.org

Stan Grof. Psiquiatra, profesor y escritor. Es uno de los fundadores y principales teóricos del campo de la psicología transpersonal, así como cofundador de Respiración Holotrópica. www.holotropic.com

Anna Halprin. Creadora de artes expresivas, coreógrafa, bailarina y maestra. Es también la fundadora del Instituto Tamalpa para educación y terapia en artes expresivas. www.annahalprin.org

Zenkei Blanche Hartman. Maestra zen, sacerdotisa y escritora. Fue abadesa del Zen Center de San Francisco, y actualmente enseña en Monastic Interreligious Dialogue (MID) y el Zen Center de San Francisco. www.monasticdialog.org

Gerald Jampolsky. Psiquiatra, maestro y escritor, así como cofundador del Centro para la Curación Actitudinal. www.jerryjampolskyanddianecirincione.com y www.attitudinalhealing.org

Don Hanlon Johnson. Filósofo, profesor y escritor, así como fundador del programa de Psicología Somática en el Instituto de Estudios Integrales de California. www.donhanlonjohnson.com

Dennis Kenny. Reverendo y terapeuta. Autor de *Promise of the Soul*, actualmente es director de Pastoral Care en la Cleveland Clinic de Ohio. www.clevelandclinic.org/pastoralcare

Shakti Parwha Kaur Khalsa. Escritora y maestra de yoga *kundalini*; es conocida como la Madre de 3HO (centro de enseñanza de yoga *kundalini*). www.3ho.org

Stanley Krippner. Profesor de psicología en la Saybrook Graduate School de San Francisco. www.stanleykrippner.com

George Leonard. Pionero en el cambio del potencial humano, maestro de *aikido* y cofundador de Integral Transformative Practice. www.georgeleonard.com

Noah Levine. Maestro budista, escritor y consejero. Es también cofundador del Mind Body Awareness Project, organización sin fines de lucro que se dedica a ayudar a jóvenes encarcelados. www.dharmapunx.com

Gay Luce. Psicóloga transpersonal, maestra y escritora. Es también fundadora de la Escuela de Misterio de las Nueve Puertas. www.ni-negates.org/council.html

Ralph Metzner. Psicólogo ecológico, profesor y escritor. Es también cofundador y presidente de la Green Earth Foundation. www.greenearthfound.org

Sue Miller. Participa con Star's Edge International y los cursos de Avatar como maestra e instructora desde 1992. www.avatarepc.com

Edgar D. Mitchell. Capitán (retirado) de la marina de Estados Unidos, ex astronauta del proyecto Apolo y el sexto hombre que puso el pie en la Luna. En 1973 fundó el Instituto de Ciencias Noéticas. www.edmitchellapollo14.com

Mary Mohs. Ha cursado un máster en psicología transpersonal de orientación. Es cofundadora del centro Awakening: A Center for Exploring Living and Dying, del que es actualmente directora. www.awakeningonline.com

Michael Murphy. Escritor y maestro. Es cofundador del Instituto Esalen —del que también es presidente— y de Integral Transformative Practice. www.esalen.com y www.itp-life.com

Mahamandaleshwar Swami Nityananda Paramahamsa. Discípulo de Baba Muktananda; en julio de 1981 fue elegido para suceder a Baba y proseguir con la labor de educar e inspirar a la gente a practicar la meditación y el yoga de autoconocimiento. Es el fundador de Shanti Mandir. www.shantimandir.com

James O'Dea. Presidente en ejercicio del Instituto de Ciencias Noéticas (IONS). www.noetic.org

Jonathan Omer-Man. Rabino, cabalista, maestro de meditación y escritor. Fundador del Centro Metivta para el Judaísmo Contemplativo y ex editor y director de *Shefa Quarterly*. www.omer-man.net

David Parks-Ramage. Pastor de la Iglesia de Cristo en la Primera Iglesia Unida Congregacionista de Cristo en Santa Rosa, California. www.fccsr.org

Ram Dass. Psicólogo transpersonal, maestro espiritual y yogui, además de escritor. www.ramdass.org

Lewis Ray Rambo. Pastor, profesor, escritor y orientador. Desde 1978 es el profesor Tully de psicología y religión y miembro del cuerpo docente de la Graduate Theological Union de San Francisco. www.sft s.edu/rambo/rambo.cfm

Charles Red Hawk Thom, Sr. La traducción de su nombre karuk es «Volviendo al futuro». Es un anciano, líder espiritual y hechicero indígena norteamericano de pura sangre del norte de California. Es miembro del consejo de ancianos de la nación karuk del río Klamath superior del norte de California, y líder ritual que ha recuperado la práctica de muchas ceremonias y danzas tradicionales entre las tribus vecinas de la karuk. www.earthcircle.org/redhawk

Rachel Naomi Remen. Profesora de la Universidad de California en San Francisco, escritora y maestra. Fue una de las primeras pioneras del movimiento de salud holística mente/cuerpo, y cofundadora del Commonweal Cancer Help Program en California. www.rachelremen.com

Peter Russell. Futurólogo, escritor y maestro. Centra la atención en integrar las interpretaciones orientales y occidentales de la mente. www.peterussell.com

Sharon Salzberg. Maestra y escritora. Es también cofundadora de la Insight Meditación Society (IMS), donde sigue trabajando como maestra orientadora. www.sharonsalzberg.com

Paulo Santos. Maestro y practicante de *johrei*. El *johrei* es una práctica espiritual desarrollada en Japón por Mokichi Okada, contemporáneo de Mikao Usui. losangeles@izunome.org

Pa Auk Sayadaw. Fundador y principal maestro del Pa Auk Forest Monastery en el sur de Birmania. www.paauk.org

Rina Sircar. Profesora de estudios budistas en el Instituto de Estudios Integrales de California (CIIS), donde ocupa la cátedra World Peace Buddhist. Es también cofundadora y maestra residente de meditación del monasterio de Taungpulu Kaba-Aye y su centro de San Francisco. www.ciis.edu/faculty/sircar.html

Huston Smith. Profesor Thomas J. Watson de religión en la Universidad de Syracuse, donde también es profesor emérito de filosofía. www.hustonsmith.net

Tela Star Hawk Lake. Sanadora, maestra y escritora indígena tradicional. Es de ascendencia yurok, hupa y chilula, y una de las últimas mujeres chamanes de la tribu yurok.

Starhawk. Cofundadora de Reclaiming, rama activista de la moderna religión pagana, así como cofundadora de Root Activist Network of Trainers (RANT); es también autora o coautora de diez libros. www.starhawk.org

Charles Tart. Psicólogo transpersonal, profesor y escritor, así como miembro fundamental del cuerpo docente del Instituto de Psicología Transpersonal. www.paradigm-sys.com

Jeremy Taylor. Pastor unitario universalista ordenado y miembro fundador y ex presidente de la Asociación Internacional para el Estudio de los Sueños; enseña en la Graduate Theological Union de Berkeley. www.jeremytaylor.com

Luisah Teish. Tiene el título de cacica del linaje Fatunmise como sacerdotisa jefa de Oshun en Estados Unidos, dentro de la tradición orisha del suroeste de Nigeria. Es la madre fundadora de Ile Orunmila Oshun, la Escuela de Misterios Antiguos y el Centro de Artes Sagradas. Narradora, autora y directora teatral de renombre internacional, ha pertenecido al cuerpo docente de varias instituciones de la zona de la bahía de San Francisco. www.ileorunmi-laoshun.org/

Francis Tiso. Sacerdote católico romano ordenado de la diócesis de Isernia-Venafro. El padre Tiso es actualmente director adjunto para relaciones interreligiosas de la Secretaría de Asuntos Ecuménicos e Interreligiosos de la Conferencia Episcopal Católica de Estados Unidos. www.usccb.org/seia/

Ron Valle. Psicólogo y escritor. Es también cofundador y director de Awakening: A Center for Exploring Living and Dying. www.awakeningonline.com

Frances Vaughan. Pionera de la psicología transpersonal, psicóloga, maestra y escritora y miembro de la junta directiva del Instituto Fetzer. www.francesvaughan.com

Gilbert Walking Bull. Anciano de distinguida ascendencia sioux. En 2000 fundó el Tatanka Mani Camp con su esposa Diane Marie y Marilynn Bradley. Gilbert falleció en la primavera de 2007. www.tatankamani.org

OTROS MAESTROS ENTREVISTADOS

Zorigtbaatar Banzar. Chamán jefe y director del Centro de Sofisticación Celestial Chamánica y Eterna de Mongolia.

Jon Kabat-Zinn. Científico y maestro de meditación. Fundador del Center for Mindfulness in Medicine, Health Care, and Society, es también autor de varios libros, como *Coming to Our Senses* y *Wherever You Go, There You Are*. www.umassmed.edu/behavmed/faculty/kabat-zinn.cfm

Satish Kumar. Profesor, conferenciante y escritor, así como director de la revista *Resurgence*. En la actualidad es director del Schumacher College. www.schumachercollege.org.uk/prospect/homepage.html

Marion Rosen. Inventora del trabajo del cuerpo llamado Método Rosen y pionera en el campo del tacto terapéutico. www.rosenmethod.org

Brother David Steindl-Rast. Monje benedictino, escritor y maestro. Pertenece a la junta directiva de la Network for Grateful Living, de ámbito mundial, a través de www.gratefulness.org, sitio web interactivo internacional. www.gratefulness.org/brotherdavid

Mahamandaleshwar Swami Veda Bharati. Maestro y escritor. Discípulo de Swami Rama del Himalaya, ha dedicado los últimos sesenta años a viajar por el mundo para divulgar el conocimiento yóguico y védico. www.swamiveda.org

B. Alan Wallace. Monje budista tibetano ordenado por su santidad el Dalai Lama y uno de los escritores y traductores más prolíficos del budismo tibetano en Occidente. www.alanwallace.org

GUÍA DE RECURSOS

EL INSTITUTO DE CIENCIAS NOÉTICAS

Desde 1973, el Instituto de Ciencias Noéticas (IONS) está a la vanguardia de la investigación y la educación en consciencia y potencial humano. Fundado por Edgar Mitchell, astronauta del Apolo 14, el instituto trata de explorar las fronteras de la consciencia para potenciar la transformación individual, social y global. La palabra «noética» tiene su origen en el término griego *nous*, que designa el acceso directo e inmediato al conocimiento más allá de lo que está al alcance de nuestros sentidos y facultades normales de la razón. Hoy, el IONS es una organización internacional sin fines de lucro con casi 20 000 miembros; una revista trimestral, *Shift: At the Frontiers of Conscienciousness;* un programa excepcional para afiliados que comprende un libro anual, CD trimestrales, teleseminarios semanales con líderes globales en una gran variedad de campos y una activa comunidad el línea (www.shiftinaction.com); programas de investigación y educativos permanentes; un estupendo centro de retiro en un terreno de 80 hectáreas; y 220 grupos comunitarios autogestionados en todo el mundo, todos los cuales trabajan juntos para fomentar un cambio global en la consciencia. En 2007, el IONS comenzó a publicar *The Shift Report* (www.shiftreport.org), un documento anual que deja constancia de la transición que parece estar en marcha en todo el mundo, de una visión del mundo rígida, mecanicista y materialista a otra basada en unos cimientos de interrelación, cooperación e intersección de ciencia y espiritualidad. Mediante la investigación, la educación y la formación de redes comunitarias, el IONS fomenta las conexiones entre ideas y disciplinas en apariencia divergentes, explorando territorios familiares con una nueva perspectiva sobre lo que es posible para nosotros en el mundo en general. Si desean más información, afiliarse o hacer una contribución al Instituto de Ciencias Noéticas, visite www.noetic.org.

EL DVD

Living Deeply: Transformative Practices from the World's Wisdom Traditions, por Marilyn Mandala Schlitz, Tina Amorok y Cassandra Vieten. Este DVD contiene nueve prácticas experienciales guiadas de maestros de las tradiciones de sabiduría del mundo, apto para uso individual o en grupo. Publicado por New Harbinger Publications/Noetic Books, enero de 2008. Para encargarlo, visiten www.amazon.com, www.livingdeeply.org o www.newharbinger.com.

LOS CURSOS DE ENSEÑANZA EN LÍNEA

Explora la naturaleza de la transformación mediante un curso de aprendizaje electrónico autoguiado que se basa en las conclusiones de la investigación de *Noética. Vivir profundamente el arte y la ciencia de la transformación.* El programa combina lecturas y descargas de vídeo y audio a cargo de maestros, investigadores y personas corrientes, en las que se describe la naturaleza de vivir profundamente. Para inscribirte, visita www.livingdeeply.org.

CONSULTAS Y CONFERENCIAS

Los principios de *Noética. Vivir profundamente el arte y la ciencia de la transformación* han sido adaptados para su uso en los negocios, la medicina y la educación. Para saber más, visita www.livingdeeply.org, o www.marilynschlitz.com.

BIBLIOGrafía

Adyashanti (a), *Emptiness Dancing*, Sounds True, Boulder, CO, 2004 [ed. cast.: *La danza del vacío*, trad. María del Mar Cañas, Gaia, Móstoles, Madrid, 2008].

— (b), entrevista de C. Vieten y T. Amorok, grabación en vídeo, San José, CA., 8 de diciembre de 2004.

Ainsworth, M., M. Blehar, E. Waters y S. Wall, *Patterns of Attachment*, Erlbaum, Hillsdale, NJ, 1978.

Ammar, L. y P. Santos, entrevista de C. Vieten, grabación en vídeo, Instituto de Ciencias Noéticas, Petaluma, CA, 21 de febrero de 2003.

Arrien, A., entrevista de T. Amorok y C. Vieten, grabación en vídeo, The Four-Fold Way, Sausalito, CA, 11 de noviembre de 2002.

Artress, L., entrevista de C. Vieten y T. Amorok, grabación en vídeo, catedral de la Gracia, San Francisco, CA, 12 de febrero de 2003.

Astin, J. A., S. L. Shapiro, D. M. Eisenberg y K. L. Forys, «Mind-body medicine: State of the science, implications for practice», *Journal of the American Board of Family Practice*, vol. 16, pp. 131-147, 2003.

Banzar, Z., entrevista de T. Amorok y M. Schlitz, grabación en vídeo, Instituto de Ciencias Noéticas, Petaluma, CA, 5 de septiembre de 2006.

Barna, «Half of Americans say faith has "greatly transformed" their life», *The Barna Update*, The Barna Group, Ltd., 2006, http://

www.barna.org/ FlexPage.aspx?Page=BarnaUpdateNarrow&Barn
aUpdateID=240 (consultado el 6 de junio de 2006).

Batson, C. D., *The Altruism Question: Toward a Social-Psychological Answer*,
Lawrence Erlbaum, Hillsdale, NJ, 1991.

— «Addressing the altruism question experimentally», en *Altruism and
Altruistic Love: Science, Philosophy and Religion in Dialogue*, ed. de S. G.
Post, L. G. Underwood, J. P. Schloss y W. B. Hurlbut, Oxford
University Press, Nueva York, 2002.

Boorstein, S., entrevista de C. Vieten, grabación en vídeo, Instituto
de Ciencias Noéticas, Petaluma, CA, 21 de enero de 2005.

— *Happiness Is an Inside Job: Practicing for a Joyful Life*, Ballantine Books, Nueva York, 2007.

Bowlby, J., *A Secure Base: Parent-Child Attachment and Healthy Human Develop-
ment*, Basic Books, Nueva York, 1988 [ed. cast.: *Una base segura.
Aplicaciones clínicas de una teoría del apego*, trad. Elsa Mateo, Paidós,
Barcelona, 2001].

Carlson, L. E., M. Speca, K. D. Patel y E. Goodey, «Mindfulness-
based stress reduction in relation to quality of life, mood, symptoms of stress, and immune parameters in breast and prostrate
cancer outpatients», *Psychosomatic Medicine*, vol. 65, núm. 4, pp.
571-581, 2003.

Carter, B. L. y S. T. Tiffany, «Meta-analysis of cue-reactivity in addiction research», *Addiction*, vol. 94, pp. 327-340, 1999, http://www.
blackwell-synergy.com (consultado el 6 de julio de 2007).

Castillo-Richmond, A., R. H. Schneider, C. N. Alexander, R. Cook, H.
Myers, S. Nidich, C. Haney, M. Rainforth y J. Salerno, «Effects
of stress reduction on carotid atherosclerosis in hypertensive
African Americans», *Stroke*, vol. 31, p. 568, 2000.

Chadly, Y., entrevista de C. Vieten, grabación en vídeo, Richmond,
CA, 2 de abril de 2006.

Cohen, A., entrevista de C. Vieten, grabación en vídeo, Emeryvi-
lle, CA, 22 de septiembre de 2003.

Darwin, C., *The Autobiography of Charles Darwin*, 1887, http://www .darwin-
literature.com/The_Autobiography_of_Charles_Darwin (consultado el 14 de junio de 2007) [ed. cast.: *Autobiografía*, trad. Isabel
Murillo, Belacqva, Barcelona, 2006].

Davidson, R. J., J. Kabat-Zinn, J. Schumacher, M. Rosenkranz, D.

Muller, S. F. Santorelli, F. Urbanowski, A. Harrington, K. Bonus y J. F. Sheridan, «Alterations in brain and immune function produced by mindfulness meditation», *Psychosomatic Medicine*, vol. 65, núm. 4, pp. 564-570, 2003.

Dessalegn, B. y B. Landau, «Relational language helps children bind visual properties of objects», ponencia presentada en la XVII reunión anual de la American Psychological Society, Los Ángeles, 2005.

Earl, A., entrevista de M. Schlitz y T. Amorok, grabación en vídeo, Iglesia de la Ciencia Religiosa de East Bay, Oakland, CA, 22 de febrero de 2006.

Eck, D., *The Pluralism Project at Harvard University*, Proyecto Pluralismo, Universidad de Harvard, 2006, http://www.pluralism.org/research/articles/index.php (consultado el 6 de julio de 2007).

Einstein, A., carta de 1950, en *Mathematical Circles Adieu: A Fourth Collection of Mathematical Stories and Anecdotes*, ed. de H. W. Eves. Prindle, Weber & Schmidt, Boston, 1977.

Einstein, A., B. Podolsky, y N. Rosen, «Can the quantum mechanical description of physical reality be considered complete?», *Physics Review*, vol. 47, p. 777, 1935.

Eisenberg, N., «Empathy-related emotional responses, altruism, and their socialization», en *Visions of Compassion: Western Scientists and Tibetan Buddhists Examine Human Nature*, ed. de R. J. Davidson y A. Harrington, Oxford University Press, Nueva York, 2002.

Erikson, E., *The Life Cycle Completed: A Review*, 1982, revisado por J. Erikson, Norton, Nueva York, 1997 [ed. cast.: *El ciclo vital completado*, trad. Ramón Sarró Maluquer, Paidós, Barcelona, 2000].

Fadiman, J., entrevista de C. Vieten y C. Farrell, grabación en vídeo, Menlo Park, CA, 21 de enero de 2003.

Fehr, E. y U. Fischbacher, «The nature of human altruism», *Nature*, vol. 425, pp. 785–791, 2003.

Fox, M., *Original Blessings*, Bear, Santa Fe, NM, 1983 [ed. cast.: *La bendición original*, trad. Verónica d'Ornellas, Obelisco, Barcelona, 2002].

Frager, R., entrevista de T. Amorok y C. Vieten, grabación en vídeo, Instituto de Psicología Transpersonal, Los Altos, CA, 18 de febrero de 2002.

Franklin, W., entrevista de T. Amorok, grabación en vídeo, Instituto de Ciencias Noéticas, Petaluma, CA, 28 de febrero de 2003.

Fricchione, «Human development and unlimited love», The Institute for Unlimited Love, 2002, http://www.unlimitedloveinstitute.org/publica tions/pdf/whitepapers/Human_Development. pdf (consultado el 13 de julio de 2007).

Frisina, P. G., J. C. Borod y S. J. Lepore, «A meta-analysis of the effects of written emotional disclosure on the health outcomes of clinical populations», *Journal of Nervous and Mental Disease*, vol. 192, núm. 9, pp. 629-634, 2004.

Gangaji, entrevista de C. Vieten y T. Amorok, grabación en vídeo, San Anselmo, CA, 20 de noviembre de 2002.

Gladwell, M., *The Tipping Point: How Little Things Can Make a Big Difference*. Little, Brown, Boston, 2002 [ed. cast.: *La clave del éxito*, trad. Inés Belaustegui, Taurus, Madrid, 2007].

Griffiths, R. R., W. A. Richards, U. McCann y R. Jesse, «Psilocybin can occasion mystical-type experiences having substantial and sustained personal meaning and spiritual significance», *Psychopharmacology*, vol. 187, núm. 3, pp. 268-283, 2006.

Grob, C., entrevista de M. Schlitz, entrevista telefónica, 8 de octubre de 2005, Petaluma, CA.

Grof, S., entrevista de C. Vieten y T. Amorok, grabación en vídeo, Mill Valley, CA, 10 de enero de 2003.

Halprin, A., entrevista de T. Amorok, grabación en vídeo, Mountain Home Studio, Kentfield, CA, 4 de febrero de 2002.

Hanh, T. N., *Going Home: Jesus and Buddha as Brothers*, Riverhead Books, Nueva York, 1999.

Harman, W., comunicación personal con M. Schlitz, Sausalito, CA, 1994.

Hartman, Z. B., entrevista de C. Vieten y T. Amorok, grabación en vídeo, City Zen Center, San Francisco, CA, 25 de febrero de 2003.

Huxley, A., *The Perennial Philosophy*, 1945, reedición: HarperCollins, Nueva York, 2004 [ed. cast.: *La filosofía perenne*, trad. C. A. Jordana, Edhasa, Barcelona, 2004].

— *The Doors of Perception and Heaven and Hell*, 1954, reedición: HarperCollins, Nueva York, 2004 [ed. cast.: *Las puertas de la percepción. Cielo e infierno*, trad. Miguel de Hernani, Edhasa, Barcelona, 1999].

Idler, E. L., M. A. Musick, C. G. Ellison, L. K. George, N. Krause, M. G. Ory, K. I. Pargament, L. H. Powell, L. G. Underwood y D. R. William, «Measuring multiple dimensions of religion and spirituality for health research: Conceptual background and findings from the 1998 General Social Survey», *Journal of Research on Aging*, vol. 25, pp. 327-365, 2003.

Inhelder, B. y J. Piaget, *The Growth of Logical Thinking from Childhood to Adolescence: An Essay on the Construction of Formal Operational Structures*, Basic Books, Nueva York, 1958 [ed. cast.: *De la lógica del niño a la lógica del adolescente. Ensayo sobre la construcción de las estructuras operatorias formales*, trad. María Teresa Cevasco, Paidós, Barcelona, 1996].

James, W., *The Varieties of Religious Experience*, 1902, reedición: Harvard University Press, Cambridge, MA, 1985 [ed. cast.: *Las variedades de la experiencia religiosa*, trad. J. F. Yvars, Península, Barcelona, 1999].

Jampolsky, G., entrevista de C. Vieten y T. Amorok, grabación en vídeo, Sausalito, CA, 25 de enero de 2002.

Johnson, D. H., entrevista de C. Vieten y T. Amorok, grabación en vídeo, Marin, CA, 19 de noviembre de 2002.

Jung, C. G., *The Structure and Dynamics of the Psyche*, Princeton University, Press Princeton, NJ, 1972.

Kabat-Zinn, J., entrevista de M. Schlitz, grabación en vídeo, Instituto de Ciencias Noéticas, Petaluma, CA, 10 de febrero de 2004.

Keltner, D. y A. Cohen, laboratorio de interacción social de Berkeley, BSI Lab, Departamento de Psicología, Universidad de California en Berkeley, 2003 http://socrates.berkeley.edu/~keltner/ (consultado el 6 de julio de 2007).

Keltner, D. y J. Haidt, «Approaching awe: A moral, spiritual, and aesthetic emotion», *Cognition & Emotion*, vol. 17, núm. 2, pp. 297-314, 2003.

Kenny, D., entrevista de T. Amorok, grabación en vídeo, Instituto de Ciencias Noéticas, Petaluma, CA, 10 de mayo de 2006.

Khalsa, S. P. K., entrevista de T. Amorok, grabación en vídeo, The Kundalini Yoga Teaching Institute, 3HO, Los Ángeles, CA, 22 de enero de 2002.

Klinger, E., *Daydreaming*, Jeremy P. Tarcher, Los Ángeles, 1990.

Kounios, J., J. L. Frymiare, E. M. Bowden, J. I. Fleck, K. Su-bramaniam, T. B. Parrish y M. Jung-Beeman, «The prepared mind: Neural activity prior to problem presentation predicts subsequent solution by sudden insight», *Psychological Science*, vol. 17, núm. 10, pp. 882-890, 2006.

Kripal, J., entrevista telefónica de M. Schlitz, T. Amorok y C. Vieten, Petaluma, CA, 30 de agosto de 2006.

Krippner, S., entrevista de T. Amorok y C. Vieten, grabación en vídeo, Saybrook Institute, San Francisco, CA, 7 de febrero de 2002.

Kumar, S., entrevista de Kelly Durkin, grabación en vídeo, conferencia del IONS, Arlington, VA, 18 de julio de 2005.

Larkin, M., «Meditation may reduce heart attack and stroke risk», *The Lancet*, vol. 355, núm. 9206, p. 812, 2000.

Lazar, S. W., C. E. Kerr, R. H. Wasserman, J. R. Gray, D. N. Greve, M. T. Treadway, M. McGarvey, B. T. Quinn, J. A. Dusek, H. Benson, S. L. Rauch, C. I. Moore y B. Fisch, «Meditation experience is associated with increased cortical thickness», *Neuroreport*, vol. 16, núm. 17, pp. 1893-1897, 2005.

Leonard, G., *Mastery*, Plume, Nueva York, 1992.

— entrevista de T. Amorok y C. Vieten, grabación en vídeo, Mill Valley, CA, 20 de noviembre de 2002.

Levine, N., *Dharma Punx*, Harper, San Francisco, CA, 2003.

— entrevista de T. Amorok y C. Vieten, grabación en vídeo, San Rafael, CA, 18 de noviembre de 2005.

— *Against the Stream: A Buddhist Manual for spiritual Revolutionaries*, Harper, San Francisco, CA, 2007.

Lewis, T., F. Amini y R. Lannon, *A General Theory of Love*, Random House, Nueva York, 2000 [ed. cast.: *Una teoría general del amor*, trad. Esther Roig, RBA, Barcelona, 2001].

Linehan, M. M., *Understanding Borderline Personality Disorder: The Dialectic Approach Program Manual*, Guilford Press, Nueva York, 1995.

Luce, G., entrevista de C. Vieten y T. Amorok, grabación en vídeo, Corte Madera, CA, 2 de diciembre de 2002.

Lukoff, D., «From spiritual emergency to spiritual problem: The trans-personal roots of the new DSM-IV category», *Journal of Humanistic Psychology*, vol. 38, núm. 2, pp. 21-50, 1998.

Lutz, A., L. L. Greischar, N. B. Rawlings, M. Ricard y R. J. Davidson, «Long-term meditators self-induce high-amplitude gamma synchrony during mental practice», *Proceedings of the National Academy of Sciences*, vol. 101, núm. 46, pp. 16369-16373, 2004.

Mack, A. y I. Rock, *Inattentional Blindness*, MIT Press, Cambridge, MA: 1998.

Main, M., «Introduction to the special section on attachment and psychopathology: 2. Overview of the field of attachment», *Journal of Consulting and Clinical Psychology*, vol. 64, pp. 237-243, 1996.

Markham, J. A. y T. Greenough, «Experience-driven brain plasticity: Beyond the synapse», *Neuron Glia Biology*, vol. 1, núm. 4, pp. 351-363, 2004.

Maslow, A. H., *Motivation and Personality*, Harper & Row, Nueva York, 1954 [ed. cast.: *Motivación y personalidad*, Díaz de Santos, Madrid, 1991].

— *Religions, Values, and Peak Experiences*, 1974, reedición: Penguin, Nueva York, 1994.

Metzner, R., entrevista de C. Vieten y T. Amorok, grabación en vídeo, Instituto de Ciencias Noéticas, Petaluma, CA, 26 de noviembre de 2002.

Mikulincer, M. y P. R. Shaver, «Attachment security, compassion, and altruism», *Current Directions in Psychological Science*, vol. 14, núm. 1, pp. 34-38, 2005, http:// www.blackwell-synergy.com (consultado el 6 de julio de 2007).

Mikulincer, M., P. R. Shaver, O. Gillath y R. A. Nitzberg, «Attachment, caregiving, and altruism: Boosting attachment security increases compassion and helping», *Journal of Personality and Social Psychology*, vol. 89, pp. 917-939, 2005.

Miller, S., entrevista de T. Amorok y C. Vieten, grabación en vídeo, Instituto de Ciencias Noéticas, Petaluma, CA, 5 de febrero de 2002.

Miller, W. R. y J. C'de Baca, *Quantum Change: When Epiphanies and Sudden Insights Transform Ordinary Lives*, Guilford Press, Nueva York, 2001.

Mitchell, E., entrevista de C. Vieten y T. Amorok, grabación en vídeo, Instituto de Ciencias Noéticas, Petaluma, CA, 23 de diciembre de 2002.

Monroe, K. R., *The Heart of Altruism: Perceptions of a Common Humanity*, Princeton University Press, Princeton, NJ, 1996.

— «Explicating altruism», en *Altruism and Altruistic Love: Science, Philosophy, and Religion in Dialogue*, ed. S. G. Post, L. G. Underwood, J. P. Schloss y W. B. Hurlbut, Oxford University Press, Nueva York, 2002.

Murphy, M., *Golf in the Kingdom*, Viking, Nueva York, 1972.

— *The Future of the Body*, Jeremy P. Tarcher, Inc, Los Ángeles, 1992.

— entrevista de C. Vieten y T. Amorok, grabación en vídeo, Sausalito, CA, 11 de diciembre de 2002.

NCCAM, «Backgrounder: Meditation for health purposes», publicación núm. D308, febrero de 2006, actualizado en junio de 2007, http://nccam.nih.gov/health/meditation/ (consultado el 13 de julio de 2007).

Nityananda, S., entrevista de T. Amorok, grabación en vídeo, Petaluma, CA, 8 de junio de 2006.

O'Dea, J., entrevista de T. Amorok, grabación en vídeo, Instituto de Ciencias Noéticas, Petaluma, CA, 7 de mayo de 2003.

Omer-Man, J., entrevista de T. Amorok y C. Vieten, grabación en vídeo, Berkeley, CA, 22 de octubre de 2006.

Ornish, D., «Opening your heart: Anatomically, emotionally, and spiritually», en *Consciousness and Healing: Integral Approaches in Mind-Body Medicine*, ed. M. Schlitz, T. Amorok y M. Micozzi, Churchill Livingstone/Elsevier, St. Louis, MO, 2005.

Parks-Ramage, D., entrevista de T. Amorok, grabación en vídeo, Primera Iglesia Congregacionista de Cristo, Santa Rosa, CA, 23 de mayo de 2006.

Pennebaker, J. W., *Opening Up: The Healing Power of Confiding in Others*, W. Morrow, Nueva York, 1990 [ed. cast.: *El arte de confiar en los demás*, trad. J. L. González, Alianza, Madrid, 1994].

Post, S. G., *Unlimited Love: Altruism, Compassion, and Service*, Templeton Foundation Press, Filadelfia, 2003.

Post, S. G., L. G. Underwood, J. S. Schloss y W. B. Hurlbut (eds.), *Altruism and Altruistic Love: Science, Philosophy, and Religion in Dialogue*, Oxford University Press, Nueva York, 2002.

Radin, D. I., *Entangled Minds: Extrasensory Experiences in a Quantum Reality*, Simon & Schuster, Nueva York, 2006.

Ram Dass, entrevista de T. Amorok y C. Vieten, grabación en vídeo, San Anselmo, CA, 4 de enero de 2003.

Rambo, L., entrevista de C. Vieten, grabación en vídeo, Instituto de Ciencias Noéticas, Petaluma, CA, 16 de mayo de 2006.

Red Hawk Thom, C., Sr. y T. Star Hawk Lake, entrevista de T. Amorok, grabación en vídeo, Instituto de Ciencias Noéticas, Petaluma, CA, 20 de mayo de 2006.

Remen, R. N., *Kitchen Table Wisdom: Stories That Heal*, Riverhead, Nueva York, 1996 [ed. cast.: *El buen camino de la sabiduría*, Ediciones B, Barcelona, 1997].

— entrevista de C. Vieten y M. Schlitz, grabación en vídeo, Mill Valley, CA, 12 de mayo de 2003.

Rosen, M., entrevista de C. Vieten y K. Durkin, grabación en vídeo, Berkeley, CA, 22 de noviembre de 2005.

Russell, P., entrevista de C. Vieten y T. Amorok, grabación en vídeo, Sausalito, CA, 3 de diciembre de 2002.

— *From Science to God: A Physicist's Journey into the Mystery of Consciousness*, New World Library, Novato, CA, 2004.

Salzberg, S., entrevista de C. Vieten y T. Amorok, grabación en vídeo, Berkeley, CA, 12 de diciembre de 2002.

Sayadaw, P. A., entrevista de C. Vieten, grabación en vídeo, Daly City, CA, 15 de enero de 2003.

Schlitz, M., T. Amorok y M. Micozzi, *Consciousness and Healing: Integral Approaches to Mind-Body Medicine*, Churchill Livingston/Elsevier, St. Louis, MO, 2005.

Siegel, D. J., «Toward an interpersonal neurobiology of the developing mind: Attachment relationships, mindsight, and neural integration», *Infant Mental Health Journal*, vol. 22, núm. 1-2, pp. 67-94, 2001.

Simons, D. J., y C. F. Chabris, «Gorillas in our midst: Sustained inattentional blindness for dynamic events», *Perception*, vol. 28, núm. 9, pp. 1059-1074, 1999.

Sircar, R., entrevista de T. Amorok, grabación en vídeo, Taungpulu Kaba-Aye Center, San Francisco, CA, 7 de marzo de 2003.

Smith, H., entrevista de M. Schlitz y T. Amorok, grabación en vídeo, Berkeley, CA, 18 de julio de 2006.

Smith, H., P. Cousineau y G. Rhine, *A Seat at the Table: Huston Smith in Conversation with Native Americans on Religious Freedom*, University of California Press, Berkeley, CA, 2006.

Solovyov, V., *The Meaning of Love*, 1894, nueva trad. inglesa de T. R. Beyer, Lindisfarne Books, Herndon, VA, 1985.

Speca, M., L. E. Carlson, E. Goodey y M. Angen, «A randomized, wait-list controlled clinical trial: The effect of a mindfulness meditation-based stress reduction program on mood and symptoms of stress in cancer outpatients», *Psychosomatic Medicine*, vol. 62, pp. 613-622, 2000.

Starhawk, entrevista de T. Amorok, grabación en vídeo, Instituto de Ciencias Noéticas, Petaluma, CA, 25 de abril de 2006.

Steindl-Rast, D., *Gratefulness, the Heart of Prayer: An Approach to Life in Fullness*, Paulist Press, Nueva York, 1984.

— entrevista de M. Schlitz, grabación en vídeo, Instituto de Ciencias Noéticas, Petaluma, CA, 17 de septiembre de 2006.

Steuco, A., *De Perenni Philosophia Libri X*, 1540, reedición: Johnson Reprint Corp., Nueva York, 1972.

Sundararajan, L., «Religious awe: Potential contributions of negative theology to psychology, "positive" or otherwise», *Journal of Theoretical and Philosophical Psychology*, vol. 22, núm. 2, pp. 174-197, 2002.

Swimme, B. y T. Berry, *The Universe Story: From the Primordial Flaring Forth to Ecozoic Era Celebration of the Unfolding of the Cosmos*, HarperCollins, Nueva York, 1992.

Sze, J., y M. Kemeny, «Compassion: A literature review and concept analysis», original inédito, Universidad de California en Berkeley y San Francisco, 2004.

Targ, E., M. Schlitz y H. Irwin, «Psi-related experiences», en *Varieties of Anomalous Experience: Examining the Scientific Evidence*, ed. E. Cardena, S. J. Lynn y S. Krippner, American Psychological Association, Washington, DC, 2000.

Tart, C., «Science, states of consciousness, and spiritual experiences: The need for state-specific sciences», en *Transpersonal Psychologies*, ed. C. T. Tart, Harper & Row, Nueva York, 1975.

— *Altered States of Consciousness*, Harper, San Francisco, 1990.

— entrevista de C. Vieten y C. Farrell, grabación en vídeo, Berkeley, CA, 23 de enero de 2003.

Taylor, J., entrevista de C. Farrell y T. Amorok, grabación en vídeo, Fairfield, CA, 3 de abril de 2006.

Teish, L., grupo de discusión del IONS, moderado por M. Schlitz y M. Killoran, grabación en vídeo, Mill Valley, CA, 20 de noviembre de 1998.

— entrevista de C. Vieten y T. Amorok, grabación en vídeo, Oakland, CA, 6 de diciembre de 2003.

Tiso, F., entrevista de T. Amorok y C. Vieten, grabación en vídeo, iglesia de St. Thomas Moore, San Francisco, CA, 4 de diciembre de 2002.

Valle, R. y M. Mohs, entrevista de T. Amorok y C. Vieten, grabación en vídeo, Awakening: A Center for Exploring Living and Dying, Brentwood, CA, 20 de diciembre de 2002.

Vaughan, F., entrevista de C. Vieten y T. Amorok, grabación en vídeo, Mill Valley, CA, 10 de diciembre de 2002.

Veda Bharati, entrevista de C. Vieten y T. Amorok, grabación en vídeo, Mill Valley, CA, 24 de noviembre de 2002.

Vieten, C., T. Amorok y M. Schlitz, «I to we: The role of consciousness transformation in compassion and altruism», *Zygon: Journal of Religion and Science*, vol. 41, núm 4, pp. 917-933, 2006.

Vieten, C., A. B. Cohen y M. Schlitz, «Correlates of transformative experiences and practices: Results of a cross-sectional survey», original en preparación, Instituto de Ciencias Noéticas, Petaluma, CA, 2008.

Vygotsky, L. S. y A. Kozulin, *Thought and Language*, 1934, nueva traducción inglesa de E. Hanfmann y G. Vakar, MIT Press, Cambridge, MA, 1962 [ed. cast.: *Pensamiento y lenguaje*, trad. Pedro Tosaus, Paidós, Barcelona, 1995].

Walking Bull, G. y D. Marie., entrevista de T. Amorok, grabación en vídeo, Wildlife Associates, Half Moon Bay, CA, 27 de marzo de 2006.

Wallace, B. A., entrevista de M. Schlitz, grabación en vídeo, Instituto de Ciencias Noéticas, Petaluma, CA, 7 de septiembre de 2003.

— *Contemplative Science: Where Buddhism and Neuroscience Converge*, Columbia University Press, Nueva York, 2007.

Washburn, M., *Embodied spirituality in a Sacred World*, State University of New York Press, Albany, NY, 2003.

White, R. A., *Exceptional Human Experience: Background Papers*, Exceptional Human Experience Network, Dix Hills, NY, 1994.

Wilber, K., *Waves, Streams, States, and Self: A Summary of My Psychological Model (Or, Outline of An Integral Psychology)*, Shambhala Publications, 2000, http://wilber.shambhala.com/html/books/psych_model/psych_model1.cm/ (consultado el 6 de julio de 2007).

Wilson, D. S., *Darwin's Cathedral: Evolution, Religion, and the Nature of Society*, University of Chicago Press, Chicago, 2003.

Wolfe, W. B., *How to Be Happy Though Human*, 1932, reedición: Routledge, Londres, 1999.

Zickler, P., «Cue-induced craving linked to brain regions involved in decision making and behavior», *NIDA Notes,* vol. 15, núm. 6, 2001, http://www.drugause.gov/NIDA_Notes/NNVol15N6/Cue.html (consultado el 13 de julio de 2007).

mr

España
Av. Diagonal, 662-664
08034 Barcelona (España)
Tel. (34) 93 492 80 00
Fax (34) 93 492 85 65
Mail: info@planetaint.com
www.planeta.es

Paseo Recoletos, 4, 3.ª planta
28001 Madrid (España)
Tel. (34) 91 423 03 00
Fax (34) 91 423 03 25
Mail: info@planetaint.com
www.planeta.es

Argentina
Av. Independencia, 1668
C1100 Buenos Aires
(Argentina)
Tel. (5411) 4124 91 00
Fax (5411) 4124 91 90
Mail: info@eplaneta.com.ar
www.editorialplaneta.com.ar

Brasil
Av. Francisco Matarazzo,
1500, 3.º andar, Conj. 32
Edificio New York
05001-100 São Paulo (Brasil)
Tel. (5511) 3087 88 88
Fax (5511) 3087 88 90
Mail: ventas@editoraplaneta.com.br
www.editoriaplaneta.com.br

Chile
Av. 11 de Septiembre, 2353, piso 16
Torre San Ramón, Providencia
Santiago (Chile)
Tel. Gerencia (562) 652 29 43
Fax (562) 652 29 12
www.planeta.cl

Colombia
Calle 73, 7-60, pisos 7 al 11
Bogotá, D.C. (Colombia)
Tel. (571) 607 99 97
Fax (571) 607 99 76
Mail: info@planeta.com.co
www.editorialplaneta.com.co

Ecuador
Whymper, N27-166,
y Francisco de Orellana
Quito (Ecuador)
Tel. (5932) 290 89 99
Fax (5932) 250 72 34
Mail: planeta@access.net.ec

México
Masaryk 111, piso 2.º
Colonia Chapultepec Morales
Delegación Miguel Hidalgo 11560
México, D.F. (México)
Tel. (52) 55 3000 62 00
Fax (52) 55 5002 91 54
Mail: info@planeta.com.mx
www.editorialplaneta.com.mx
www.planeta.com.mx

Perú
Av. Santa Cruz, 244
San Isidro, Lima (Perú)
Tel. (511) 440 98 98
Fax (511) 422 46 50
Mail: rrosales@eplaneta.com.pe

Portugal
Planeta Manuscrito
Rua do Loreto, 16-1.º Frte.
1200-242 Lisboa (Portugal)
Tel. (351) 21 370 43061
Fax (351) 21 370 43061

Uruguay
Cuareim, 1647
11100 Montevideo (Uruguay)
Tel. (5982) 901 40 26
Fax (5982) 902 25 50
Mail: info@planeta.com.uy
www.editorialplaneta.com.uy

Venezuela
Final Av. Libertador con calle Alameda,
Edificio Exa, piso 3.º, of. 301
El Rosal Chacao, Caracas (Venezuela)
Tel. (58212) 952 35 33
Fax (58212) 953 05 29
Mail: info@planeta.com.ve
www.editorialplaneta.com.ve

Grupo ⊕ Planeta   MR es un sello editorial del Grupo Planeta   www.planeta.es